面向新工科的电工电子信息基础课程系列教材

教育部高等学校电工电子基础课程教学指导分委员会推荐教材

微波技术与天线

朱海亮　著

清華大學出版社
北　京

内 容 简 介

本书讲述“微波技术与天线”相关的基本概念、基本分析方法以及基本科学规律，尽量站在初学者的视角，引导读者建立起相关的知识体系结构。全书共6章，第1章介绍微波的由来、概念和特点；第2章介绍传输线中微波传输的规律；第3章介绍波导中微波传输的规律；第4章介绍工作于微波频段的谐振器及谐振腔的工作原理；第5章介绍微波网络的概念和分析方法；第6章对天线以及天线阵列的分析方法进行介绍。章节内容尽量避免复杂的数学推导，重在引导读者深入理解其中的分析思路以及物理规律。

本书可以作为高等学校电子信息类相关专业本科生及专科生教材，也可以作为相关从业者的参考书。

图书在版编目(CIP)数据

微波技术与天线/朱海亮著. —北京：清华大学出版社，2024.1（2024.9重印）
面向新工科的电工电子信息基础课程系列教材
ISBN 978-7-302-64958-8

Ⅰ. ①微… Ⅱ. ①朱… Ⅲ. ①微波技术－高等学校－教材 ②微波天线－高等学校－教材
Ⅳ. ①TN015 ②TN822

中国国家版本馆 CIP 数据核字(2023)第 222537 号

责任编辑：文 怡
封面设计：王昭红
责任校对：申晓焕
责任印制：曹婉颖

出版发行：清华大学出版社
网　　址：https://www.tup.com.cn，https://www.wqxuetang.com
地　　址：北京清华大学学研大厦 A 座　　**邮　　编**：100084
社 总 机：010-83470000　　**邮　　购**：010-62786544
投稿与读者服务：010-62776969，c-service@tup.tsinghua.edu.cn
质量反馈：010-62772015，zhiliang@tup.tsinghua.edu.cn
课件下载：https://www.tup.com.cn，010-83470236
印 装 者：三河市铭诚印务有限公司
经　　销：全国新华书店
开　　本：185mm×260mm　　**印　　张**：11.75　　**字　　数**：271 千字
版　　次：2024 年 1 月第 1 版　　**印　　次**：2024 年 9 月第 2 次印刷
印　　数：1501～2500
定　　价：49.00 元

产品编号：103814-01

前言

时间确实过得飞快，十几年前，我还是一名信息工程专业大三的学生，坐在教室里学习与微波有关的知识。十几年后，我已经从事了相关的行业，并打算在前辈的基础上，根据自己的浅薄认知写一本入门类的教材。十几年过去了，尽管我对微波的相关知识已经驾轻就熟、如数家珍，但是当年作为初学者的那种吃力和困惑还是记忆犹新。其实不光是微波这门课，大多数电子信息类的专业课都是这样，打开方式极其不友好，很容易给初学者造成身心上的双重打击。

所谓“师傅领进门，修行在个人”，掌握了相关的知识之后在科研、教育和工业三界纵横驰骋固然痛快，但是最初入门的过程其实充满了艰辛，甚至是惊险，也有部分学生被专业课折磨到几近崩溃，几欲退学。秉持着“自己受过的苦最好不要传递下去”的观点，我希望能写本有点不太一样的教材，把微波相关的知识浅显地介绍一遍，帮助学生平稳度过痛苦的入门阶段。至于后续的修行，愿意走这个方向的学生，自然可以天高任鸟飞，走了别的方向的，也自然是多学知识少吃亏。

作为电磁场课程的后续课程，微波课程更偏重工程，本书的编写也充分考虑了电磁场中相关数学推导给学生所造成的巨大心理阴影，因此尽量把数学推导压缩到最少，重在介绍相关概念的由来、特点以及分析思路等，同时站在初学者视角，尽量避免出现“欺生”的现象，呵护学生在面对一门不太熟悉的专业课时的脆弱内心。本书在语言风格上尽量模仿当代工科大学生的气质，虽然在学习年轻人语言习惯方面略显笨拙，但是也算坦诚，希望可以给广大读者一个较为良好的阅读体验。当然，鉴于编者水平有限，书中难免会出现疏漏甚至错误，欢迎读者批评指正。

本书配有视频50个，便于读者进行自主学习。扫描书中二维码即可观看视频；也可在B站观看视频，搜索“微波技术与天线”，封面上有小猫咪的即为本课程视频。

本书配有教学大纲和课件，仅供任课教师使用，可联系清华大学出版社(tupwenyi@163.com)获取。

编　者

2023年11月

目录

目录

第1章 波→电磁波→微波

1.1 从波到电磁波

波，欧美那边管它叫 wave，说起来中国和西方对这个概念的最初认知是很相似的，大体上都来源于“水的皮”，也就是波浪，这个是人们能够看得见、摸得着的一种常见波动现象。如果稍微往深了再想一下，一个波动现象大概包含几个要素，首先在某一个位置上要有一个东西在振动，接着要有介质把这个振动给传播出去，最终可能会在另一个位置由另一个东西复现这样一个振动。这么说有点儿抽象，具体点儿，以水波为例，哪天泡澡时如果实在无聊，可以尝试用手拍打水面，此时就是手带动着被拍击的水进行上下振动，然后这样的振动通过水面这种介质传播出去，如果在不远处漂浮着一只可爱的小黄鸭，那么小黄鸭也会情不自禁地上下振动起来，有种“隔空震鸭”的感觉(图 1-1)，而且小黄鸭的振动和手的振动保持同样的节奏，也就是说，小黄鸭在复现着手振动的最重要的信息——频率。我们说话时产生的声波亦是如此，只不过振动的东西从拍打水面的手变成了说话者的声带，而把这个振动传播出去的介质是空气，跟着一起振动的另一个物体则是听者的耳膜。

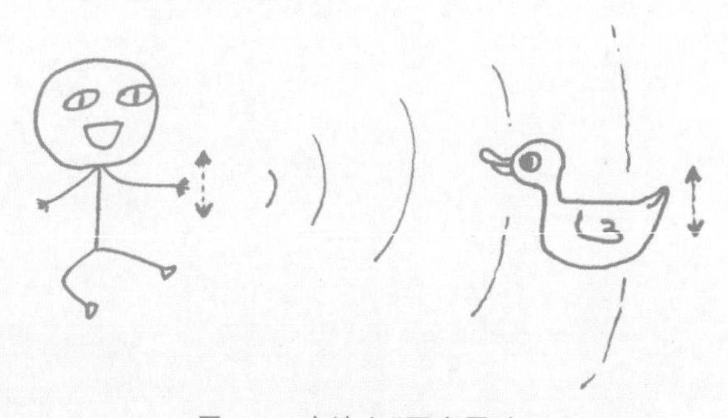

图 1-1　水波之“隔空震鸭”

水面的波动或者空气的振动对于我们来说是比较容易想象出来的，毕竟人体本身就可以看到水波，也可以发射和接收声波。然而对于电磁波来说，情况就有点复杂了。不夸张地说，单是这三个字就已经足够让接触过它的学生害怕极了，毕竟理工科学生苦电磁波久矣(图 1-2)。虽然严格来讲，我们也可以直接看到电磁波中的可见光频段，但那只是非常非常窄的一个频段，而且如果不是有人做了双缝干涉实验(插句题外话，这个实验相当魔性，有兴趣的可以去深扒一下)，很难想象可见光居然是一种波，因为就连牛顿和爱因斯坦都认为光是一种粒子，以至于到现在人们还在争论光的波粒二象性。电磁波谱上除了可见光之外的其他频段，人类都是看不见也摸不着的，这句话有点儿废话的嫌疑，毕竟可见光中的可见二字就是指对人类可见。人类对于无法直接感知的事物天生会有一种恐惧和排斥，尤其是这个东西自从中学就开始进入课本，然后通过中考、高考、大学里的期末考以及考研等残忍的手段把大部分学生按在地上反复摩擦。但是该说不说，

图 1-2　电磁其实很有魅力

相比于电磁波给人类带来的极大便利，多挨几记电磁的老拳还真的不算啥。

如果说可见光给了人类一个色彩斑斓的童话世界，那么其他频段的电磁波则让这个世界的很多童话甚至神话都变成了现实。不用说太远，就算在50年前，如果有人告诉你可以随时随地跟地球另一边的人就像面对面那样开心地聊天，还不花钱，你第一反应肯定不是觉得这小子太抠门，而是觉得他脑子“瓦特”了；但是如果放在10年前，你却不会感到惊讶，促成这种巨变的原因是多方面的，但其中最重要的（没有之一）就是因为人类对于电磁波技术的掌握有了飞速的提升，而类似的案例不胜枚举。有鉴于此，很有必要先回顾一下电磁波的发展历程，莫怕，仅仅是回顾历程，是听故事，讲故事时（图1-3）不会涉及复杂的数学推导。

图1-3　电磁波的故事开讲

1.2 电磁波的故事

视频

电磁波，也就是电＋磁＋波，其中的波我们大概了解，但是电和磁形成的波却让电子信息学院的学生们相当懵圈（图1-4），其实大可不必，听完故事可能会好一些。

图1-4　电磁波带来的懵圈

1.2.1　第一阶段：电和磁相互独立

和其他故事一样，电磁波的故事也发生在很久很久以前。在相当长的一段历史时期，人类都认为电和磁是两种完全独立的现象，就像两条平行线，没有交集（图1-5）。

先说电，在这个现象上西方和中国的认知来源是很不同的。西方人对于电的认知主要来自摩擦起电，当时欧洲的很多宫廷贵妇，因为没有网购，也不能追剧，整天特别无聊，于是就各种各样找乐子。她们发现用布把琥珀首饰进行摩擦之后，贴在青蛙身上，会让其情不自禁地跳动起来，整个过程中，青蛙很无助，

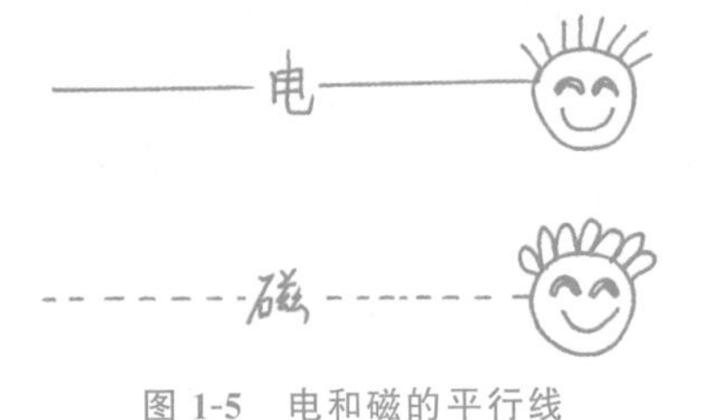

图1-5　电和磁的平行线

大姐很开心，但是谁也不知道究竟发生了什么。这事儿如果放到现在，得益于九年义务教育的滋润，就算是一名普通少年也可以轻松地指出其中的原理，因为摩擦让琥珀带了电，然后青蛙被电击了。在英文里，电的词根是 electr-，其实源自希腊语 elektron，其本意就是琥珀。可见，西方人对于电的认知正是源自摩擦起电。相比之下，中国人对于电的最初认知要更大气一些，源自闪电，早在先秦的文字里，电字的写法就跟繁体字差不多了，上面一个“雨”，下面一个“电”，形象地描绘出闪电就像下雨时天上拖下来的一个大尾巴，如图 1-6 所示。

图 1-6　西方和中国对于电认知的起源

闪电和摩擦起电，一个天上，一个地下，一开始人们没把这俩现象当成一回事儿，直到 1752 年的夏天，美国的本杰明·富兰克林(图 1-7)做了那个著名的雷雨中放风筝的实验(图 1-8)，把闪电导入了莱顿瓶中，成功地证明了天上的电和地上的电原来是一回事儿。

图 1-7　本杰明·富兰克林(美国，1706—1790)

直到现在，西方世界的老百姓还在迷恋着这位老哥，不为别的，就因为他的头像被印在了 100 美元的纸币上(图 1-9)。插句题外话，大家都在赞美富兰克林为了科学而不顾个人安危的精神，事实上他在实验的过程中做了严密的防护措施，而且本人也没有一直待在雷雨中，实验装置连接好之后就直接躲进屋子里了，反而是 1753 年时，一位俄罗斯的科学家重复这个实验时付出了生命的代价。

图 1-8　富兰克林的风筝实验

接着说一下磁。提起磁，中国人的自豪感就油然而生了，至少在秦始皇统一中国之前(公元前 221)，我们已经学会了利用司南来指南，这是古代四大发明之一。司南说白了就是带磁性的一个勺子，在地球磁场的影响下，可以指示方向。遗憾的是我们在发明司南后将近两千年的时间里，也没有对其中的科学原理进行深入研究。直到 1600 年，英国女王的御医兼物理学家威廉·吉尔伯特（图 1-10）在著作《论磁》中指出地球也像一个磁铁一样，可以让地球上的小磁针受其影响，沿着南北方向排布，达到指示方向的效果。值得一提的是，作为一名御医，吉尔伯特不仅医术高明，对于磁现象的研究很深入，而且他在电学方面也成果颇丰，甚至英语单词 electric 都是由他发明的，来源于希腊语的琥珀一词。

图 1-9　美国人迷恋富兰克林的原因

图 1-10　威廉·吉尔伯特（英国，1544—1603）

1.2.2　第二阶段：电和磁发生联系

如前面说过的，电和磁作为两种现象在相当长的一段时间内都被认为是井水不犯河水的，两者第一次产生联系的年份是 1820 年。这一年发生了不少事情，中国的道光皇帝和英国的乔治四世都在这一年即位，南极洲也在这一年被发现，然而这些事情的重要性都比不上丹麦物理学家汉斯·奥斯特（图 1-11）的一篇论文《论磁针的电流撞击实验》。

图 1-11　汉斯·奥斯特（丹麦，1777—1851）

可以看出论文的题目很简单粗暴，甚至以现在的眼光来看都不一定完全正确，却第一次向世人展示了电原来是可以和磁产生联系的。这个实验现象不用赘述，就算是普通少年也有所了解，却揭示了一个重要事实：电是可以产生磁的！毕竟电流可以让周围的小磁针像小粉丝一样环状围成一圈是大家都亲眼看到了的。这在当时引起了一定的轰动，不过人们没有把热情投入到对于奥斯特的吹捧上，而是马上开始寻找这个现象的逆过程，电既然可以产生磁，那么磁应该也可以产生电吧[1]。

最终的结果并不令人意外，人们证实了磁的确可以产生电，唯一有点意外的是，这个寻觅过程居然耗费了超过 10 年的时间。1831 年，英国物理学家迈克尔·法拉第(图 1-12)发现了用导线作切割磁感线的运动时可以在导线上产生电流，也就是“动磁生电”。凭借这个发现，法拉第被后世尊为“电学之父”和“交流电之父”，现在满大街跑的新能源电动车，最核心的工作原理都基于法拉第的研究成果。法拉第的另一个贡献是提出了场的概念，他认为电流周围不管有没有小磁针，都会产生磁场，电流正是通过磁场对周围的小磁针产生作用力，类似地，一个带电粒子也是通过电场对另一个带电粒子产生作用。

图 1-12 迈克尔·法拉第(英国，1791—1867)

“场”(filed)的概念很是形象，有一种控制范围的感觉，你只要进到某一个场中，就会感受到某种力量。那种感觉可以类比我们经常说的气场，比如当你经过男神或者女神的身边时，就算没有肢体接触，甚至没有眼神交流，都会产生心跳加快、不知所措的症状，这就是因为他的周围有一种场，你只要靠近就会感觉得到，越靠近就越强烈。小磁针面对电流的磁场，小电子面对大电荷的电场，大概就是这种感觉(图 1-13)。气场毕竟是感性的，只能心领神会，很难定量分析，但是对于电场或者磁场的定量分析却要简单得多，除了解析式，还可以用更直观的电场线和磁场线来描述，线的箭头表示场的方向，线的密度表示场的强度。

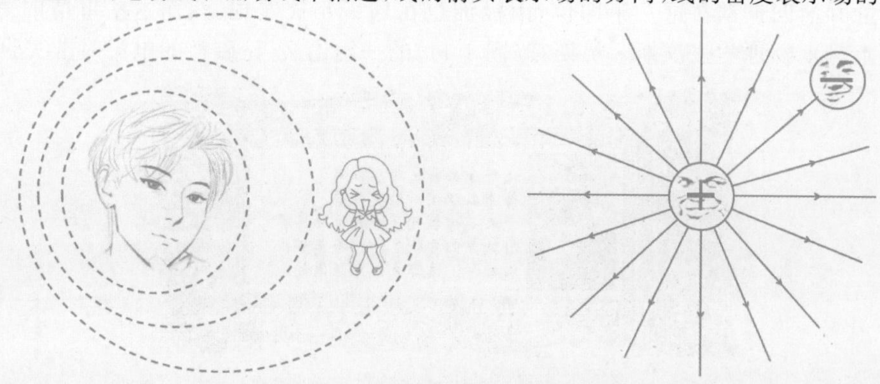

图 1-13 人的气场和正电荷的电场

1.2.3 第三阶段：理论证明电磁波的存在

电场线和磁场线的描述手法将一些典型的场分布形象地展现在我们面前，例如，一个电流周围的场就是一圈又一圈的磁场线，越往外越稀疏；一个正电荷就是像太阳公公一样向外发射电场线，自然也是越往外越稀疏。这些电场或者磁场又是怎么成为电磁波的呢？故事讲到这里，我们的第一男主角终于要出场了，下面请允许我隆重介绍我们的电磁学祖师爷，来自英国的大神詹姆斯·克拉克·麦克斯韦(图 1-14)。在电磁圈里混的，基本都是靠祖师爷赏饭吃，还能养活一家老小，所以请允许我在这里多放几张麦老爷子各个时期的照片，聊表徒子徒孙们的敬意。

图 1-14 电磁学祖师爷——詹姆斯·克拉克·麦克斯韦(英国，1831—1879)

祖师爷的江湖地位有多高呢？曾经有一个评选，选出人类有史以来最伟大的三位物理学家，麦克斯韦和前面的牛顿及后面的爱因斯坦一同入选。然而，可能是关于麦克斯韦的科学童话小故事太少，他的知名度远低于牛神和爱神，甚至低于他自己提出的麦克斯韦方程组。好多人读到这里不免心头一紧，那个噩梦终归还是回来了。不装了，摊牌了，接下来就是要说说这个方程组，毕竟麦克斯韦就是在这个方程组的基础上，完成了从电磁场到电磁波的飞跃。顺便提一下，在另一个世界范围内的评选中，麦克斯韦方程组力压牛二定律、质能方程、欧拉公式等一众“方程界”的大佬，高居史上最伟大公式的榜首。

$$
\begin{aligned}
&\oint_l \boldsymbol{H}\cdot \mathrm{d}\boldsymbol{l} = \iint_S \boldsymbol{J}\cdot \mathrm{d}\boldsymbol{S} + \iint_S \frac{\partial \boldsymbol{D}}{\partial t}\cdot \mathrm{d}\boldsymbol{S} \\
&\oint_l \boldsymbol{E}\cdot \mathrm{d}\boldsymbol{l} = \iint_S \boldsymbol{J}_{\mathrm{M}}\cdot \mathrm{d}\boldsymbol{S} - \iint_S \frac{\partial \boldsymbol{B}}{\partial t}\cdot \mathrm{d}\boldsymbol{S} \qquad \text{(a)} \\
&\oint_S \boldsymbol{B}\cdot \mathrm{d}\boldsymbol{S} = \iiint_V \rho_{\mathrm{M}}\,\mathrm{d}V \\
&\oint_S \boldsymbol{D}\cdot \mathrm{d}\boldsymbol{S} = \iiint_V \rho\,\mathrm{d}V
\end{aligned}
\qquad
\begin{aligned}
&\nabla\times \boldsymbol{H} = \boldsymbol{J} + \frac{\partial \boldsymbol{D}}{\partial t} \\
&\nabla\times \boldsymbol{E} = \boldsymbol{J}_{\mathrm{M}} - \frac{\partial \boldsymbol{B}}{\partial t} \qquad \text{(b)} \\
&\nabla\cdot \boldsymbol{B} = \rho_{\mathrm{M}} \\
&\nabla\cdot \boldsymbol{D} = \rho
\end{aligned}
\qquad (1.1)
$$

通常来说,要把玩一个艺术性很强的方程,上手前需要把一些基本常识搞清楚。对于麦克斯韦方程组来说,通常有两种形式:一种叫积分形式,如式(1.1a)所示;另一种叫微分形式,如式(1.1b)所示。两者的主要区别在于所关注的区域不一样:积分形式关注的区域是环线、面和体;微分形式关注的区域则是把这些环线、面和体无限缩小,直到变成一个点,然后描述在这个点上电场和磁场的关系。由此说来,积分形式和微分形式其实"同出而异名"。

无论哪种形式的麦克斯韦方程组,数目一般都是四个,分别描述了电场的旋度、磁场的旋度、电场的散度以及磁场的散度[2]。式(1.1)展示的是形式最完整的麦克斯韦方程组,地球上有的东西(电荷、电流)和没有的东西(磁荷、磁流)都一股脑写进去了,因此整个式子显得非常对称。

首先来看积分形式的第一个式子

$$\oint_l \boldsymbol{H} \cdot \mathrm{d}\boldsymbol{l} = \iint_S \boldsymbol{J} \cdot \mathrm{d}\boldsymbol{S} + \iint_S \frac{\partial \boldsymbol{D}}{\partial t} \cdot \mathrm{d}\boldsymbol{S} \tag{1.2}$$

其物理意义可以这样理解:想要搞出一个转圈圈的涡旋磁场,可以有两种办法(图1-15):第一种办法是在这个圈圈中放点儿电流(方向垂直于圈圈);第二种办法就是让这个圈圈中的电场(方向垂直于圈圈)随时间发生变化。至于说放多大的电流或时变电场能产生多大的涡旋磁场,就要靠式(1.2)来定量了。衡量涡旋磁场的大小用的是一个环路积分,衡量电流和时变电场的大小用的则是面积分。

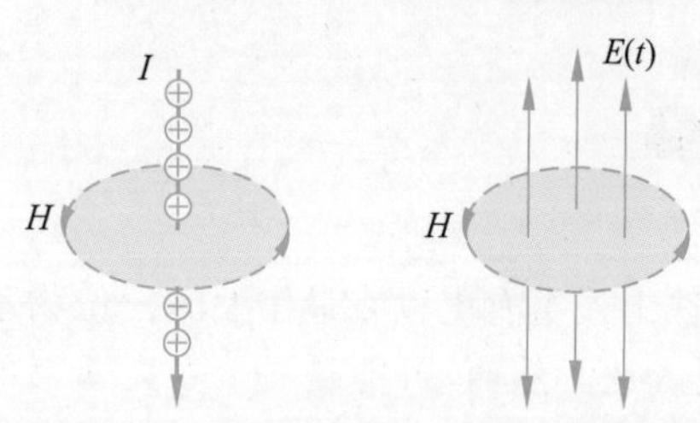

图1-15 产生磁场小漩涡的两种方法

第一种方法大家比较熟悉,就是基于奥斯特做的那个"电生磁"的实验;第二种方法就比较奇妙了(本来想用奇葩这个词,但毕竟这事儿是祖师爷干的,所以……),麦克斯韦之所以提出随时间变化的电场可以产生涡旋磁场,纯粹是为了整个方程组看起来更对称,全凭数学直觉,没有任何实验证据,该说不说的,这波操作的确有点秀。当然也有后人指出,麦克斯韦也做过实验,不过实验地点是在他的脑子里,他当时可能脑补了一下交流电通过一个电容的场景,然后认为电容中肯定没有电子流动,但是有变化的电场,可以看成位移电流,也会和电子流动引发的电流一样在周围产生涡旋磁场。不管怎样,奥斯特的勤劳实验加上麦克斯韦的伟大操作,形成了麦克斯韦方程组的第一个式子,我们一般把它称为麦克斯韦-安培定律。慢着,好像哪里不对?奥斯特去哪了?不得不说,虽然实验是奥斯特做的,但是扛不住安培的数学太好了,他不仅给出了电流周围磁场的计算方法,还提出了妇孺皆知的右手螺旋定则用来判定电流和磁场的方向关系,直接夺走了本该属于奥斯特的冠名权(图1-16),这可真应了那句古话:学好数理化,名字随便挂。

接着来看积分形式的第二个式子

$$\oint_l \boldsymbol{E} \cdot \mathrm{d}\boldsymbol{l} = \iint_S \boldsymbol{J}_{\mathrm{M}} \cdot \mathrm{d}\boldsymbol{S} - \iint_S \frac{\partial \boldsymbol{B}}{\partial t} \cdot \mathrm{d}\boldsymbol{S} \tag{1.3}$$

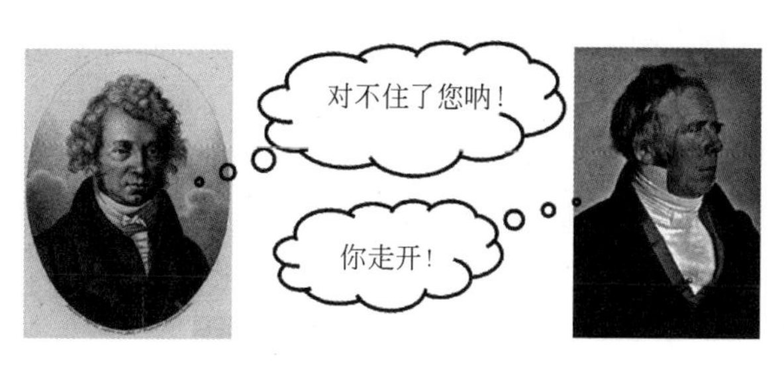

图 1-16　安培和奥斯特

有了式(1.2)做铺垫，第二个式子就很好理解了。想要搞出一个电场小漩涡，同样有两种办法，第一种办法就是在这个圈圈中放点儿磁流(方向垂直于圈圈)；第二种办法则是让这个圈圈中的磁场(方向垂直于圈圈)随时间变化。第一种办法至今没人能实现，毕竟形成磁流需要一种重要的物质——磁单极子，而目前在人类可以探知的宇宙范围内还没找到，如果哪位同学将来真的找到了，可以在领诺贝尔奖时说是看了小弟的这本书才立志要寻找磁单极子的。第二种办法就相对简单一些了，只要这个圈圈中的磁场是随时间变化的，那么圈圈上还是会有涡旋电场出现的。

积分形式的第三个式子关注的区域就不再是一个圈圈围住的圆面了，而变成了一个封闭的球面。

$$\oint_S \boldsymbol{B} \cdot \mathrm{d}\boldsymbol{S} = \iiint_V \rho_{\mathrm{M}} \mathrm{d}V \tag{1.4}$$

其物理意义可以这样理解：一个球面上要形成一个像海胆那样的磁场线(图 1-17)，可以通过在球面中放一堆磁荷来实现，这里磁场线的方向就是沿着海胆的刺的方向，具体向内还是向外取决于磁荷是正还是负。此外，磁场线就像海胆的刺一样越往外刺越稀疏，对应着磁场强度变弱，这时如果把磁场沿着球面进行一个面积分，就等于球面包围的那些磁荷量(磁荷密度的体积分)。当然，如前所述，磁单极子目前还没找到，因此堆成磁荷的事情也得往后放一放。也就是说，对于一块磁铁来说，北极(对应正的磁单极子)和南极(对应负的磁单极子)永远都是成双成对出现的，拿任何球面包住这个磁铁，在球面上有多少磁场线穿出去，就有多少磁场线穿回来，整体一积分就变成 0 了，这就是为什么大多数情况下磁场都被认为是无散场(此处"散"是指散度，后面会具体介绍)。

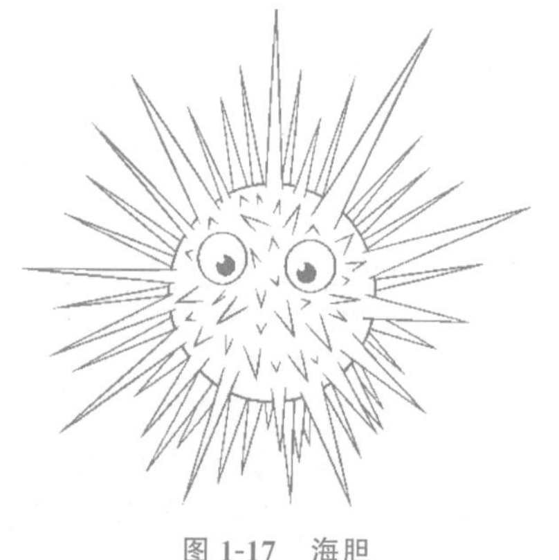

图 1-17　海胆

有了积分形式的式(1.4)做铺垫，第四个式子的物理意义就很容易理解了，

$$\oint_S \boldsymbol{D} \cdot \mathrm{d}\boldsymbol{S} = \iiint_V \rho \mathrm{d}V \tag{1.5}$$

一个球面上要形成像海胆那样的电场，可以通过在球面里面放一堆电荷来实现，这里电场线的方向就是沿着海胆的刺的方向，具体向内还是向外取决于电荷是正还是负。此外，电场线也像海胆的刺一样越往外刺越稀疏，对应着电场强度变弱，这时如果把电场

沿着球面进行一个面积分，就等于球面包围的那些电荷量（电荷密度的体积分）。咱地球上磁荷没有，但是电荷可有的是，用电场线来角色扮演（cosplay）一只海胆还是很容易做到的，而且球面包含的电荷量越大，得到的“海胆”的刺（电场线）整体越浓密。

下面转向微分形式，如前面所述，微分形式相当于积分形式无限缩小的一个极限状态。作为积分形式故事发生地点的圈圈和封闭球面越来越小，最终变成尺寸无限接近0的一个点，然后再除以圈圈的面积或封闭球面的体积取个极限，这样一来，等式的左边和右边都不再有积分了，所描述的物理量都是在某一点上的。等式右边（相当于场的源）的量，物理意义较为明确，分别为该点处的电流密度、磁流密度、电场时变、磁场时变、电荷密度以及磁荷密度。不太容易理解的反而是等式的左边，出现了电场和磁场在某点处旋度和散度的概念。这里，没必要纠结旋度和散度的计算公式，把主要精力放在试图理解两者的物理意义上。

首先说旋度，是指某一点处场的旋转程度，是一个矢量。考虑旋度时，一定不要把某一个点就当成一个点，这样很容易陷入思维痛苦，一定要知道这个点是从一个无限小的圈圈取极限而来的。因此，如果我们把这一点看成一个无限小的圈圈，那么这点上旋度的方向就沿着圈圈的法线方向。以磁场为例，

$$\nabla\times \boldsymbol{H}=\boldsymbol{J}+\frac{\partial \boldsymbol{D}}{\partial t} \tag{1.6}$$

某一点处磁场的旋度大小取决于两方面，一个是该点处的电流密度，另一个就是该点处的电场变化。更直观一点，可以类比龙卷风的形成。对于龙卷风来说，旋度最大的位置就是风眼的位置（图1-18），该位置有非常强烈的上升气流，而气流越强烈，风眼处的旋度就越大，这就很像电流造成涡旋磁场的情形，某一点处的电流密度越大，该点处的磁场旋度就越大，电流就是“磁场龙卷风”的“风眼”，当然如果该点处没有电流密度，只有电场变化，也可以产生相同的效果。

图1-18　龙卷风“旋度”示意图

接着说散度，与上面的旋度类似，为了避免思维痛苦，在考虑某点的散度时，一定不要把该点就当成一个点，心里要清楚这个点是从无限小的封闭球面取极限而来的。某一点的散度，代表了该点电场或磁场的发散程度，是一个标量。以电场为例，某一点的散度由该点的电荷密度决定。散度的概念还可以类比于太阳，把太阳当成一个点，考虑其辐射的能量场，该点处能量场的散度就等于太阳的能量密度。至于太阳是否可以当成一个点，人类当然觉得太阳大得不得了，比地球都大多了，但是一旦我们打开“上帝视角”，从整个宇宙的维度来看太阳，还真就是个点了，“此小大之辩也”。说回磁场，某点处磁场要想有散度，该点处就得有磁荷密度，可惜目前还是没有找到磁单极子，这也是磁场常被称为无散场的原因。

关于有散场和无散场，想要更形象地去认知，还可以直接参考郭德纲老师和于谦老

师的发型，郭老师的发型明显就是"有散"的，而于老师满头的大卷儿则是"无散"的（图 1-19）。随着年龄的增长，郭老师如果出现脱发的现象，那他头发的"散度"肯定是要变小的。

看过了麦克斯韦方程的积分形式和微分形式，可以发现，积分形式描述的场景较为宏观，也更容易被接受，但是还要搞出微分形式，因为该形式可以把电场和磁场的情况精确到点，同时也更容易开展数学推导。其实完全没必要去割裂二者，因为本来就是"同出而异名"。

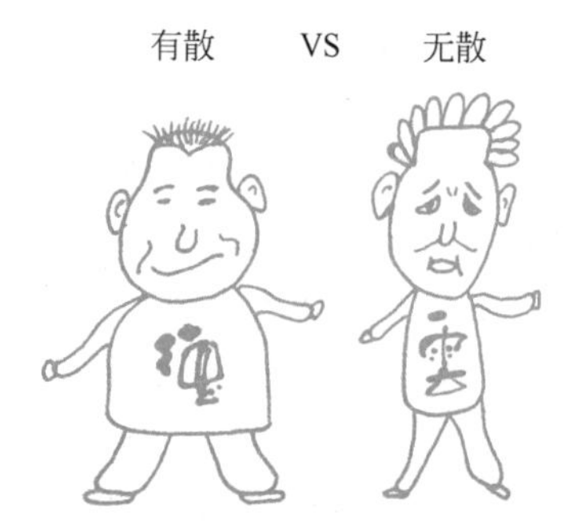

图 1-19　郭老师的"有散"发型和于老师的"无散"发型

看完微分形式这几个方程，就当我们还在为旋度或者散度抓耳挠腮时，1864 年的麦克斯韦已经有点小小的兴奋了，他隐隐约约感觉到，关于旋度的那两个式子大有搞头，特别是"动电生磁，动磁生电"。具体怎么搞呢，共分三步。

第一步，选好用武之地。采取"图难于其易"的策略，先关注没有实物类场源（电流、磁流）的区域，即 $\boldsymbol{J}=0, \boldsymbol{J}_{\mathrm{M}}=0$。在这样的区域，涡旋的磁场是由时变的电场产生的，涡旋的电场是由时变的磁场产生的，描述该现象的两个式子就非常简洁了。

$$\begin{aligned} \nabla\times\boldsymbol{H}&=\frac{\partial\boldsymbol{D}}{\partial t} \quad &\text{(a)}\\ \nabla\times\boldsymbol{E}&=-\frac{\partial\boldsymbol{B}}{\partial t} \quad &\text{(b)} \end{aligned} \tag{1.7}$$

第二步，分离时空。我们之所以比较害怕电磁场，一个重要原因是它既随时间变化，又随空间变化。为了化难为易，可以假设场随时间的变化为简谐变化 $\mathrm{e}^{\mathrm{j}\omega t}$，这样做的好处是：①对于时间的偏导直接变成简单的乘法，即 $\frac{\partial\boldsymbol{D}}{\partial t}=\mathrm{j}\omega\boldsymbol{D}$，$\frac{\partial\boldsymbol{B}}{\partial t}=\mathrm{j}\omega\boldsymbol{B}$；②可以把场的时间和空间变化进行分离，后续推导就可以只关注场随空间的变化。

而这样做的合理性则在于：①工程实际中，电磁场的时变绝大部分都是简谐变化，就算不是，按照"信号与系统"课上教的，任意的波形都可以分解成一系列的简谐波的加权和；②得到了场随空间变化的具体形式之后，可以随时乘以 $\mathrm{e}^{\mathrm{j}\omega t}$ 然后取个实部把时间信息加回来，如下所示：

$$\begin{aligned} \boldsymbol{E}(x,y,z,t)&=\mathrm{Re}\{\boldsymbol{E}(x,y,z)\mathrm{e}^{\mathrm{j}\omega t}\} \quad &\text{(a)}\\ \boldsymbol{H}(x,y,z,t)&=\mathrm{Re}\{\boldsymbol{H}(x,y,z)\mathrm{e}^{\mathrm{j}\omega t}\} \quad &\text{(b)} \end{aligned} \tag{1.8}$$

这样，式(1.7)可以进一步简化为

$$\begin{aligned} \nabla\times\boldsymbol{H}&=\mathrm{j}\omega\boldsymbol{D} \quad &\text{(a)}\\ \nabla\times\boldsymbol{E}&=-\mathrm{j}\omega\boldsymbol{B} \quad &\text{(b)} \end{aligned} \tag{1.9}$$

第三步，"旋之又旋"。式(1.9)两边都再取一次旋度，然后互相代入一下，很容易变换成另外两个式子：

$$\begin{aligned} \nabla^2\boldsymbol{E}+\omega^2\mu\varepsilon\boldsymbol{E}&=0 \quad &\text{(a)}\\ \nabla^2\boldsymbol{H}+\omega^2\mu\varepsilon\boldsymbol{H}&=0 \quad &\text{(b)} \end{aligned} \tag{1.10}$$

式(1.10)不但简洁,而且纯洁,第一个式子只关乎电场,第二个式子只关乎磁场。出于数学的敏感性,麦克斯韦意识到电场和磁场所满足的方程就是波动方程,如果解这个方程,可以得到电场和磁场能以波的形式存在。啥意思呢?以电场为例,就是说如果抖动电场线的一端,那么可能就会像抖动一条绳子那样抖出一个波,还能往前传。生活中绳子上的波的传播机制很好理解,就是靠相邻的质点一个带动一个往前传导振动,电磁场的波动则靠的是"动电生磁,动磁生电"这样一环扣一环地传播[3]。

既然是波,就有传播速度,通过波动方程中的系数,很容易推导出电磁波的传播速度,这个速度和当时人们已经测得的光速非常接近,因此麦克斯韦又顺带秀了一波天才的第六感,直接指出光也是一种电磁波。后来人们在光的"波粒二象性"争论中,支持"波动说"的那一派最大的底气就来自麦克斯韦。就像爱因斯坦没想到他的质能方程直接奠定了原子弹成功研制的理论基础,麦克斯韦应该也没有想到,他得出的这个结论在之后的100多年里,成为了人类信息技术革命的重要基石之一。这就是天才的理论物理学家的宝贵之处,所以后世有偈赞曰:向来无须做实验,不费油亦不费电,一支铅笔几张纸,引得菜鸟狂点赞。

(注:目前麦克斯韦方程组的形式是1885年英国物理学家奥利佛·赫维赛德在原来20个分量方程的基础上简化得到的4个矢量方程,因此上述有关麦克斯韦推导方程组的一系列心理活动略有杜撰成分,请谅解。)

1.2.4 第四阶段:实验证明电磁波的存在

1887年,同样伟大的德国实验物理学家海因策·鲁道夫·赫兹(图1-20)通过电火花实验不仅证实了电磁波的存在,甚至还测出了电磁波的速度,与麦克斯韦的理论计算结果非常接近。

图1-20 海因策·鲁道夫·赫兹(德国,1857—1894)

1901年,意大利的富二代企业家帅哥古列尔莫·马可尼(图1-21)更是让电磁波横穿数千公里的大西洋,从英格兰传到了加拿大的纽芬兰。

讲到这里,很多同学可能有点懵圈,不清楚怎么从电磁场的两个旋度公式推导出电磁波的,也不清楚这一结论到底有多重要的意义。关于公式的推导,其实可以从网上或者很多书中找到详细过程,而关于这个结论的意义,可以搬个小板凳听我说。我个人认为,电磁场到电磁波最大的意义在于有史以来,人类第一次让信息的传递脱离了看得见、摸得着的介质,转向了一个更高的层次。说点人话就是,有了电磁波之后,

图 1-21　古列尔莫·马可尼(意大利，1874—1937)

你和你心爱的人无论相隔多远，只要你拿出一个电荷，都会有一根电场线指向你心爱的人，你振动这个电荷，你的爱人在线的另一头就可以通过另一个电荷感受到你的振动，你可以变着法儿地改变振动的频率、幅度和相位，这个振动就会承载上你俩无数肉麻的情话，并以电磁波的形式在你们之间光速传播，不需要任何实物媒介，甚至连空气都不需要。再实际一点儿，其实你平时跟心爱的那个他(她)用手机发信息本质上都要经历这么个过程。

1.3　从电磁波到微波

1.3.1　什么是微波?

有了上面的铺垫，我们就可以进一步讨论电磁波和微波的关系了。作为人类最近100多年才开始深入理解的一种波，电磁波跟其他类型的波一样，也有自己的频谱，频率也可以从接近0一直到接近于无穷大。顺带提一下，频率的单位就叫赫兹(Hz)，这下知道赫兹有多厉害了吧。那什么是微波呢？微波其实就是某一个频段范围内的电磁波，而这个频段目前人类应用得最多，因此也比较出位，值得单独挑出来把玩一番。

观察图1-22所示的电磁频谱。微波在哪呢？就在长臂小人儿比划的那段频率为300MHz～300GHz的位置，顺带提一句，平时只要说微波，外行必然和微波炉联系起来，其实也没毛病，微波炉的工作频段就在2.45GHz附近，肯定属于微波波段。

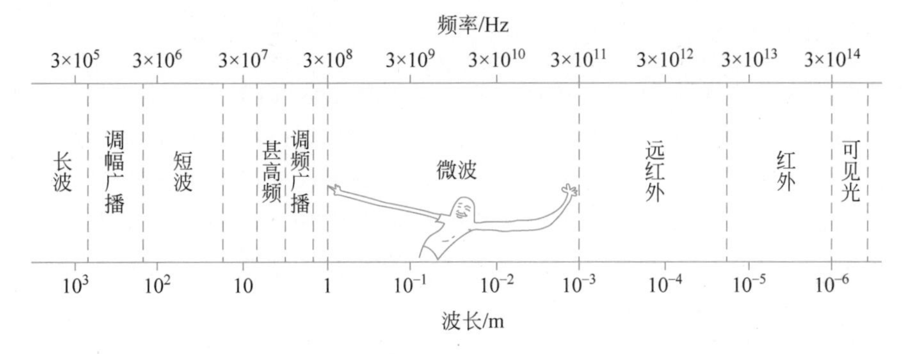

图 1-22　电磁频谱

1.3.2 为什么是微波?

上面介绍了什么是微波,接下来就要说说为什么是微波?电磁波谱那么宽,为什么人类对微波这段频率这么情有独钟?说起来还真的有点“命中注定就是你”的感觉。先说说人类,作为所谓的高等动物,无论是幼崽还是成年人,大部分的身高都在0.5~2.5m,而人类身上最细的大概就是毛发了,直径约为0.1mm,所以说,毫米到米的这个长度区间是人类比较熟悉和容易掌控的;根据微波的频率,可以算出其波长范围是1mm~1m,就问你惊不惊喜,巧不巧合?如果我再顺带告诉你其实人耳能听到的声音的波长范围是0.017mm~17m,是不是有种何止惊喜,简直惊悚的感觉?为啥人类所喜欢的波的波长范围恰恰都是人类自身最熟悉,最容易掌控的长度区间呢?这就和一个基本常识有关系了。无论是声波还是电磁波,如果想要有效地发射或者接收某个频率的波,所需器件的尺寸一定是和该频率对应的波长正相关的。从乐器的角度很容易理解,弦乐中的大提琴和小提琴相比,肯定是小提琴发出声音的调子高,管乐中的唢呐肯定发不出西藏铜钦那么低的调子,这些都是因为尺寸和波长相关,尺寸越大,对应的波长越长,频率也就越低。这个基本常识对于微波来说同样适用,各种微波器件的尺寸都是和波长正相关的,在电磁频谱上,频率太低了不合适,尺寸会太大,你能接受一个手机比你脑袋还大吗?咋拿?也扛肩上么?频率太高也不合适,尺寸会太小,因为做一个0.00001mm的结构,难度更大,要不然我们的芯片也不会被卡脖子。这样看来,微波频段的器件尺寸就相当适合人类了,容易制作又便于携带,还有就是,微波这个频段在空气中传播损耗也挺低,穿透能力也挺好,携带信息的能力也挺强,简直就是探测感知(雷达)、通风报信(通信)的必备神器。因此,可以毫不夸张地说,人类刚开始进化时,就和微波结下了缘分,很难说清是我们选择了微波,还是微波选择了我们(图1-23),总之,缘分和气氛都烘托到这个程度了,学就完了。

图1-23 我们和微波的相互选择

1.3.3 微波的用途

既然微波这么好,那具体有哪些用途呢?毫不夸张地说,如今微波的分布范围可能比空气还要广泛[4],完全覆盖了现代人类生活的各种犄角旮旯,主要可以分为三方面。

(1) 无线通信。现在人们用到的无线通信频段绝大部分都是在微波范围内,常见的手机、WiFi、蓝牙、GPS等使用的电磁信号都是非常典型的微波,包括湖南卫视、浙江卫视等也是用微波从卫星上向地球发信号。所以作为现如今的地球人,你也许不能随时沐浴阳光,但一定时刻都在沐浴着微波(图1-24)。

(2) 雷达。接受过九年义务教育的学生大概都能说出雷达的工作原理,与蝙蝠感知周围环境的手段没有本质区别,只不过一个用电磁波,一个用声波而已。目前无论是军用还是民用,绝大部分的雷达所使用的电磁波都是在微波频段内,特别是一些需要挂在

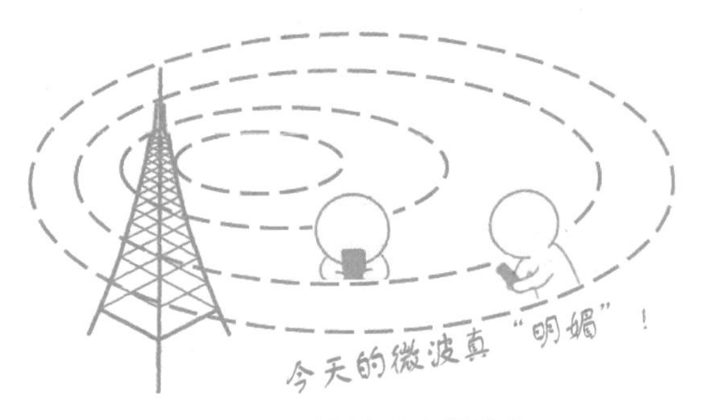

图 1-24　时刻沐浴在微波中

飞机上、导弹上的雷达设备,采用微波可以兼具尺寸和性能上的双重优势,简直是不二之选,比如最先进的相控阵雷达无一例外地都选择微波作为目标探测的频段。

(3) 加热。不得不承认,微波炉的名气好像要比微波本身大很多,毕竟很多学微波的学生都有过被喊去修微波炉的经历,因为微波炉真的是工作在微波频段(2.45GHz)。这个频率的微波可以直接进入食物内部,将电磁能转化为热能,达到从里到外一起热的效果,所以,加热食物也是微波的一个重要用途。此外医院中经常会有所谓的微波疗法,其实也是运用了微波的热效应。

说到这里,基本上关于电磁波和微波的故事就已经讲得差不多了。其实回过头来想想,电磁波从 1865 年第一次被麦克斯韦从理论上证明存在,到现在融入人类生活的方方面面,中间经历了 100 多年,期间,有很多如何利用电磁波的问题需要人类来解决,具体到微波频段就是,如何产生微波信号?如何沿着一定的路径传输微波信号?如何把微波信号发射到空间中?如何把空间中的微波信号接收下来?当然还有很多更细节的问题,比如怎么把信息加载到微波上,怎么放大信号,怎么处理收到的信号,等等。必须承认,这是一个巨大的综合性工程,要把这些讲清楚,单靠一本书肯定是远远不够的,本书主要聚焦在电路中的微波是如何传输的(导行波),而微波又是如何被发射到自由空间中并从空间中接收回来的(空间波)。这部分内容中,人类对于微波的利用很像对水的使用,在某些场合很希望其沿着设计好的路径流动,比如管道中的水,在另一些场合又很希望其天女散花般撒得到处都是,比如冲澡时(图 1-25)。

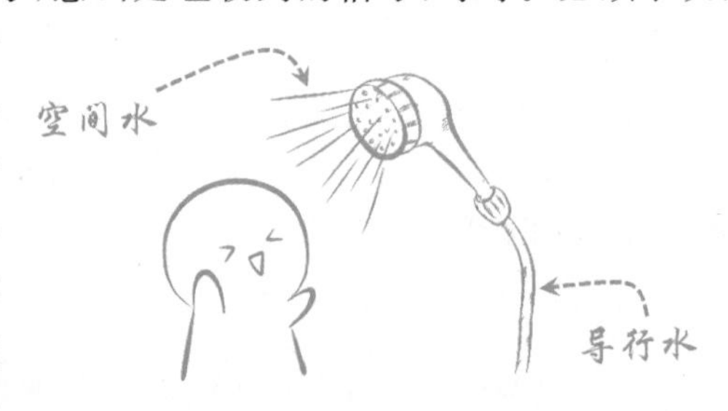

图 1-25　导行水和空间水

1.4 空间波和导行波

关于空间波和导行波(图 1-26),还可以举个最简单的例子,手机这个东西大家可太喜欢了,但是你不知道的是手机时时刻刻都在上演着空间波和导行波之间的对手戏。比如你给心爱的人发了一句"想你了",这三个字首先会被编码然后调制到微波信号上,之后通过手机的天线发送到离手机最近的一个基站中,通过基站之间的相互接力,整个过

程很像电视剧里皇上宣某某人上殿时公公之间的那种人声接力，然后距离你心爱的人最近的基站最终接收到了该信号，并通过他（她）的手机天线接收到手机中，进一步解调还原出那三个字。没想到吧，你不经意间地一撩，微波大概就要经历这么复杂的一个过程。（注：上述过程描述的是无线中继的情况，现实中大部分基站之间是由线缆连接的）

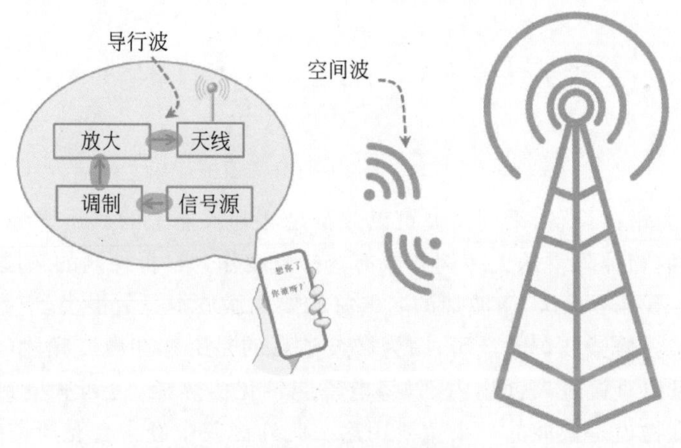

图 1-26　空间波和导行波

手机的信号一旦从手机天线上发射出来，就变成了空间波，可以到处传播了，也必须到处都传播，因为毕竟这时的微波信号并不知道离它最近的基站在哪里，只有漫无目的地盲流，最终只要保证有那么一丢丢信号能进入最近的基站就可以，其他的信号就只能随它去了。然而，当微波信号在手机内部传输时，从信号源到调制器，再到放大器，再到天线，每个模块在哪都是明明白白的，要求的就是要高效率地传过去，因此就需要用传输线把各个模块连接起来，保证微波都沿着一定的路径在传播，而不是洒得到处都是，这就是导行波。

咱们这本书接下来就是围绕着怎么掌控导行波和空间波来介绍相关的知识，导行波主要用传输线和波导，导行波和空间波的相互转换则主要是用天线，这就构成了微波技术与天线的两大块内容了。

第2章 传输线里的微波

2.1 为什么要学这一章？

人类自从出现在这个地球上，总是想把地球上的各种资源都给安排得明明白白的，拿水来说，大家都知道黄河是我们的母亲河，但是在上古时代，咱们这位母亲脾气相当暴躁，动不动就泛滥，因此也就有了“三过家门而不入”的大禹治水的故事(图 2-1)。

图 2-1　大禹治水，我们治波

大禹治水主要是为了让水沿着人们预想的路径来走，更容易利用，而不是频繁改道，想淹哪儿就淹哪儿。咱们学本章也是同样的想法，大禹治水，我们治水的皮——波。想要更好地利用微波，在某些场合下，还真的不能让其在空间中随便溜达，最好“是”给微波整点“沟渠”或者“管道”，让它沿着设定的路径从一个位置走到另一个位置，能量也不至于被浪费掉，这就是导行波，能传输导行波的东西在本章叫传输线，在下一章叫波导，这两者功能差不多，但结构有很大差别，分析方法也不同，后面再细说。

本章的主要目的就是教会大家一个技能：把微波从一个位置沿着传输线的路径传输到另一个位置，这技能听起来感觉好像很弱，主要是因为你很菜，才会把很多事情想得很简单，正所谓无知者无畏嘛，谁都年轻过。微波相对于之前我们学过的电路基础中的那些交流电来说，频率要高很多很多。频率一旦高了，波长就短了，单是信号的传输就开始出现很多始料未及的事情了。海拔高了容易有高原反应，类似地，频率高了也容易有“高频反应”，我们整本书其实都在跟“高频反应”的各种症状做斗争。

说到这儿，很有必要先把常见的微波传输线的模样展示一下(图 2-2)，人生初见，第一印象很重要，一定牢记它们的名字和相貌，也可以直接去网上搜索真实的照片，一搜一大堆。

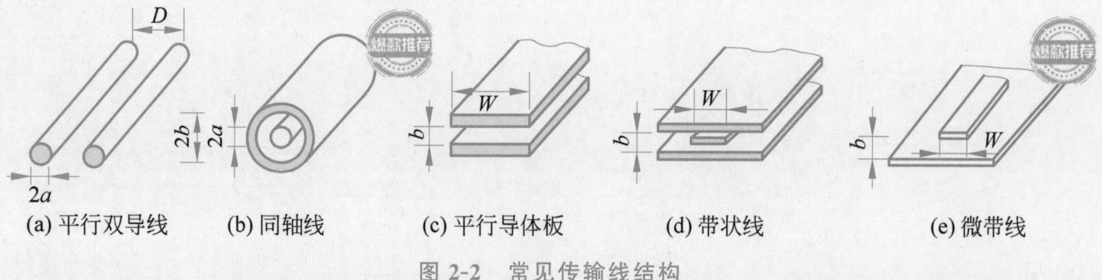

图 2-2　常见传输线结构

下面逐个简介一下：

(1) 平行双导线，结构简单，就是两根平行导线，早期主要用于给对称振子等形式的天线馈电，因为结构比较敞亮，不封闭，泄漏比较多，因此并不算很流行。

(2) 同轴线，外面导体是个圆筒，与里面的导线共轴(co-axial)，因此叫同轴线，内外导体之间一般有介质填充。有线电视信号的传输用的就是同轴线，因为封闭性好，信号不容易泄漏，在微波频段相当流行，堪称爆款。

(3) 平行导体板，相当于把平行双导线的两个导线给压成板了，中间一般也有介质填充，可以传输的功率比较大，但结构比较笨重，泄漏也比较厉害，也不算很流行。

(4) 带状线，主要用于微波集成电路中，可以用印制电路板(PCB)技术实现，上下表面各一层金属地，中间有一条带状的信号线，两层金属地之间除去信号线之外的空间为介质板，整体结构可以做到很薄。

(5) 微带线，相当于带状线去掉上面一层金属地，整体结构比带状线更薄，广泛应用于微波集成电路中，深受微波工程师喜爱，同样堪称爆款。

上面几种常见的微波传输线结构虽然形态各异，但都是平行双导体结构，并无本质上的差别，后续数学建模会采用统一的手法进行分析。

2.2 短线 VS 长线，集总 VS 分布 

此前的大学生涯里，大家已经学习了一些电路基础的知识，有直流也有交流，但是电路基础中的交流频率一般都很低，也就几十千赫兹到几十兆赫兹，对应的波长至少也有几十米长，而一般的电路无论是元器件还是连接线，可能最多也就几厘米，其物理长度远小于一个波长，甚至不到百分之一个波长，线的两端的电压和电流都能保持基本同步，与直流的情况差不多，我们把这时的线称为短线，显然，这个“短”不是指物理长度，而是指电长度，也就是相当于多少个波长。作为短线，可能只有零点零零几个波长。

然而，当我们要传输的信号的频率上升到微波波段(0.3～300GHz)时，情况就要发生改变了，比如一个很典型的微波频率 2.5GHz，对应的波长只有 12cm，可是对于微波电路来说，其传输线可能就有 20 多厘米，可以跟波长相比拟了，相当于几个波长，这会造成线的两端电压并不同步，可能左边电压已经达到正向最大了，右边却刚好达到反向最大值，这里把它称为长线(图 2-3)。长线的物理长度可以跟波长相比拟，甚至有时还会大于波长，这样就会带来一个很尴尬的后果：传输线上的电压或者电流居然不能处处相等了。

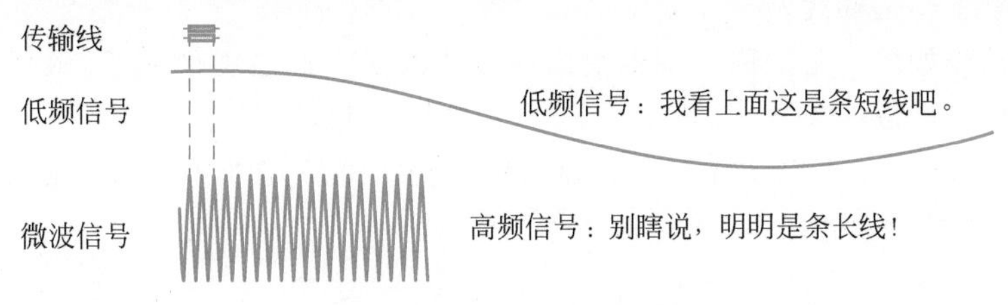

图 2-3 长线和短线的概念

这也就是说，在低频我们从来没考虑过的传输线的问题，到了高频可能就成了一个大问题，反正就挺突然的。想想在低频的幸福时光，要连接两个元器件，从来都是两根导线直接怼上去，谁管你有多长啊，反正电压或电流处处都一样，结果到了高频，居然要开始关心起传输线的长短以及上面的电压电流分布了。所以大家以后要想在微波圈里展现一种本地人的气质，就要开始改变一些习惯了，说某个传输线的长度不要再张嘴就说几厘米几米了，太外行。一定要举重若轻、若无其事地说几个波长，显得倍儿专业。总之，长线这事儿基本上宣告了大家在低频时建立的那点儿电路观的坍塌，不过也正应了微波工程师爱说的一句话，频率高了，什么有趣的事情都有可能发生。

再说另一个有趣的事情，大家都玩过低频电路的面包板吧，那些飞来飞去的线咱们先不管，就说那些电阻、电容以及电感的元器件还是挺讨人喜欢的，一个个小疙瘩看得见、摸得着，还可以随时把玩一番，这些元器件称为集总元器件（图 2-4），它们的电阻值、电容值以及电感值称为集总（lumped）参数，中文听着还挺唬人的，一看英文就明白了，lumped，意思直接就是“疙瘩状的”，拿一个集总的电阻来举例，电阻的作用就是让信号经过它之后产生一个压降，而这个压降就集中在一个小疙瘩电阻上，简单又直观。

图 2-4　集总的电感、电阻和电容

然而，到了微波频段，情况就有点诡异了，如果我告诉你，一个微波传输线上有很多电阻、电容和电感，你猜咱俩谁疯了？但事实就是，因为微波的频率高，波长短，且传输线存在一定的损耗，导致只要两根导线平行放在一起，信号沿着传输的方向前进一段距离就会有压降，也有相位的变化，其中，压降就是由沿线的电阻效应或者线间电导效应所造成的，相位的变化则是由沿线的电容或者电感效应所造成的。注意，我们这里说的电阻不再是一个集中在一点处的小疙瘩，而是一种沿线的分布式效应（effect），是沿着传输线的金属损耗或者介质损耗造成的，电容和电感也不再是一个小疙瘩，也是一种分布式效应，是由线的电长度以及两线之间的耦合所造成的电感或者电容效应，由于这些效应相当于把电阻、电感和电容这些小疙瘩揉碎之后均匀地涂抹在传输线上，因此称为分布（distributed）参数，而分布参数和集总参数最明显的区别就在于单位，比如集总的电阻单位是欧姆（Ω），而分布的电阻单位则是欧姆每米（Ω/m），反映的是单位长度上的电阻值，电导、电容、电感亦是如此。

分布参数是如何确定的呢？根据前面的描述大家大概也能猜到了，就是由微波传输线的结构、尺寸（横截面尺寸，与长度无关）和材料所决定的。

根据这些结构、尺寸和材料就可以确定出不同类型传输线的分布电阻 R、分布电感 L、分布电导 G 和分布电容 C 的值，如表 2-1 所示。

表 2-1　不同传输线的分布参数

分布参数	同轴线	平行双导线	平行导体板
R（Ω/m）	$\frac{R_s}{2\pi}\left(\frac{1}{a}+\frac{1}{b}\right)$	$\frac{R_s}{\pi a}$	$\frac{2R_s}{W}$

续表

分布参数	同轴线	平行双导线	平行导体板
L(H/m)	$\frac{\mu}{2\pi}\ln\left(\frac{b}{a}\right)$	$\frac{\mu}{\pi}\ln\left[\left(\frac{D}{2a}\right)+\sqrt{\left(\frac{D}{2a}\right)^2-1}\right]$	$\frac{\mu b}{W}$
G(S/m)	$\frac{2\pi\sigma}{\ln\left(\frac{b}{a}\right)}$	$\frac{\pi\sigma}{\ln\left[\left(\frac{D}{2a}\right)+\sqrt{\left(\frac{D}{2a}\right)^2-1}\right]}$	$\frac{\sigma W}{b}$
C(F/m)	$\frac{2\pi\varepsilon}{\ln\left(\frac{b}{a}\right)}$	$\frac{\pi\varepsilon}{\ln\left[\left(\frac{D}{2a}\right)+\sqrt{\left(\frac{D}{2a}\right)^2-1}\right]}$	$\frac{\varepsilon W}{b}$

注：$R_s=\sqrt{\pi f\mu_c/\sigma_c}$，$\mu_c$、$\sigma_c$ 为导体的磁导率和电导率；ε、μ、σ 分别为导体周围空间填充媒质的介电常数、磁导率和电导率。

2.3 如何拿捏微波传输线？

经历了上面所说的各种诡异之后，最起码我们现在知道了两件事情，微波传输线是长线，电路参数是分布的。有了这两个知识点打底，就可以开始定量地分析微波传输线了。咱们这一章学的微波传输线和低频传输线的共同点在于都是双导体的，因此可以采用电路的方法去分析。可能马上会有人说，双导体？难不成还存在单导体的传输线？提前剧透一下，还真存在，不过要放在下一章来讲，而且不能再用“路”的方法，得用“场”的方法了。

还是说回双导体的微波传输线，最简单的形式就是平行双导线(图 2-5)，最简单的情景大概就是一个微波信号源通过传输线向负载传微波信号了，传输线沿着$+z$ 轴方向，信号源在 $z=0$，负载 Z_L 在 $z=l$ 处。这里大家一定要留意下方的坐标轴有两个，一个 z，起点($z=0$)是源，方向是源到负载；一个 z'，起点($z'=0$)是负载，方向是负载到源。之所以要提醒大家，是因为后面的很多式子会在这两个坐标轴之间反复横跳，而且带撇的坐标轴可能用得还更多[5]。

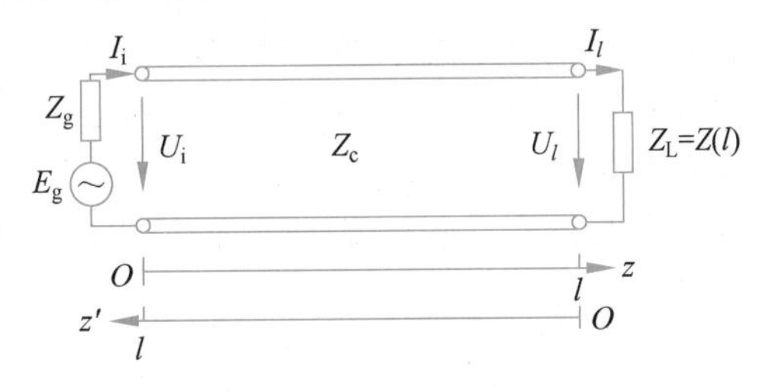

图 2-5　典型的微波传输线

2.3.1　化长为短

显然，此时的传输线是长线，上面的沿线电压、电流分布那可是相当魔性，怎么分析呢？实话实说，直接硬刚长线难度较大，长线搞不定，短线还搞不定么，那怎么搞定短线呢，其实从老子到莱布尼茨和牛顿，都告诉过我们，老子说“图难于其易，为大于其细”，莱布尼茨和牛顿说的是微积分，就连成语都说过“见微知著”，讲的都是同一种智慧，一定要细品，越品越香。具体操作手法就是，可以先从长线上截取长度为 Δz 的一小段，短到远小于波长，这一小段就可以用短线的套路进行拿捏了，短线上不是也有分布的电阻效应、电感效应、电容效应吗？既然你够短，就可以用集总参数来等效了，可以得到这一小段传输线的集总等效电路(图 2-6),里面的 $R\Delta z$ 用来表征沿着这一小段传输线的电阻效应,是由金属的损耗造成的,毕竟没有哪种金属的导电率可以无穷大,$L\Delta z$ 则用来表征沿着这一小段传输线的电感效应,$C\Delta z$ 用来表征两个导体之间的电容效应,电感和电容是造成信号通过这一小段传输线后相位变化的原因,$G\Delta z$ 用来表征两个导体之间的电导效应,是由两个导体之间介质的损耗造成的,毕竟实际中的任何介质都不是完美绝缘的。注意,这里的集总参数后面都要乘以一个 Δz,因为 R、L、G、C 是分布参数,单位后面多了个"/m",因此要再乘以传输线的长度才可以得到集总的值[6]。

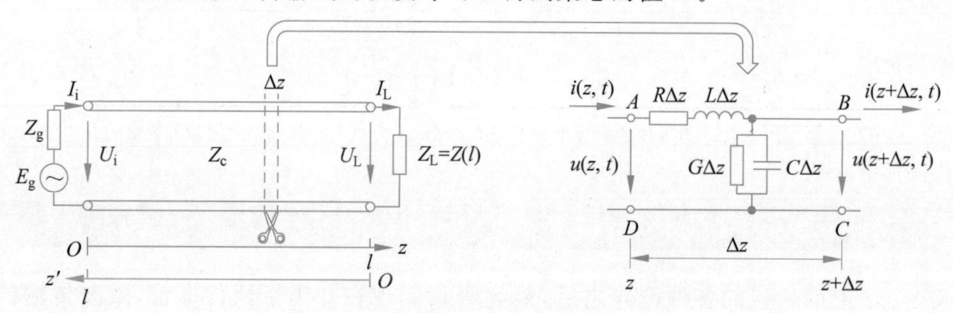

图 2-6 微波传输线中一小段的等效电路

有了长度为 Δz 的一小段传输线的等效电路,我们再把电压和电流给放进去,左端的电压可以设定成 $u(z,t)$,电流为 $i(z,t)$,相应的右端电压电流就应该是 $u(z+\Delta z,t)$ 和 $i(z+\Delta z,t)$。一个非常有意思的事实就是,对于一段均匀(横截面的结构和材料处处相等)的微波传输线,我们只要观察一小段传输线上电压、电流的变化,就可以获知整个传输线上电压、电流的分布规律,这也恰恰体现了微积分的妙用,也是我们常说的"见微知著"一词的内涵。有了等效电路和输入输出信号,并且还是短线和集总参数,事情已经完全回到了我们学过的电路基础的那些套路,这个想必大家都还比较熟,再不济也还记得最本质的那两条电路定律:基尔霍夫电压和电流定律,电压定律需要一个环路,环路上电压的代数和是 0;电流定律需要一个节点,节点上电流的代数和是 0,由此便可顺势写出两个方程(2.1)。(别怀疑,图 2-7(b)中的节点处就是基尔霍夫。)

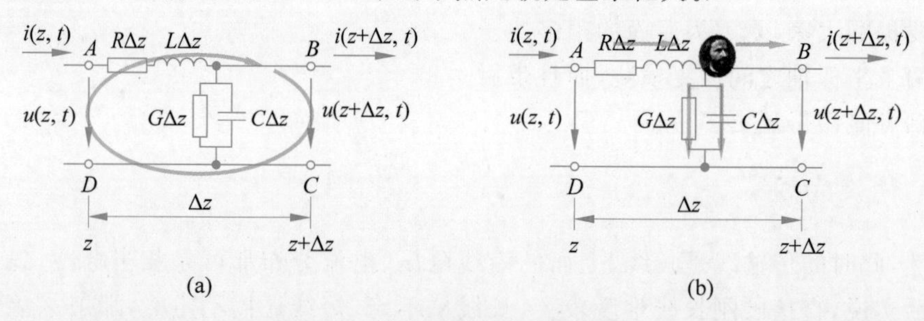

图 2-7 基尔霍夫电压、电流定律

$$\begin{cases} u(z,t) - R\Delta z i(z,t) - L\Delta z \dfrac{\partial i(z,t)}{\partial t} - u(z+\Delta z,t) = 0 & \text{(a)} \\ i(z,t) - G\Delta z u(z+\Delta z,t) - C\Delta z \dfrac{\partial u(z+\Delta z,t)}{\partial t} - i(z+\Delta z,t) = 0 & \text{(b)} \end{cases} \tag{2.1}$$

之前一直在说 Δz 很小，远小于波长，到底有多小呢？答案是要多小就有多小。我们让 Δz 趋近 0，这样的话，意图就很明显了，但凡学过高数的学生都会按捺不住内心的冲动，把上面两个式子进一步转换成对 z 求偏导的形式。

$$\begin{aligned} \frac{\partial u(z,t)}{\partial z} &= -Ri(z,t) - L\frac{\partial i(z,t)}{\partial t} \quad \text{(a)} \\ \frac{\partial i(z,t)}{\partial z} &= -Gu(z,t) - C\frac{\partial u(z,t)}{\partial t} \quad \text{(b)} \end{aligned} \tag{2.2}$$

2.3.2 分离时空

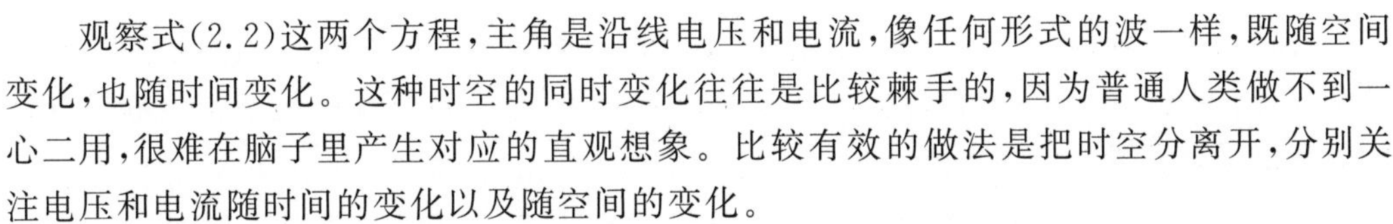

观察式(2.2)这两个方程，主角是沿线电压和电流，像任何形式的波一样，既随空间变化，也随时间变化。这种时空的同时变化往往是比较棘手的，因为普通人类做不到一心二用，很难在脑子里产生对应的直观想象。比较有效的做法是把时空分离开，分别关注电压和电流随时间的变化以及随空间的变化。

对于时变，与第 1 章中的操作手法一样，直接假设其为时谐变化 $e^{j\omega t}$，这样做既有合理性，也有便捷性，合理性在于任何形式的波都可以看作简谐波的组合，便捷性则在于 $e^{j\omega t}$ 的时变形式在处理关于时间的偏微分时会非常简单，相当于本身乘以一个 $j\omega$；对于空间变化，因为没有了时间这个变量，电压和电流可以写成 $U(z)$ 和 $I(z)$，相当于把时空分离了。既然时变已经有了明确的形式，我们接下来就可以重点关注电压电流随空间的变化。多提一句，既然能够分离时空，就可以合并时空，将来我们找出 $U(z)$ 和 $I(z)$ 的具体表达式之后，如果还想把时变部分找回来，可以直接用 $U(z)$ 和 $I(z)$ 乘以 $e^{j\omega t}$，然后取实部即可。

$$\begin{aligned} u(z,t) &= \mathrm{Re}\left[U(z)e^{j\omega t}\right] \quad \text{(a)} \\ i(z,t) &= \mathrm{Re}\left[I(z)e^{j\omega t}\right] \quad \text{(b)} \end{aligned} \tag{2.3}$$

2.3.3 传输线方程

经过“分离时空”的一波操作之后，我们把注意力集中在了电压、电流随空间位置的变化。上面的式(2.2)也可以化简成非常简洁的形式：

$$\begin{aligned} \frac{dU(z)}{dz} &= -ZI(z) \quad \text{(a)} \\ \frac{dI(z)}{dz} &= -YU(z) \quad \text{(b)} \end{aligned} \tag{2.4}$$

其中，$Z=R+j\omega L$，$Y=G+j\omega C$。

这个式子虽然看着挺简洁，但是电压和电流相互纠缠，不够纯洁，两边再取个关于 z 的导数，然后一小波简单推导，就可以转换成两个只包含电压或者电流的纯洁式子了，是不是有点似曾相识的感觉？此前我们在第 1 章推导麦克斯韦方程时也是同样的操作，只不过当时是三维的，现在是一维的，更简单了。

$$\begin{aligned}&\frac{\mathrm{d}^2U(z)}{\mathrm{d}z^2}-ZYU(z)=0 \quad \text{(a)}\\&\frac{\mathrm{d}^2I(z)}{\mathrm{d}z^2}-ZYI(z)=0 \quad \text{(b)}\end{aligned} \tag{2.5}$$

这样一个式子就很直观了，学名叫“二阶齐次常微分方程”，别名又叫传输线方程或者电报方程。关于电报方程的命名，据说是当时用几千公里的海底电缆传电报，尽管使用的频段远没到微波，频率很低，波长很长，但是奈何物理长度实在太离谱了，直接干成长线了，没有微波的命，却得了微波的病，搞得发电报的师傅不得不用这个式子来解决电报遇到的传输线问题。

公式的名字嘛，终归只是个代号，这个式子的本质在数学上已有定论，它描述的其实就是波，这个波的特点在于它传输的路径是沿着一条线的，也就是传输线。传输线方程的通解也很容易得出

$$\begin{aligned}&U(z)=U^+\mathrm{e}^{-\gamma z}+U^-\mathrm{e}^{\gamma z}=U^+(z)+U^-(z) \quad \text{(a)}\\&I(z)=\frac{1}{Z_0}(U^+\mathrm{e}^{-\gamma z}-U^-\mathrm{e}^{\gamma z})=I^+(z)+I^-(z) \quad \text{(b)}\end{aligned} \tag{2.6}$$

有了通解，就可以挨个儿盘通解中的各个部分，只要把每个部分都给盘明白了，后面的工作就容易开展了。

视频

2.3.4 把玩通解

视频

还是老规矩，把玩一个式子，上手先看整体，通解式(2.6)无论对于电压还是电流，都是波，而且由两部分构成。以电压为例，传输线上任意一点的电压都等于 $U^+\mathrm{e}^{-\gamma z}$ 和 $U^-\mathrm{e}^{\gamma z}$ 的叠加，这揭示了一个重要的事实：传输线上的波既可以从信号源向负载传输($+z$ 轴方向)，也可以从负载向源传输($-z$ 轴方向)，前者我们很容易理解，后者是个什么情况呢？这就涉及了微波传输线最重要的一个现象——反射，不要小看它，正是因为有了反射，微波传输线才真正复杂起来，也正是有了反射，我们才会专门搞出一章来跟它掰扯。反射是指信号从负载向源传输，与反射相对应的，如果信号是从源向负载传输，称为入射。因此，微波传输线的“迷人”之处就在于上面传输的信号不仅是波，而且是入射波和反射波的叠加。

接下来再挨个来盘点一下通解的各个关键部分。

1. 波的传播形式：$\mathrm{e}^{\pm\gamma z}$

作为微波圈的学生，以后看到 $\mathrm{e}^{\pm\gamma z}$ 这样一个指数函数，要马上就能知道这是沿着 z 轴传输的电压波或者电流波，而且 $\mathrm{e}^{-\gamma z}$ 代表沿 $+z$ 轴传，$\mathrm{e}^{\gamma z}$ 代表沿 $-z$ 轴传。$\mathrm{e}^{\pm\gamma z}$ 前面的系数 U^+，U^-、I^+、I^- 则代表了相应的电压波、电流波的幅度。

2. 传播常数：γ

$\gamma=\sqrt{ZY}=\sqrt{(R+\mathrm{j}\omega L)(G+\mathrm{j}\omega C)}=\alpha+\mathrm{j}\beta$，称为传播常数，人生初见，请记住这个名字。传播常数 γ 是个复数，由分布参数 R、L、G、C 以及信号的频率 ω 决定，进一步往根

儿上刨的话，分布参数由传输线的结构尺寸和材料决定。因为 γ 在指数位置，而且是 z 的系数，因此它的实部（α）和虚部（β）分别代表波沿着传输方向（$+z$ 轴或者 $-z$ 轴）的幅度和相位变化的快慢程度。其中 α 主要与 R、G 相关，β 主要与 L、C 相关。此外，传播常数中还包含着相速度和波长的信息。

什么是相速度呢？顾名思义，就是相位的速度，比如在传输线的左端，如果时谐变化的电压在某一时刻达到了最大值，可以把这个点的相位记为 0°，作为长线，传输线的右端在同一时刻并不会马上也跟着达到最大值，而是经过了一段时间之后才会达到最大值，也就是同样的相位 0°。传输线长度除以这个时间差就是相速度。英语中相位（phase）的本义就是"阶段"，因此相速度本质上就是振动的某个"阶段"在传输线上传播的速度。相速度 V_p 的计算式为

$$V_p = \omega / \beta \tag{2.7}$$

波长就比较好理解了，首先一定要把时间定住，然后只看传播常数的虚部，$e^{-j\beta z}$ 沿着 $+z$ 轴就是个周期函数，它的周期就是波长 λ，代表某一时刻下，相邻两个波峰或波谷之间的距离，当然取相邻的其他同相位之间的距离也是一样的。

$$\lambda = 2\pi / \beta \tag{2.8}$$

所以有了 β 就等于有了波长，对于最普遍的 TEM 模式来说，β 的物理意义也挺有意思，是 2π 米中包含的波长的个数，又叫波数（wave number）。

3. 特性阻抗 Z_c

又是一个人生初见，请记住它。一个微波圈的学生如果不知道特性阻抗（characteristic impedance），大概相当于一个博士不知道知网，后果有多严重，自己慢慢体会。

特性阻抗 Z_c 的表达式为

$$Z_c = \frac{U^+(z)}{I^+(z)} = -\frac{U^-(z)}{I^-(z)} = \sqrt{\frac{R + j\omega L}{G + j\omega C}} \tag{2.9}$$

式中，前两个等号代表了它的物理意义，最后一个等号则表明它也是由分布参数和信号频率所决定的。特性阻抗的物理意义比较明确，阻抗嘛，肯定是电压比电流，具体来说，就是入射电压波和入射电流波之比，或者是反射电压波和反射电流波之比的相反数，之所以在反射时会出现相反数，是因为电流的方向反了。

我们之前说过，分布参数 R 和 G 的出现，主要是因为传输线的导体部分导电率不是无穷大，而介质部分的损耗也不是 0，因此微波在沿线传输时，信号幅度会慢慢变小。然而，对于大多数实际的微波传输线，得益于材料技术的发展，目前导体损耗和介质损耗都非常小，接近 0，因此很多时候微波传输线都看作无耗的（$R \approx 0, G \approx 0$），即

$$Z_c = \sqrt{\frac{L}{C}} \tag{2.10}$$

这样一来，式（2.10）形式就很清爽了，与传播常数相比，无耗传输线的特性阻抗不再与信号的频率有关，而且是一个实数。之后除非特别说明，一般情况下都是指无耗传输线。

为啥说特性阻抗很重要呢？因为从微波传输线的设计者、生产厂家，到销售商和用户，最关心都是这个参数，特性阻抗之于传输线，大概就相当于轨距之于火车轨道，是规

格性的参数,一旦传输线的结构、尺寸(横截面尺寸,与长度无关)以及材料确定了,特性阻抗就确定了。一般来说,传输线的特性阻抗规格大概有 50Ω、75Ω 和 300Ω 等,其中微波频段最常用的是 50Ω。所以人们经常会说这是一条 50Ω 的传输线,或者那是一条 75Ω 的传输线。以后别人问什么是特性阻抗时,心里得有数,如果傻乎乎来一句:“什么炕?我家不烧炕”,那就是妥妥的大型社死现场。

学完这一章,不仅要知道啥是特性阻抗,而且就算是设计一个传输线,也应该是基本操作,例如:要设计一个特性阻抗为 50Ω 的同轴线,我们可以通过查表 2-1 得出同轴线的特性阻抗和结构、尺寸、材料之间的关系。

$$Z_c=\sqrt{\frac{L}{C}}=\frac{60}{\sqrt{\varepsilon_r}}\ln\left(\frac{b}{a}\right) \tag{2.11}$$

其中,a 和 b 分别是内外导体的半径,ε_r 是中间填充介质材料的相对介电常数。实际中特别常用的一种同轴线型号叫 Sub-Miniature version A (SMA),外导体内径和内导体直径分别为 $2b=4.13$mm 和 $2a=1.27$mm,填充介质特氟龙(Teflon)的相对介电常数为 2,可自行计算一下特性阻抗的值。

4. 通解到特解,系数的确定 U^+、U^-

学过数理方程的学生都应该对通解和特解不陌生,通解给一个大概形式,特解就可以根据具体边界条件去确定具体的系数了,所谓的边界条件其实就是一些已知量,对于式(2.6)给出的通解来说,需要确定的系数就是 U^+ 和 U^-,其实很多不同的边界条件都可以用来确定这个系数,我们最常用的是负载上($z=l$)的电压 U_L 和通过负载的电流 I_L,只要这两个是已知的,那么一段终端接负载的微波传输线上的电压、电流具体分布形式就可以确定下来了。具体推导过程也很简单,两个未知量,两个式子,直接可以用 U_L 和 I_L 来反推 U^+ 和 U^-。

$$\begin{aligned} U_L&=U(l)=U^+ e^{-\gamma l}+U^- e^{\gamma l} \quad \text{(a)}\\ I_L&=I(l)=I^+ e^{-\gamma l}+I^- e^{\gamma l} \quad \text{(b)} \end{aligned} \tag{2.12}$$

最终得到特解形式如下:

$$\begin{aligned} U(z)&=\frac{I_L}{2}\left[(Z_L+Z_c)e^{\gamma(l-z)}+(Z_L-Z_c)e^{-\gamma(l-z)}\right] \quad \text{(a)}\\ I(z)&=\frac{I_L}{2Z_c}\left[(Z_L+Z_c)e^{\gamma(l-z)}-(Z_L-Z_c)e^{-\gamma(l-z)}\right] \quad \text{(b)} \end{aligned} \tag{2.13}$$

这种形式虽然系数都确定了,但是总感觉形式上有点不太清爽,毕竟那么多的$(l-z)$看起来邋邋遢遢的,这时我们就要在 z 坐标轴和 z' 坐标轴之间进行第一次横跳了,在 z' 坐标轴中,$(l-z)$直接就简化为 z' 了,整个式子也一步步简化为双曲正弦和双曲余弦的样子。

$$\begin{aligned} U(z')&=U_L\cosh\gamma z'+I_L Z_c\sinh\gamma z' \quad \text{(a)}\\ I(z')&=I_L\cosh\gamma z'+\frac{U_L}{Z_c}\sinh\gamma z' \quad \text{(b)} \end{aligned} \tag{2.14}$$

这应该是描述终端接负载的传输线上电压、电流分布最清爽的一个式子了，留意它一下，后面还要用。

2.3.5 为什么会有反射？

按照传输线方程的通解，我们从信号源通过传输线向负载入射一个电压波或者电流波，有可能会在负载处被反射回来一部分，这个是数学推导的结论。既然是数学推论，我们就需要严肃对待了，毕竟数学最大嘛。为什么会出现反射？这种情况在低频电路中是完全没考虑过的，在那个简单而美好的低频电路中，信号源给负载多少能量，负载都会屁颠屁颠地接着，哪敢反射回去一部分。

然而，还是那句话，到了高频，什么诡异的情况都有可能发生，为此我们可以探寻一下传输线上微波信号的心路历程。

首先，在信号源的激励下，微波信号来到了传输线上，这时其实只有入射波 $U^+(z)$ 和 $I^+(z)$，二者的比值我们也不陌生，就是刚说过的特性阻抗 Z_c，如果传输线沿着 $+z$ 轴延伸无限长，那入射波会一直开开心心这么走下去，直到地老天荒(图 2-8)。

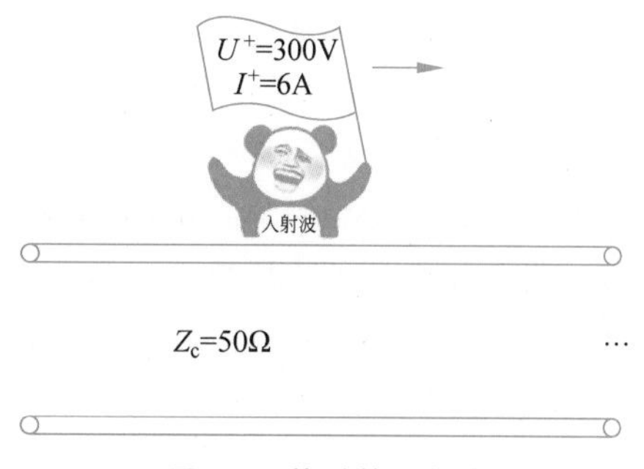

图 2-8 快乐的入射波

然而，“天地尚不能久，而况于人乎？”，我们搞微波传输线终归是为了把波从一个位置顺利传输到另一个位置，而不是为了看沧海桑田和海枯石烂，因此入射波往往是吃着火锅唱着歌，突然就遇到负载了。负载是个什么东西呢？实际情况中，可能是滤波器、混频器或者天线等各种各样的微波器件，但是在入射波眼中，它就是个 $Z_L=R+jX$，也就是说，我才不管你这负载是做什么的，我只知道你身上加的电压 U_L 和流过的电流 I_L 之比就是 Z_L。因此，在入射波遇到负载的那一刻，矛盾就不可避免地产生了，入射波明确表示自己的电压、电流之比就是 Z_c，但负载也很倔强，强烈要求自己的地盘自己说了算，电压和电流的比值必须是 Z_L。如果赶上运气爆棚，Z_c 恰好就等于 Z_L 还则罢了，但哪就那么巧，所有微波器件的阻抗都正好等于 Z_c 呢，因此，一旦出现 $Z_c \neq Z_L$ 的情况，大自然的规律就要介入了，处理方式就两个字：反射(图 2-9)。

既然入射波和负载因为电压、电流比例的问题争执不下，那么就反射回来一部分，反射回来多少呢？根据式(2.15)，原则有两条：①保证反射波的电压电流比依旧是 Z_c，毕竟反射波也还是要在传输线上混的，得尊重传输线的特性阻抗 Z_c；②反射回去一部分后，负载上剩下的电压和电流之比则由负载说了算，比值就是 Z_L。有了这两个原则，反射回去多少就可以确定了。图 2-9 就包含了一个具体的例子，自行验算一下即可。

$$
\begin{aligned}
&Z_c=\frac{U^+(z)}{I^+(z)}=-\frac{U^-(z)}{I^-(z)} \quad \text{(a)} \\
&Z_L=\frac{U_L}{I_L}=\frac{U^+(l)+U^-(l)}{I^+(l)+I^-(l)} \quad \text{(b)}
\end{aligned}
\tag{2.15}
$$

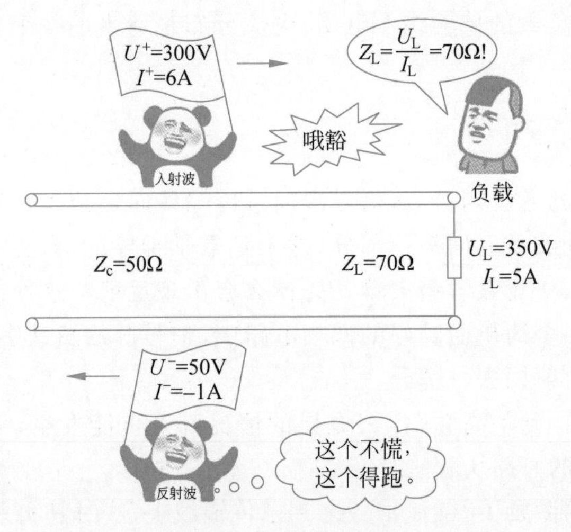

图 2-9　反射波的产生

上述的过程听着好像还挺玄乎，但其实在现实中是再普遍不过的现象了，与我们经常见到的回音的现象本质上是完全一样的。大家都有这么个常识，在一望无际的大草原上，就算你喊破喉咙也是没有回声的，回声的出现往往需要在一定的距离处有一个大的障碍物，比如是一堵墙，你喊一嗓子发出的是入射波，之后听到的回声就是反射波，之所以会发生反射就是因为你发出的声波遇到了墙，而墙和空气的声学特性是不同的（声学中也有类似于电压的声压概念），也需要返回一部分声音来弥合这种不同。因此，只要波传播的过程中，遇到了传输媒质的不均匀性，必然会发生反射，无论是声波还是微波，抑或是其他波。因此我们这一章其实要处理的一个重要问题就是微波的"回声"——反射波。

视频

2.3.6　如何衡量反射？

视频

波的反射现象很普遍，也很难定义是好还是坏，但讲真，微波传输线中的反射现象在很多时候并不招人待见，就好像我们跟一个人讲话，当然是希望到达对方耳膜的声波能被完全吸收，而不是"左耳朵进，左耳朵出"，在传输微波时也是这样，因此有必要对微波传输线上面的反射现象进行一个全方位的拿捏，只有搞清楚传输线上到底在发生什么，才可以对其利用时做到"予取予求"。

1. 反射系数 $\Gamma(z')$

还是先从故事的发源地负载处开始说起，作为反射发生的第一现场，我们最关心的其实还是到底有多少波反射回来了，因此可以在负载处（$z=l$）定义一个反射系数 $\Gamma_{\rm L}$ 的概念，思路倒也简单粗暴，就是直接令反射系数等于负载处的反射波比入射波，当然，可以用电压比，也可以用电流比，二者只相差一个负号，简单起见，以后所说的反射系数都是指电压反射系数，即

$$\Gamma_{\rm L}=\frac{U^{-}(l)}{U^{+}(l)} \tag{2.16}$$

加上在2.3.5节说的反射的两条原则，也就是式(2.15)，情况就比较明朗了。按照反射系数的定义，式(2.15)随便推导一下就可以得出负载阻抗 Z_L、特性阻抗 Z_c 和负载处反射系数 Γ_L 之间的关系了。

$$\Gamma_L=\frac{Z_L-Z_c}{Z_L+Z_c} \tag{2.17}$$

不难想象，反射一旦发生，微波传输线上任意位置的波就变成了入射波和反射波的叠加，正如通解所展示的那样。因此不单是负载处有反射系数，传输线上任意一点都有对应的反射系数 $\Gamma(z)$，其含义就是在该点处反射电压波和入射电压波的比值。

$$\Gamma(z)=\frac{U^-(z)}{U^+(z)} \tag{2.18}$$

那任意一点处的反射系数 $\Gamma(z)$ 和负载处的反射系数 Γ_L 是什么关系呢？稍微思考一下，结论不难得出，对于均匀无耗传输线来说，两者模值应该是相等的，相差的只是相位，毕竟入射波和反射波在无耗传输线上是不会有幅度变化的，不同的位置只会带来相位的不同。那这个相位差与什么有关呢？也不难得出，当然是与观察点到负载的距离有关了。这时，我们就会发现用另一个坐标轴 z' 会更加方便，这个坐标轴的特点在于正方向是从负载向信号源的，负载处对应的是 $z'=0$，在这个坐标轴下，任意一点的反射系数 $\Gamma(z')$ 的形式就比较清爽了。

$$\Gamma(z')=\frac{U'^- \mathrm{e}^{-\gamma z'}}{U'^+ \mathrm{e}^{\gamma z'}}=\Gamma_L \mathrm{e}^{-2\gamma z'}=\Gamma_L \mathrm{e}^{-2\alpha z'}\mathrm{e}^{-2\mathrm{j}\beta z'}\xrightarrow[\gamma=\mathrm{j}\beta]{\text{无耗}}\Gamma_L \mathrm{e}^{-2\mathrm{j}\beta z'} \tag{2.19}$$

显然，在无耗的情况下，$\alpha=0$，$\Gamma(z')$ 和 Γ_L 相差的只是一个相位 $\mathrm{e}^{-2\mathrm{j}\beta z'}$，也就是说，一旦负载阻抗和传输线的特性阻抗确定下来，任意位置反射系数的模值就确定下来了，这个模值的取值范围也不难想象，$0\leqslant|\Gamma(z')|\leqslant 1$，毕竟反射波比入射波幅度还大的情况在无源微波电路中明显不符合能量守恒定理。其中 $|\Gamma(z')|=0$ 对应的是没有反射的情况，也就是前面提到过的运气爆棚，碰上了 $Z_c=Z_L$；$|\Gamma(z')|=1$ 则对应于全反射的情况，这种情况下入射波是一点儿没被负载吸收，全给反射回来了。

2. 输入阻抗 Z_{in}

前面其实没少跟阻抗打交道，主要是负载阻抗 Z_L 和特性阻抗 Z_c，实话实说，这俩阻抗都还挺简单，就是个固定的数值，该是多少就是多少，但说到输入阻抗 Z_{in}，情况就稍显复杂了，这个阻抗的物理意义是传输线上任意一点处的总电压 $U(z)$ 与总电流 $I(z)$ 之比，即

$$Z_{in}(z)=\frac{U(z)}{I(z)} \tag{2.20}$$

显然，这个输入阻抗是随着传输线上位置的变化而变化的，这个其实也不难理解，入射波和反射波的值本来就是随着位置而变化的，叠加起来之后的比值(也就是 Z_{in})同样随着位置而变化并不稀奇。式(2.20)是一个定义式，如果我们要计算某一点处输入阻抗，应该怎么操作呢，其实之前求传输线方程的特解时就已经留好后手了，考虑有耗的情况，采用 z' 坐标轴(形式更简洁)，Z_{in} 的计算式为

$$Z_{in}(z')=Z_c\frac{Z_L+Z_c\tanh\gamma z'}{Z_c+Z_L\tanh\gamma z'} \tag{2.21}$$

当然,对于无耗的均匀传输线来说,传播常数为纯虚数 $j\beta$,上面式子还可以更加清爽,

$$Z_{in}(z')=Z_c\frac{Z_L+jZ_c\tan\beta z'}{Z_c+jZ_L\tan\beta z'} \tag{2.22}$$

式(2.22)给出了无耗情况下,传输线上任意一点处看向负载的输入阻抗计算方法,只要知道了特性阻抗、负载阻抗、波长以及观察点和负载之间的距离,就可以算出输入阻抗。其中波长包含在 β 这一项中,毕竟 $\beta=2\pi/\lambda$。顺道提醒一句,这个式子相当重要,平时放在心里,考前一定要背下来。

说实话,相比于特性阻抗 Z_c 和负载阻抗 Z_L,输入阻抗 Z_{in} 这个随着位置而改变的阻抗并不是那么招人待见,而且计算式也并不简单,想必得有点儿大用才不枉我们消耗很多脑细胞去研究它。

输入阻抗的"变"的确让人不爽,但其实"变"才好玩,"变"就是机会,只要我们掌握了规律,还真能变出点儿花样。首先思考一个比较奇葩的问题:负载处的输入阻抗是多少?用计算式很容易算出来,负载处的输入阻抗就是负载本身,但是如果真正明白了其中的物理意义,就很有意思了。这意味着传输线上某一点的输入阻抗可以直接视为一个新的"负载阻抗",而这个新"负载阻抗"可以通过调整观察点到原来负载的距离来改变(图 2-10)。说得再直白点,之前不是老害怕负载阻抗不等于特性阻抗么,现在不怕了,直接往负载上怼微波传输线就行,怼完拿着传输线的另一头就当成一个新的负载,这个新负载的值就是该点处的输入阻抗。通过调节怼上去的传输线长度,我们其实获得了一种针对负载阻抗的"阻抗变换"能力,就问你惊不惊喜,意不意外?

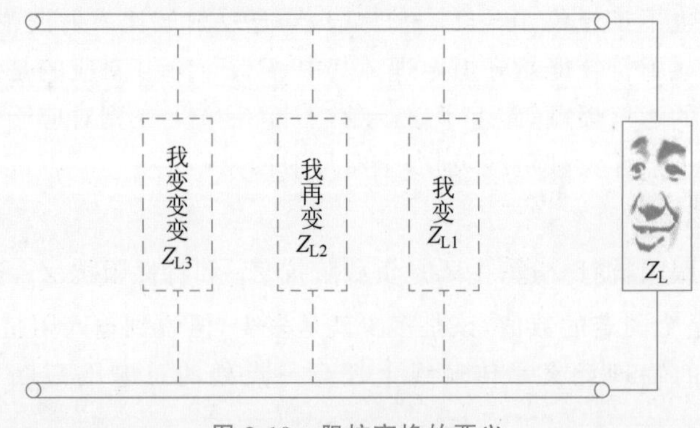

图 2-10　阻抗变换的要义

那么输入阻抗和反射系数之间是一种什么关系呢?两者好像有很多共同点,都是由负载阻抗和特性阻抗所决定的,都随着位置的变化而变化,都是复数,就算不经过数学推导,单凭直觉,大概也能猜出个七七八八了。没错,两者正是一一对应的关系。数学推导过程不算复杂,直接上结论:

$$Z_{in}(z')=\frac{U(z')}{I(z')}=Z_c\frac{1+\Gamma(z')}{1-\Gamma(z')} \tag{2.23}$$

反过来,有了任意位置的输入阻抗,也可以算出相应的反射系数,

$$\Gamma(z')=\frac{Z_{in}(z')-Z_c}{Z_{in}(z')+Z_c} \tag{2.24}$$

说到这里，该登场的主角儿们基本上到齐了，总结起来，这一章玩来玩去其实就在玩“三个阻抗，一个系数”，就像下面这幅图(图 2-11)展示的那样，只要把这个“三阻一系”给倒腾明白了，基本上微波传输线上那点儿事儿也就手拿把掐了。

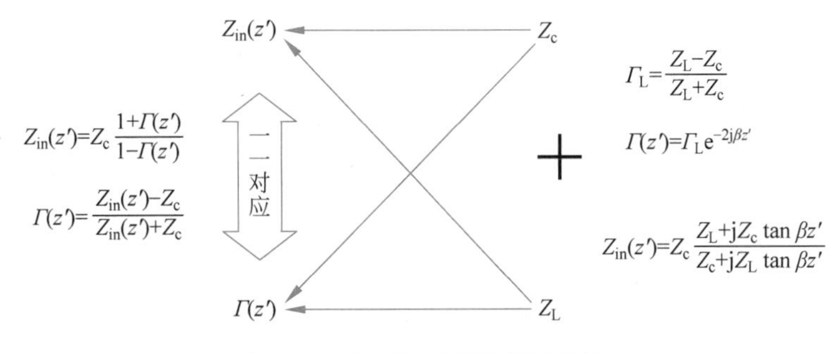

图 2-11 “三阻一系”的相互关系

2.3.7 微波传输线上的那点儿状态

大体来说，传输线上值得我们去关注的主要有两件事儿，一个是沿线的电压、电流的分布情况，另一个就是沿线输入阻抗的变化。关注电压、电流是因为这是我们可以进行测量的值，了解了电压、电流的分布规律之后，对于测量和分析有着很好的指导作用；关注输入阻抗主要是因为它是阻抗变换的主角，了解了输入阻抗的分布规律之后，就可以得心应手地把一个负载阻抗变成另一个了。

传输线上的电压、电流和输入阻抗的分布主要是由什么决定的呢？从式(2.14)和式(2.22)很容易看出来，当特性阻抗一定时，沿线的电压、电流和输入阻抗在很大程度上取决于负载阻抗，终端接不同的负载时会出现不同的入射和反射状态。根据入射和反射的此消彼长，不难想象传输线的状态应该有三个：①全部是入射，没有反射，学名叫行波状态，很直观，就是入射波自己吃着火锅唱着歌，在传输线上一路前行，并最终完全被负载吸收；②入射波全部被反射了回来，学名叫纯驻波，也挺形象，波走到负载就走不动了，反射波和入射波一样大，叠加起来整个驻留在了传输线上；③入射波的一部分被负载吸收，一部分被反射回来，学名叫行驻波，直接表明这种状态就属于行波和驻波的混合态。

有了三种状态，我们可以顺势再猜一猜达到这三种状态时对应的负载阻抗应该是个什么样子。

(1) 行波状态。这个比较容易，没有反射，说明负载阻抗和特性阻抗是相等的。

(2) 纯驻波状态。入射波全部被反射，说明负载对于入射波那真是完全拒绝，一点都不想吸收。细究起来，具备这种脾气秉性的负载无外乎 3 种：短路($Z_L=0$)，开路($Z_L=\infty$)和纯虚数($Z_L=\mathrm{j}X$)。纯驻波状态下，负载的这三种取值乍一看让人觉得天差地别，但学完这一小节，如果你发现它们可能是一回事儿的话，那么恭喜你，有点开悟了。

(3) 行驻波状态。排除了 $Z_L=Z_c$，$Z_L=0$，$Z_L=\infty$以及 $Z_L=\mathrm{j}X$ 的情况，剩下的负载值就是达到行驻波状态的取值了。不难看出，行波状态和纯驻波状态是两个极端，反而行驻波状态才是传输线的常态。

了解了传输线终端接不同负载的三种工作状态之后，就可以着手分析沿线的电压、电流和输入阻抗的分布了。首先声明一点，因为电压和电流都是波，随着空间和时间变化，因此我们如果画二维的曲线，只能画出它们的振幅随着位置的变化情况。同时，方便起见，采用 z'坐标轴，这时沿线的电压、电流表达式为

$$\begin{aligned}U(z') &= U'^{+}(z')[1+\Gamma(z')] \quad \text{(a)}\\ I(z') &= I'^{+}(z')[1-\Gamma(z')] \quad \text{(b)}\end{aligned} \tag{2.25}$$

而沿线的输入阻抗 Z_{in} 则采用式(2.22)进行计算。

接下来，就可以分析不同工作状态下的电压、电流振幅以及输入阻抗的分布了。

1. 行波状态

这种状态下，$\Gamma(z')=0, Z_{\text{c}}=Z_{\text{L}}$，则有

$$\begin{aligned}U(z') &= U'^{+}(z') = U'^{+}\mathrm{e}^{\mathrm{j}\beta z'} \quad \text{(a)}\\ I(z') &= I'^{+}(z') = \frac{U'^{+}}{Z_{\text{c}}}\mathrm{e}^{\mathrm{j}\beta z'} \quad \text{(b)}\end{aligned} \tag{2.26}$$

$$Z_{\text{in}}(z') = \frac{U(z')}{I(z')} = Z_{\text{c}} \tag{2.27}$$

可以看出，行波状态下，无论是电压、电流的振幅，还是输入阻抗，都相当平易近人，是常数，相应的曲线完全不曲，就是三根直线(图 2-12)。也难怪人人都爱行波状态，电压和电流只有入射波，振动的幅度处处相等，输入阻抗更是清爽，沿线的输入阻抗处处都等于负载阻抗和特性阻抗，是为“三抗合一”。然而，爽则爽矣，缺了变化，不免少了趣味。

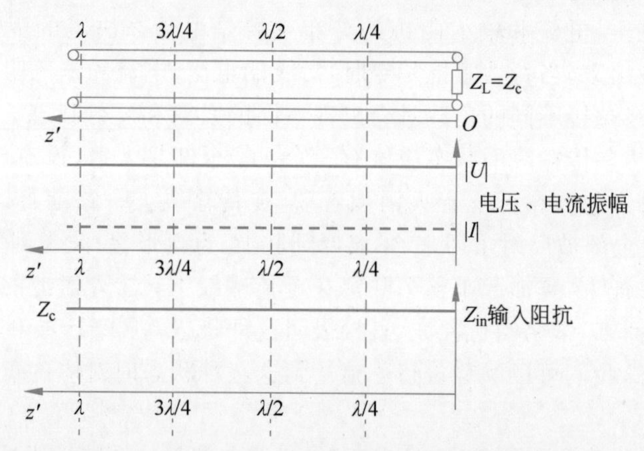

图 2-12　行波状态下的电压、电流幅值及输入阻抗

2. 纯驻波状态

这种状态下，$Z_{\text{L}}=0, \infty, \mathrm{j}X$。

先考虑一下短路的状态，这个比较好理解，入射波兴冲冲地往负载传播，结果一头撞上了金属墙壁，全部反射回来，而且根据金属壁的边界条件，入射波掉头变成反射波的那一刻，相位就来了个 180°的转变，也只有这样才能在短路的地方把入射波的电压给抵消

掉，形成一个电压零点，负载处的反射系数 $\Gamma_L=-1$。这样，入射波和反射波就开始在微波传输线上进行叠加，在不同的位置叠加，二者的相位差是不同的，导致的后果就是有的地方相互提升，形成波腹点，有的地方相互伤害，形成波节点，电压波和电流波都是如此。

$$
\begin{aligned}
U(z')&=U'^{+}(\mathrm{e}^{\mathrm{j}\beta z'}-\mathrm{e}^{-\mathrm{j}\beta z'})=2\mathrm{j}U'^{+}\sin\beta z' \quad &\text{(a)}\\
I(z')&=\frac{U'^{+}}{Z_c}(\mathrm{e}^{\mathrm{j}\beta z'}+\mathrm{e}^{-\mathrm{j}\beta z'})=2\frac{U'^{+}}{Z_c}\cos\beta z' \quad &\text{(b)}
\end{aligned}
\tag{2.28}
$$

纯驻波状态下的电压、电流幅值的沿线分布如图 2-13 所示。而沿线输入阻抗的变化则可以将 $Z_L=0$ 代入式(2.22)，得到

$$
Z_{\mathrm{in}}(z')=\mathrm{j}Z_c\tan\beta z' \tag{2.29}
$$

并以曲线的形式画出来，如图 2-13 所示。

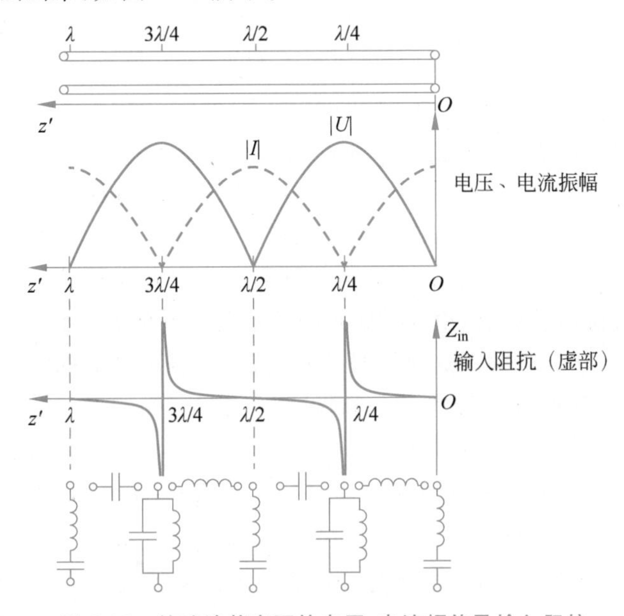

图 2-13　纯驻波状态下的电压、电流幅值及输入阻抗

图 2-13 展示了时间定格后沿线的电压、电流振幅的分布，在 $z'=0$ 处，电压振幅为零（波节点），电流振幅达到最大（波腹点，图 2-14），往信号源的方向（$+z'$）电压的振幅开始逐渐有起色，但是电流的振幅开始慢慢下降，在 $z'=\lambda/4$ 处，形势发生逆转，电流的振幅为 0，电压振幅达到最大值，接下来在 $z'=\lambda/2$ 的位置，又回到了和 $z'=0$ 处相同的状态，之后则一直重复着这样的变化过程，周期是 $\lambda/2$。再次强调一下，不要一说到周期就想到时间，图 2-13 中时间是定格的，横轴代表的是空间，这个周期代表的也是空间上的振幅变化周期，每过半个波长就重复一次。

图 2-14　波腹和波节

输入阻抗是纯虚数，只有虚部，因此只需要一根曲线即可，而且是一个正切函数曲线。在 $z'=0$ 处，$Z_{\mathrm{in}}=0$，即短路，往信号源的方向（$+z'$）开始逐渐变大，是一个正的纯虚

数，代表感性；经过 $\lambda/4$ 后，$Z_{\text{in}}=\infty$，即开路，之后变成一个负的纯虚数，代表容性，并且渐渐又趋于 0，在 $z'=\lambda/2$ 处，又回到了 $Z_{\text{in}}=0$ 的状态，整个变化周期也是半个波长。

看完终端短路的传输线上电压、电流振幅以及输入阻抗的分布，是不是总感觉哪里有点奇怪？特别是输入阻抗，明明终端上就是一个短路，但是一到了传输线上，短短一个周期内，短路→电感→开路→电容→短路，全方位、无死角地遍历各种纯虚数阻抗状态，咋这么能给自己加戏呢？感觉造成纯驻波的那些个负载情况它是一个也没落下啊。这也就是之前跟大家说的，你觉得短路、开路，电容、电感好像天壤之别，但它们某种意义上还真是一回事儿，可以相互转化。我们之前说过，输入阻抗所在的位置就可以当成一个新的负载阻抗，因此观察图 2-13 就会发现，对于纯驻波工作状态来说，负载无论是短路、开路，抑或是纯电容、纯电感，沿线的电压、电流振幅分布以及输入阻抗的变换规律都是一样的，唯一的差别在于负载位置（$z'=0$）选取的不同。因此，只要把图 2-13 一个周期（半个波长）中的变化规律搞清楚了，管你终端负载是短路、开路还是电容、电感，纯驻波状态下传输线上的那点事儿就门儿清了。

总体来说，纯驻波状态下，传输线上的电压和电流都处于一种谐振状态。以电压为例，一个周期内两个波节点之间的振幅的变化特别像琴弦振动时的状态，中间振幅最大，越往两边越小，到了波节点就相当于琴弦的两端被固定住了，振幅为 0。用文艺青年的话，微波传输线的纯驻波工作状态简直就是在撩拨电压和电流的“琴弦”。而在输入阻抗方面，一旦出现了纯驻波的状态，沿线的输入阻抗就不会再有实部了，只会在 0、∞以及纯电感或纯电容之间兜转。了解了这个道理之后，我们就没必要再去重新分析终端开路、终端接纯电感或者纯电容的状态了，直接在图 2-13 选取不同的 $z'=0$ 的位置即可。

视频

3. 行驻波状态

不难理解，行波状态和纯驻波状态是两个比较极端的状态，一个不反射，一个全反射，但在工程实际中，这两种状态都很难达到，就好像现实中永远画不出一个真正的圆，这就是理论模型和工程实际的区别。因此，现实中更常见的显然是行波状态和纯驻波状态的中间态，也就是行驻波状态。先不进行数学推导，根据前面已知的两种状态的电压、电流振幅分布和输入阻抗的分布，我们可以大体上猜一下行驻波状态的相应曲线。

先猜电压、电流振幅分布，显然不可能像行波状态那样是条直线了，也就是说振幅不能处处相等了，但要说像纯驻波那样，直接搞到有些地方就没有振幅好像也不太现实，毕竟要在某一点处让入射波和反射波同归于尽的前提是两者得有相同的幅度和相反的相位，显然，行驻波状态下的反射波肯定是达不到和入射波一样的幅度的。既不是直线，又得有高有低，因此我们大概也能猜出个七七八八，无论电压还是电流的振幅曲线，应该都是起起伏伏，有波节，有波腹，但是波节应该不会小到 0 那么极端。

再猜输入阻抗的沿线分布，对于行波状态来说，输入阻抗、负载阻抗、特性阻抗达到了“三抗合一”的境界，因此是一条代表实数的直线；对于纯驻波状态来说，沿线的输入阻抗长期是纯虚数，间歇性在 0 和∞之间横跳，因此只用一根曲线来描绘其虚部即可；那对于行驻波来说就比较容易猜了，应该是实部也有，虚部也有，因此需要用两个曲线来描绘。

到底有没有猜对，还要数学说了算。造成行驻波状态的负载阻抗应该分两种：①是一个复数,有实部有虚部;②是一个不等于特性阻抗的纯实数。细究起来,第二种其实也可以看成虚部为零的复数,因此我们设 $Z_L=R_L\pm jX_L\neq Z_c$。

对于电压、电流振幅的沿线分布来说,可以这样算。

先算负载处的反射系数:

$$\begin{aligned}\Gamma_L&=\frac{Z_L-Z_c}{Z_L+Z_c}=\frac{(R_L-Z_c)R_L\pm jX_L}{(R_L+Z_c)R_L\pm jX_L}\\&=\frac{R_L^2-Z_c^2+X_L^2}{R_L^2+Z_c^2+X_L^2}\pm j\frac{2Z_cX_L}{(R_L+Z_c)^2+X_L^2}\\&=|\Gamma_L|e^{\pm j\varphi_L}\end{aligned}\tag{2.30}$$

由此得到沿线的电压、电流表达式:

$$\begin{aligned}&U(z')=U'^{+}e^{j\beta z'}+U'^{+}\Gamma_Le^{-j\beta z'}\quad\text{(a)}\\&I(z')=\frac{U'^{+}}{Z_c}e^{j\beta z'}-\frac{U'^{+}}{Z_c}\Gamma_Le^{-j\beta z'}\quad\text{(b)}\end{aligned}\tag{2.31}$$

最终得到电压电流的模值表达式:

$$\begin{aligned}&|U(z')|=|U'^{+}|[1+|\Gamma_L|^2+2|\Gamma_L|\cos(2\beta z'-\varphi_L)]^{1/2}\quad\text{(a)}\\&|I(z')|=\frac{|U'^{+}|}{Z_c}[1+|\Gamma_L|^2-2|\Gamma_L|\cos(2\beta z'-\varphi_L)]^{1/2}\quad\text{(b)}\end{aligned}\tag{2.32}$$

根据式(2.32),在给定了负载处的反射系数后,可绘出电压电流振幅沿线分布,此处假定 $Z_c=1\Omega$,$Z_L=0.3+0.5j$。

由图2-15上半部分可见,沿线的电压、电流的振幅正如我们之前猜的那样,有波节,有波腹,其中波节虽小也没有小到0,相邻的波节点或者波腹点的距离仍然是半个波长,这是电压或者电流振幅沿 z' 轴变化的周期。如果波腹处的电压振幅记为 U_{max},波节处的电压振幅记为 U_{min},很显然 U_{max}/U_{min} 可以反映出振幅沿线变化的大小,其实也从另一个维度上反映出了反射波相比于入射波幅值的大小。若反射波和入射波一样大,则对应纯驻波状态,$U_{max}/U_{min}=\infty$;若没有反射波,则对应行波状态,$U_{max}/U_{min}=1$。令 $\rho=U_{max}/U_{min}$,它的名字叫驻波比,人生初见,请记住这个名字和定义。从式(2.33)来考虑驻波比的含义就更加明确了。

$$\rho=\frac{U_{max}}{U_{min}}=\frac{1+|\Gamma|}{1-|\Gamma|}\tag{2.33}$$

可见 ρ 与 $|\Gamma|$ 是正相关的,且二者一一对应,只是取值范围不同,ρ 的取值范围为 $[1,\infty]$,$|\Gamma|$ 的取值范围为 $[0,1]$,它们两个都可以反映出传输线上反射波相较于入射波的比例,取值越大,说明反射波越大,负载阻抗就越偏离特性阻抗,传输线的工作状态越趋于纯驻波。顺带说一句,搞微波的更喜欢用驻波比 ρ 来描述传输线的工作状态,因为首先这个量容易测量,直接测出沿线的电压波节点和波腹点的幅值即可;其次,相比于0~1之间的数字,大部分人对于大于1的数字更有好感。

对于沿线输入阻抗分布来说,可以这样算:

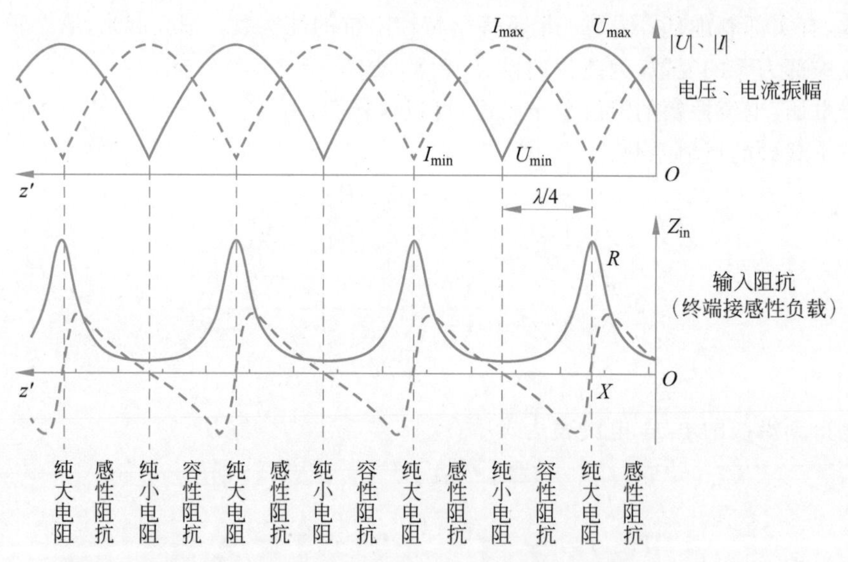

图 2-15　行驻波状态下的电压、电流幅值及输入阻抗

$$Z_{\mathrm{in}}(z') = Z_{\mathrm{c}} \frac{Z_{\mathrm{L}} + \mathrm{j}Z_{\mathrm{c}}\tan\beta z'}{Z_{\mathrm{c}} + \mathrm{j}Z_{\mathrm{L}}\tan\beta z'} = R + \mathrm{j}X \tag{2.34}$$

其中，

$$\begin{aligned} R &= Z_{\mathrm{c}}^2 R_{\mathrm{L}} \frac{\sec^2\beta z'}{(Z_{\mathrm{c}} \mp X_{\mathrm{L}}\tan\beta z')^2 + (R_{\mathrm{L}}\tan\beta z')^2} & \text{(a)} \\ X &= Z_{\mathrm{c}} \frac{\pm(Z_{\mathrm{c}} \mp X_{\mathrm{L}}\tan\beta z')(X_{\mathrm{L}} \pm Z_{\mathrm{c}}\tan\beta z') - R_{\mathrm{L}}^2\tan\beta z'}{(Z_{\mathrm{c}} \mp X_{\mathrm{L}}\tan\beta z')^2 + (R_{\mathrm{L}}\tan\beta z')^2} & \text{(b)} \end{aligned} \tag{2.35}$$

这种式子吧，看到之后也别慌，一不用你推导，二不用你背，画图的事儿也交给软件，只要把图 2-15 下半部分中关于输入阻抗实部和虚部的变化规律给整明白就行了。

显然，行驻波状态下输入阻抗沿线的分布就需要两根曲线来展示了，实线代表实部，虚线代表虚部。先看实部，在一个完整的周期中，实部大概是经历了“大电阻→小电阻→大电阻”的一个变化趋势；虚部的变化过程则是“正→0→负→0→正”，注意，这里说的变化趋势都是循环的，就像地铁环线似的，没有绝对的起点和终点，自己决定从哪上下车即可。理解了这一点，就很容易得到终端接任意负载（保证行驻波状态）的输入阻抗的分布曲线。

视频

结合此前的阻抗变换的概念，可以看出，在行驻波的工作状态下，不管负载是什么，我们都有能力通过接传输线的方法，把感性阻抗变成容性阻抗，或者把容性阻抗变成感性阻抗，或者把直接把阻抗变成纯电阻。特别是能把一个值为复数的负载变成纯电阻这事儿可太美妙了，这就等于朝着与特性阻抗相等的方向迈进了一大步。

这里有一个小小的建议，行驻波状态下沿线的电压、电流振幅的分布曲线和输入阻抗的分布曲线最好可以对比着欣赏，比如：电压波节点（也是电流波腹点）对应的输入阻抗就是一个纯小电阻，电流波节点（也是电压波腹点）对应的输入阻抗就是一个纯大电阻，电压幅值下降且电流幅值上升的位置对应的输入阻抗是感性负载，电压幅值上升且电流幅值下降的位置对应的输入阻抗则是容性负载。因此，图 2-15 相当重要，平时记在心里，考前最好背下来。

经过这一小节的学习，好像增加了很多奇怪的知识，但这些知识有什么用呢？毕竟学半天也不知道为啥学的话就太让人难受了。深入了解了传输线上不同工作状态下电压、电流幅值以及输入阻抗的沿线分布规律之后，最大的一个好处就是可以准备开展与反射波的斗争了(图 2-16)。目前的斗争形势是这样：如果是行波状态，无须斗争，压根就没有反射；如果是纯驻波状态，不必斗争，因为斗争了也没用，负载对于入射波彻底拒绝，全反射那是被拿捏得死死的；如果是行驻波状态，那就完全有开展斗争的必要了，通过阻抗变换的手段，达到阻抗匹配($Z_L=Z_c$)的目的。需要指出的是，对于绝大多数的微波器件来说，其阻抗并不是短路、开路、纯虚数或者特性阻抗，因此都工作在行驻波的状态下，这为阻抗变换提供了广阔的用武之地。

图 2-16 硬刚反射波

2.3.8 如何对付反射？

再回到反射波的问题，对于大多数的应用场景来说，我们当然是希望入射波一旦上了传输线，最好被负载全部吸收掉，毕竟反射波好像也没啥用。那么如何对付反射呢？其实我们之前也提到过，最本质的办法就是使得负载阻抗和特性阻抗相等。其中特性阻抗是由传输线的结构、尺寸和材料所决定的，是一个规格性的参数，很难灵活改变，所以本着专捏软柿子的原则，只能对负载阻抗下手了。要是之前说这话可能还有点底气不足，但是自从知道了“阻抗变换”的妙处，并深入分析了各种工作状态下沿线电压、电流振幅及输入阻抗分布之后，感觉腰板都直了。通过阻抗变换，让原来的负载阻抗变换成和特性阻抗一样一样的，从而达到与传输线阻抗匹配的目的，这就是我们这一小节将会重点开展的行动。

进行阻抗变换那是需要技术的，这种技术称为阻抗匹配技术。本着“简约而不简单”的原则，只介绍最为基本的两种阻抗匹配技术，一种是四分之一波长阻抗变换器，另一种是支节调配器，其他看着花里胡哨的阻抗匹配技术基本上都是从这两种技术发展而来。

1. 四分之一波长阻抗变换器

先说适用范围，这种阻抗变换器对于负载是纯电阻的情况非常有效，当然，这个纯电阻肯定也不等于特性阻抗，不然也用不着匹配了。

接着看名字，四分之一波长听着没啥问题，阻抗变换器是个什么东西呢？答案真的毫无波澜，就是一根传输线，一根电长度都定好了的传输线。那还设计个啥呢？需要设计的是四分之一波长传输线的特性阻抗。换句话说，在一个纯电阻和特性阻抗为 Z_c 的传输线之间，我们只要插入一根特性阻抗为 Z_{c1} 的四分之一波长传输线，通过调整 Z_{c1} 的值，就可以实现阻抗匹配的目的，如图 2-17 所示。

视频

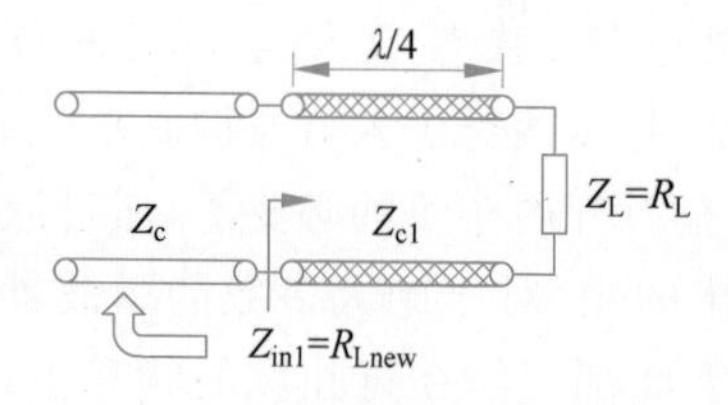

图 2-17 四分之一波长阻抗变换器

说白了就是通过接该阻抗变换器，让输入阻抗 Z_{in1} 去代替原来的负载阻抗 R_L 成为新的负载阻抗 R_{Lnew}，这个新的负载阻抗如果等于 Z_c，就可以让 A 点处不再有反射，从而达到阻抗匹配的目的。整个过程的数学推导也很简单，利用式(2.22)，直接把电长度和 R_L 代入，然后让 Z_{in1} 等于 Z_c 即可。最终 Z_{c1} 的计算式更是感人，简单到小学没毕业的学生也可以口算出来。

$$Z_{c1}=\sqrt{Z_c R_L} \tag{2.36}$$

这里大家应该明白为什么选择四分之一波长了，通过之前沿线的输入阻抗的分析，我们发现四分之一波长的距离可以让一个纯大电阻变成另外一个纯小电阻，或者反之。因此只要好好设计阻抗变换器的特性阻抗 Z_{c1}，从纯电阻负载变换成多大的另外一个纯电阻就由我们说了算。

可以说，四分之一波长阻抗变换器真的是原理很简单，计算更简单，不愧是消除反射、居家旅行的必备神器。顺带提一句，如果负载阻抗不是纯电阻怎么办呢(图 2-18)？略加思考之后其实也不难给出解决方案：只要先加一小段特性阻抗为 Z_c 的传输线让其变成纯电阻就可以了，具体情况可以参考图 2-15。

讲到这里，是不是有了一种"还有谁！"的感觉，突然觉得自己对于行驻波状态下的反射波已经可以完美安排了？有这种感觉也正常，谁还没年轻过呢？你觉得自己扼住了反射波的咽喉，但其实只是在某一个频点上做到了而已，在其他的频点上，反射波照样可能把你按在地上摩擦(图 2-19)。

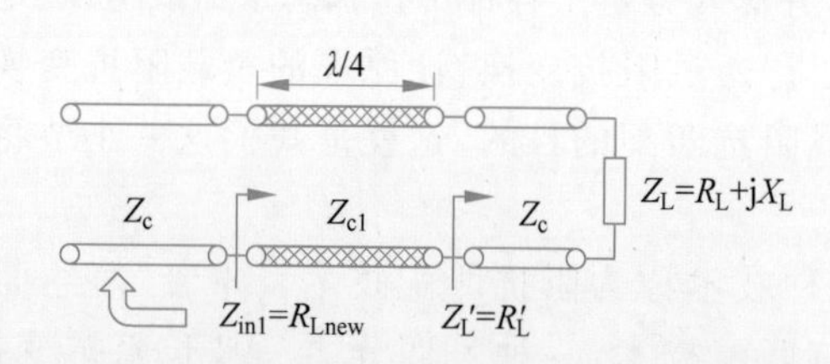

图 2-18 终端负载非纯电阻时如何使用四分之一波长阻抗变换器

图 2-19 被反射波反向拿捏

什么?! 明明数学推导中真的是阻抗匹配了啊，咋就不行了呢？有一个点可能被忽略了，那就是之前觉得平平无奇的四分之一波长。比如空气填充的同轴线，75mm 的长度对于 1GHz 的信号，那就是四分之一波长，但是对于 0.9GHz 或者 1.1GHz 的频率，

75mm 肯定就不是四分之一波长了，这样的事实的确有点尴尬：一方面，阻抗变换器的物理长度一旦确定，工作时就不能改了，因此不可能说在某一频带上传输不同的频率就用不同物理长度的阻抗变换器；另一方面，如果只用一个频点来传信息显然是不够的，要想实现语音、图片甚至视频的流畅传输，必须采用较宽的频带，这也是为什么移动、联通等公司抢频谱资源抢得急赤白脸的，频带宽度直接关乎流量啊。

带宽和电长度的矛盾就这么产生了：只用一个频点吧，也就能传点摩斯电码，至于视频通话啥的想都不要想了；用一个频带吧，除了中心频点之外，其他频率的反射波又要卷土重来了。越在这个时候，就越需要我们的微波工程师挺身而出。面对这样一个棘手的问题，工程师经过艰苦卓绝的技术攻关，最后给出了四个字的终极解决方案：凑合着用（图 2-20）。唉，人在屋檐下，要啥自行车，不寒碜。

图 2-20　工程师的终极智慧——认怂保平安

但是，我们就算认怂，也还是有底线的，不能任由反射波把我们按在地上摩擦。在一定频率范围内，有点反射波可以，但是不能太高了，反射波的大小这里用反射系数的模值 $|\Gamma|$ 来衡量。定好了可以忍受的最大的反射系数模值 $|\Gamma|_{\max}$ 之后，低于这个值的频率范围就是可以使用的带宽了，因此带宽的概念其实就是满足一定条件的频率范围。这么说可能有点抽象，举个具体的例子，事情就清楚了。

假设你手头有一根特性阻抗 Z_c 为 50Ω 的空气填充的同轴线，想用来传输 2～4GHz 的信号，中心频率 f_0 为 3GHz，对应的波长为 100mm，负载阻抗为 18Ω，利用上面学过的知识，很容易算出两者之间只要插入一个特性阻抗 Z_{c1} 为 30Ω 的四分之一波长阻抗变换器，即可完成在 3GHz 的阻抗匹配，对应的物理长度为 25mm。但是，25mm 的长度面对 2GHz 的信号是 1/6 的波长，对于 4GHz 的信号则是 1/3 个波长，同样地，面对只要不是 3GHz 的信号，都不是四分之一波长，因此，除了 3GHz 外，其他频率或多或少都会有反射波的存在。中心频点附近的反射系数模值和频率的关系可以通过计算得到

$$
\begin{aligned}
|\Gamma| &= \left|\frac{Z_{\text{in}}-Z_c}{Z_{\text{in}}+Z_c}\right| \\
&= \frac{|R_L/Z_c-1|}{\sqrt{(R_L/Z_c+1)^2+4(R_L/Z_c)\tan^2[\pi f/(2f_0)]}} \\
&= \left[1+\frac{4Z_cR_L}{(R_L-Z_c)^2}\sec^2\left(\frac{\pi f}{2f_0}\right)\right]^{-1/2}
\end{aligned}
\tag{2.37}
$$

其中，f_0 代表中心频率，f 则是中心频率附近处的频率，是变量，$|\Gamma|$ 则是 f 的函数。式(2.37)稍显复杂，但还是那句话，一不用你推导，二不用你背，画成二维曲线就直观了。以频率 f 为横轴，$|\Gamma|$ 为纵轴，已知量是 $Z_c=50\Omega$，$R_L=18\Omega$，$f_0=3\text{GHz}$，最终曲线结果如图 2-21 所示。

可以看出，$|\Gamma|$ 随 f 变化的曲线是 V 形的，在中心频点 $f_0=3\text{GHz}$ 处反射系数为 0，偏离了中心频点，反射系数则会越来越大。假如我们可以接受 $|\Gamma|\leqslant 0.2$ 的情况，那么得

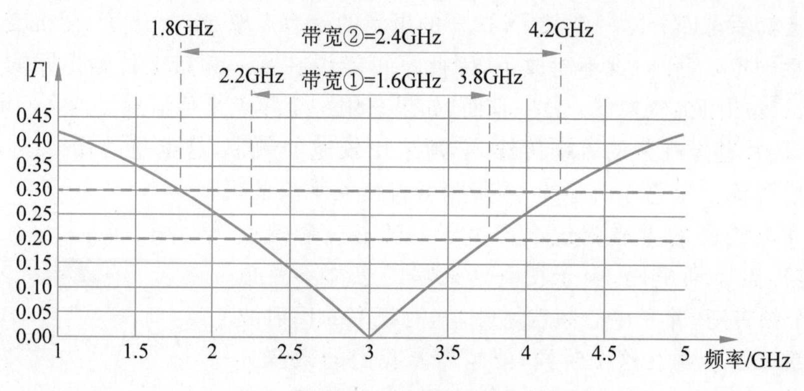

图 2-21 带宽的概念

到的带宽范围就是 2.2～3.8GHz,也就是说,在这 1.6GHz 的带宽范围内,反射波的幅值不会大于入射波的 20%；假如我们容忍度再高一点,可以忍受$|\Gamma|\leqslant 0.3$的情况,则得到的带宽范围就是 1.8～4.2GHz,带宽就是 2.4GHz。这就比较符合正常认知了,容忍度越高,得到带宽的就越高,但是容忍度越高,反射波也越大。因此,容忍度和带宽之间要保持一个相对的平衡。

就着这个例子,顺带再说一下绝对带宽和相对带宽的概念,比如我们可以忍受的$|\Gamma|_{\max}$为 0.2,那么带宽就是 3.8－2.2＝1.6(GHz),这是绝对带宽,用绝对带宽 1.6GHz 和中心频率 3GHz 相比,得到的百分比 53.3%就是相对带宽(fractional bandwidth)的概念了。在微波器件的设计中,直接比较中心频点不同的两个器件的绝对带宽是不太公平的,因为一般来说,中心频点越高,相应的绝对带宽也会更宽,这也是为什么现在我们用的无线通信频率越来越高,就是为了获得更宽的绝对带宽。因此,当我们对比两个器件的带宽水平时,为了公平起见,一般比较的都是相对带宽。这个感觉就有点像保研,不同专业的两个同学直接比较学积分显然是不太公平的,毕竟选的课都不一样,因此一般就会看两个同学在各自专业的排名比例,比如取每个专业的前 20%拿来保研,就相对公平了。

介绍了四分之一波长阻抗变化器,我们知道了这是一种很简单的阻抗匹配技术,说白了就是用四分之一波长的传输线实现从一个纯电阻到另一个纯电阻的变换。当然这种技术也有它自身的一些不足,比如说长度肯定不能小于四分之一波长,这在某些空间比较受限的场合下可能会有点尴尬。作为另一种比较常用的阻抗匹配技术,支节调配器则可以在一定程度上避免这个问题。

视频

2. 支节调配器

如果说四分之一波长阻抗变化器注重的是阻抗变换的话,支节调配器的思路就更加直接了,中心思想就是：通过在传输线上的适当位置并联(或者串联)合适的电纳性(或电抗性)元件来抵消掉输入阻抗的虚部,剩下一个与传输线的特性阻抗相等的实部,进而完成阻抗匹配。这里的电纳性(或电抗性)元件就称为支节,本义就是“横生枝节”的那个枝节,即小树杈的意思,只不过把木字旁去掉了而已。这里的支节本质上就是一段终端短路或者开路的传输线,而且特性阻抗和传输线是相等的。

按照上面说的,又是并联又是串联,又是短路又是开路,而且支节个数可能是一个、两个甚至三个，这么一算，支节调配器要讲的可就太多了。还是秉持着“弱水三千，只取一瓢”的原则，我们这里只分析最简单、最常用的那一“瓢”——单支节并联终端短路调配器。只要搞清楚了这个，其他的就都不在话下了。之所以用并联，主要是因为不占用横向空间，且在很多场合都比较好实现；之所以用短路，主要是因为短路封闭性好，不太容易有信号泄漏，而开路时则可能会有少量信号直接泄漏(辐射)出去。

图 2-22 展示的就是一个单支节的并联终端短路的调配器。支节数量：1 个，连接方式：并联，支节终端：短路。需要我们设计的其实就是两个长度 d_1 和 l_1，d_1 代表了支节要从哪个位置接入(AA'处)，l_1 则代表了接入的支节的长度。

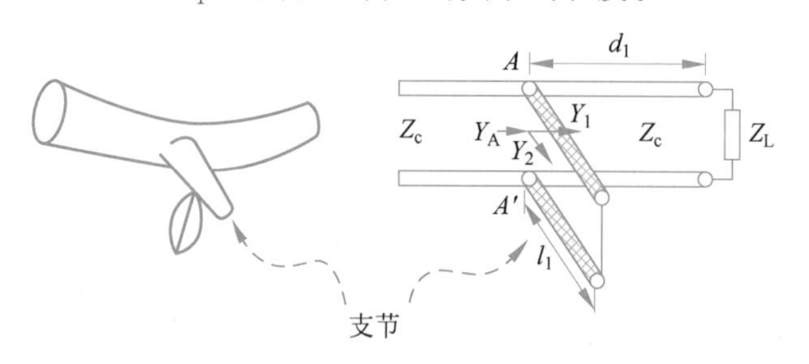

图 2-22　单支节的并联终端短路调配器

因为是并联，因此我们关注的点要从输入阻抗 Z_{in} 暂时转向输入导纳 Y_{in}，倒也不麻烦，也就是简单的倒数关系。怎么确定支节的接入位置(d_1)呢？当从负载向源的方向移动时，沿线的输入导纳也在变化，我们希望能够找到这样一个位置：该点处望向负载的输入导纳实部是 $\mathrm{Re}[Y_1]=1/Z_c$。之所以对这样的位置情有独钟，就是因为一旦可以消掉该位置处输入导纳的虚部，那么剩下的输入导纳对应的输入阻抗就等于 Z_c 了。

那怎么能消掉支节接入位置处输入导纳的虚部呢？这时并联的终端短路支节就派上用场了，通过图 2-13 所示的终端短路时沿线输入阻抗的分布可知，终端短路支节的输入阻抗除了 0 和∞之外，就是遍历各种纯虚数，输入导纳是输入阻抗的倒数，当然也是同样的变化范围，因此可以通过在主传输线上合适的位置并联支节，直接消掉主传输线上接入位置处输入导纳的虚部，留下一个纯实数的导纳 Y_A。可见支节的作用就是提供一个纯虚的输入导纳，在合适的位置并联到主传输线上，消掉主传输线在该位置处输入导纳的虚部，留下一个合适的实部去跟特性阻抗 Z_c 进行匹配。

数学推导的话虽然式子看起来有点烦琐，但只要把握好上面所述的思路，整个推导下来也并不是那么高不可攀。与之前一样，这里只给出推导用的关键式子和结果，具体过程自行开展，除了有点麻烦，并没有太高的技术含量。

$$Z_1=Z_c\frac{Z_L+\mathrm{j}Z_c\tan\beta d_1}{Z_c+\mathrm{j}Z_L\tan\beta d_1}\tag{2.38}$$

令 $t=\tan\beta d_1$，有

$$Y_1=\frac{1}{Z_1}=G_1+\mathrm{j}B_1=\frac{R_L(1+t^2)}{R_L^2+(X_L+Z_ct)^2}+\mathrm{j}\,\frac{R_L^2t-(Z_c-X_Lt)(X_L+Z_ct)}{Z_c[R_L^2+(X_L+Z_ct)^2]}\tag{2.39}$$

为了实部上的匹配，令 $G_1 = Y_c = \dfrac{1}{Z_c}$，则有

$$\frac{R_L(1+t^2)}{R_L^2 + (X_L + Z_c t)^2} = \frac{1}{Z_c} \tag{2.40}$$

由此可以求出 t，

$$t = \begin{cases} \dfrac{X_L \pm \sqrt{R_L[(R_L - Z_c)^2 + X_L^2]/Z_c}}{R_L - Z_c}, & R_L \neq Z_c \\ -\dfrac{X_L}{2Z_c}, & R_L = Z_c \end{cases} \tag{2.41}$$

顺势求出 d_1，

$$\frac{d_1}{\lambda} = \begin{cases} \dfrac{\arctan t}{2\pi} & t \geqslant 0 \\ \dfrac{\pi + \arctan t}{2\pi} & t < 0 \end{cases} \tag{2.42}$$

解决完实部，就该解决虚部了，图 2-22 中 AA' 处接入支节后的输入导纳为

$$Y_A = Y_1 + Y_2 \tag{2.43}$$

得益于寻找到了合适的接入位置，Y_1 的实部就等于特性阻抗的倒数，接下来需要做的是合理地设计支节的长度 l_1，使得 Y_2 的值等于 Y_1 虚部的相反数。由此可知

$$Y_2 = \frac{1}{\mathrm{j} Z_c \tan\beta l_1} = -\mathrm{j}B_1 = -\mathrm{j}\frac{R_L^2 t - (Z_c - X_L t)(X_L + Z_c t)}{Z_c[R_L^2 + (X_L + Z_c t)^2]} \tag{2.44}$$

式中，第一个等号来源于式(2.29)，用于计算终端短路的传输线输入阻抗或导纳，第二个等号就是为了消除 Y_1 的虚部 $\mathrm{j}B_1$。由此可求得 l_1。

$$\frac{l_1}{\lambda} = \frac{1}{2\pi}\arctan\left(\frac{1}{Z_c \times B_1}\right) \tag{2.45}$$

这样看来，接入的位置(d_1)以及相应的支节长度(l_1)一般来说有两组，对应着一元二次方程的两个解。同样地，这些解并不是物理长度，而是电长度，因此都是只在中心频点处可以完美解决阻抗匹配的问题，一旦偏离了这个中心频点，反射系数不再是零，同样有带宽的概念。

总结起来，单支节调配器虽然计算过程稍显复杂，但是其思路还是比较直接的：①先找支节接入的位置，使其实部满足特性阻抗的倒数的条件，从而确定 d_1 的值；②设计支节长度，使其输入导纳正好可以消掉支节接入处传输线上的输入导纳的虚部，从而确定 l_1 的值。

视频

2.3.9 阻抗圆图

1. 为什么要学阻抗圆图？

上面我们说过，对于微波传输线来说，玩来玩去，都是在玩“三阻一系”，有了一个负载阻抗 Z_L，上面接一个特性阻抗为 Z_c 的传输线，那么，沿线的输入阻抗 Z_{in} 和反射系数 Γ_{in} 就可以求出来了，同时线上的驻波比以及沿线的电压、电流振幅的变化也就知道了，这是目前大家应该掌握的技能，可以扪心自问一下，如果实在没掌握，赶紧回头看一下之

前的内容。

举个例子，从前有一个负载，它的阻抗是 $Z_L=(75+j25)\Omega$，如果在这个负载身上接了一段长度为2cm、特性阻抗 Z_c 为50Ω的传输线，传输信号的波长是3GHz，现在你应该可以算出在传输线的输入端的输入阻抗是多少，不管还记不记得是怎么推导出来的，但最起码应该知道用式(2.22)来算。

毕竟大家也都是学过“复变函数”的狠人，这样的计算并不是特别难，然而，我关心的并不是你算出来的答案是多少，我想问的是计算这样一个包含复数除法的式子，即使在可以使用计算器的前提下，需要多长时间能算出来，过来人表示大部分同学要1分钟甚至更长时间，还有部分同学给算错了。

我们处在21世纪，吹着空调，拿着计算器，还有现成的公式，算这样一个式子尚且达不到易如反掌的程度，那对于将近100年之前的人类，他们没空调，更没计算器，但是他们也想用微波做点事情，也要面对大量的传输线相关的复数计算，怎么办？毕竟为这点小事儿就穿越过来一趟也不太合适。仔细想一想，100年前毕竟不是原始社会，没有计算器，尺子、圆规、纸、笔之类的还是有的，如果我告诉你，仅仅利用这几样东西就可以轻松搞定所有关于传输线的计算，你信不信，反正我是信了。这就要引出这一小节的主角了：史密斯圆图。

2. 什么是阻抗圆图？

史密斯圆图(图2-23)是由贝尔实验室的工程师P. Smith先生在1939年开发的图形辅助计算工具，说得通俗点，就是在已经标好刻度的图形上完成一些特定的计算过程，方便实用，物美价廉，堪称传输线设计的必备神器。然而，坦白讲，史密斯圆图很难给人留下美好的第一印象，尤其是密集恐惧症患者，第一次看到之后都会害怕极了，因为它大概长这个样子，当然上面的犄角、獠牙之类的纯属烘托气氛，实际上是没有的。

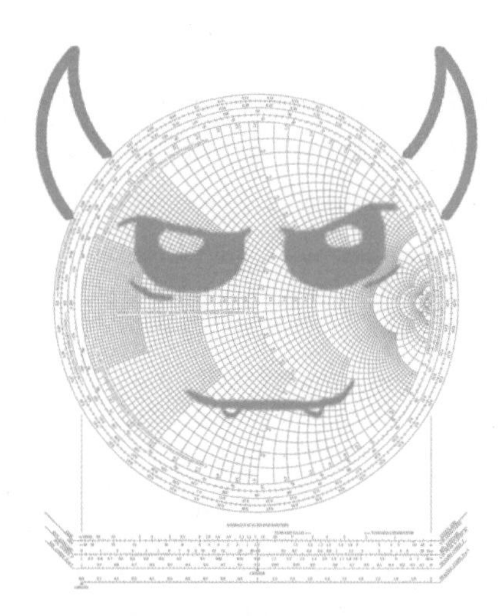

图2-23 初见史密斯圆图

怕归怕，毕竟我们已经在理工科摸爬滚打了这么多年，有一个道理还是要懂的：看起来越是唬人的东西其内核就越简单。一切反动派都是纸老虎，当年敢这么说，就是因为看透了敌人的本质，同样的道理，如果我们也能够看透史密斯圆图的本质，那么再看到它时，也就不那么麻爪了。

首先，史密斯圆图之所以叫“圆图”，主要是上面的圆圈实在是太多了，密密麻麻的。这些圆当然不是凭空画的，几何常识告诉我们，如果要在二维平面画圆，至少要先把横纵坐标轴定好了。虽然一般的史密斯圆图上不会明显标注横纵轴，但对于我们这群小菜鸟来说，恰恰需要先把横轴和纵轴的含义给搞清楚，毕竟这是故事开始的地方。

3. 阻抗圆图的组成

史密斯圆图的横纵轴分别代表的是反射系数的实部和虚部，这也就决定了这个二维

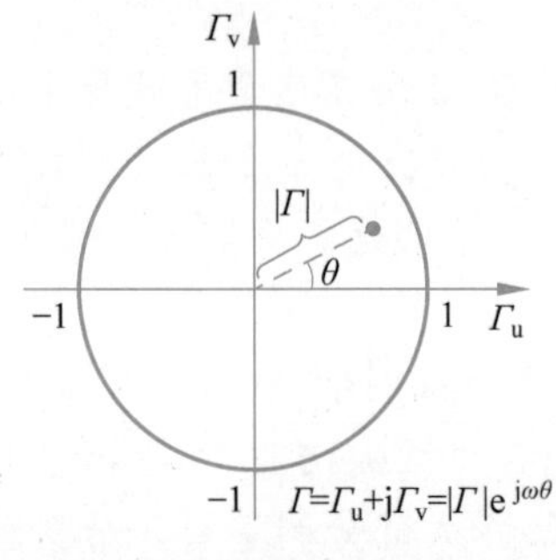

图 2-24　史密斯圆图上的点

平面上的每个点都代表了一个反射系数，既有实部，又有虚部，或者说，既有幅度，也有相位(图 2-24)。在无源的微波电路中，反射系数模值的取值范围最大到 1，因此，在史密斯圆图上，我们只需关注单位圆覆盖的区域即可，平时我们看到的圆图外围整体轮廓是一个圆形，这个圆就是单位圆，传输线上发生的那点事儿都在这个单位圆中上演。

当然，史密斯圆图在这个单位圆中其实还有无数个圆，它们大体上可以分成三类。第一类称为等反射系数圆，第二类称为等归一化电阻圆，第三类称为等归一化电抗圆。下面就把这三类分开来好好梳理梳理。

视频

1）等反射系数圆

还是考虑上面的那个例子：假设一个负载阻抗 $Z_L=(75+j25)\Omega$，通过一条特性阻抗为 $Z_c=50\Omega$ 的微波传输线向负载“投喂”信号，通过式(2.17)很容易求出负载处的反射系数 $\Gamma_L=0.23+j0.15=0.28e^{j34^\circ}$，通过幅度和相位，或者实部和虚部，也很容易在阻抗圆图上找出这个反射系数对应的位置(点①)。这个时候，如果有人让你求出距离负载 $l=0.2\lambda$ 处的反射系数，你也不会很慌张，毕竟有式(2.19)给撑腰。但其实还有一种办法，根本不用算，直接在圆图中相对应的等反射系数圆上比划几下就行，因为式(2.19)告诉我们，以负载为起点，向源的方向移动时，沿线的反射系数模值不变，相位线性减小，这反映到史密斯圆图上，很容易让人联想到这种变化就是一个圆周运动(图 2-25)，方向也都定好了：顺时针(顺时针旋转时，相位角变小)。因此，在点①的基础上，直接顺时针转圈圈，就可以找出距离负载一定电长度的某一点的反射系数(点②)。

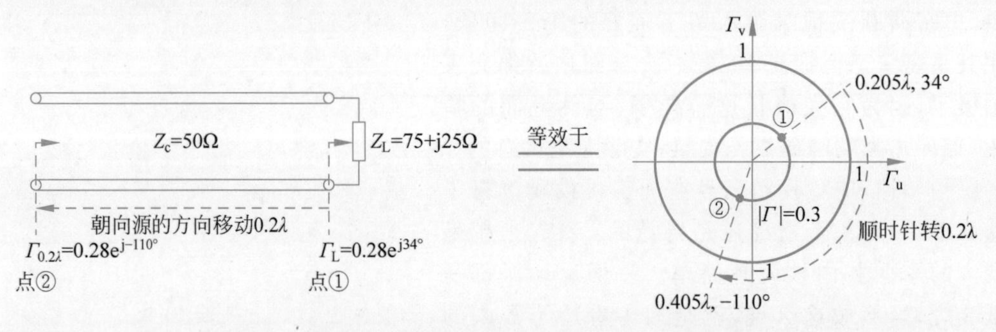

图 2-25　传输线上的平移相当于阻抗圆图上的圆周运动

因为式(2.19)中，变化周期是半个波长，因此，圆周运动转一圈也是半个波长，把分别表示电长度和角度的刻度贴心地标注在单位圆外围之后，我们就可以知道转多少角度是 0.2λ 了，顺带也可以得到传输线上任意一点的反射系数的幅度和相位，抑或是实部和虚部。

这时就有点恍然大悟了，原来传输线上的反射系数的沿线变化，都可以对应于圆图中的转圈圈，一旦负载阻抗和特性阻抗确定了，负载处的反射系数也就确定了，转圈圈所用的那个圆就确定了，沿线的反射系数、输入阻抗以及电压电流幅值变化所发生的地点也就确定了。往信号源的方向走是顺时针转，往负载的方向走是逆时针转，是为“顺源逆载”。这种圆的特点是：圆心在坐标原点上，半径等于反射系数的模值，称为“等反射系数圆”，其中的“等”是指这样的一个圆上的点对应的反射系数模值相等，而相位是线性变化的。

等反射系数圆是一类同心圆，就像靶子上的不同的环，半径越大，说明对应的反射系数的模值越大，相应的驻波比(与反射系数的模值一一对应)也就越大。这类圆最小的状态是一个点，也就是圆心，对应阻抗匹配状态，最大的状态是单位圆，对应全反射状态(图2-26)。

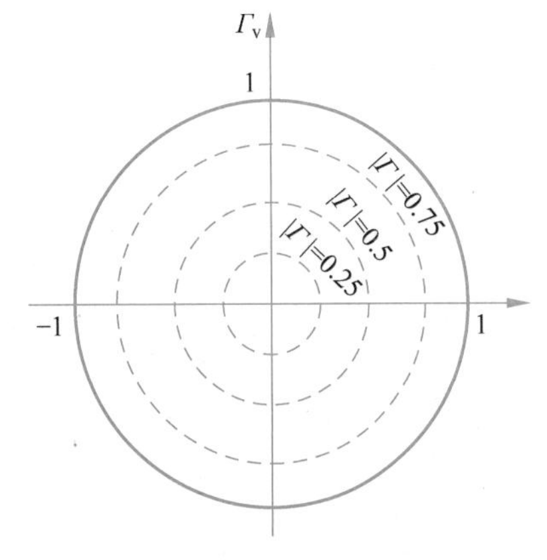

图2-26 等反射系数圆

当然，讲到这里，如果还记得阻抗圆图是一个计算工具的话，一定会对我开始进行质问了：这也没在计算上帮啥忙啊？通过负载阻抗和特性阻抗计算反射系数时用的式子不还是硬算出来的吗？别着急，光有这么个等反射系数圆当然很弱了，只有搞明白了下面的两类圆，才能获得神奇的技能。

2) 归一化等电阻圆和等电抗圆

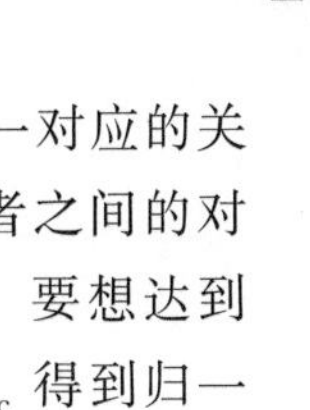

等反射系数圆相对比较容易理解，毕竟横轴和纵轴直接对应反射系数的实部和虚部，接下来的等电阻圆和等电抗圆就稍微有点难度了，跟紧。

根据之前学过的内容，我们知道沿线的输入阻抗 Z_{in} 和反射系数 Γ 是一一对应的关系，其实这么说心里还是有点发虚的，因为如果仔细观察式(2.23)，会发现二者之间的对应关系还会受到特性阻抗 Z_c 的影响，并不能算是严格意义上的“一一对应”。要想达到真正的一一对应，可以采用归一化的手法，即用输入阻抗 Z_{in} 除以特性阻抗 Z_c 得到归一化输入阻抗 z_{in}，需要指出的是，不仅输入阻抗可以这样归一化，负载阻抗也可以用同样的办法归一化为 z_L，毕竟负载阻抗就是负载处的输入阻抗。

$$z_{\text{in}}=\frac{Z_{\text{in}}}{Z_c}=\frac{1+\Gamma}{1-\Gamma}=r+\mathrm{j}x \tag{2.46}$$

之所以要这么执着地满足输入阻抗和反射系数的一一对应关系，主要是为了在阻抗圆图上对这种对应关系进行标定，从而实现尺规作图代替数学计算的目的，这才是圆图的要义，毕竟史密斯老哥管这个图就叫阻抗圆图，而不是反射系数圆图。既然是一一对应的关系，那就说明圆图上的每个点除了代表一个反射系数之外，还应该代表一个对应的归一化阻抗值。对于反射系数，我们很容易读出其幅度和相位，或者实部和虚部，但是对于这个一一对应的归一化阻抗值的实部和虚部，怎样才能读出来呢？这个就需要画一些新的辅助圆来标定了。怎么画呢，还是先从式(2.46)入手。

式(2.46)表明了归一化输入阻抗和反射系数是一一对应的，也就是说，在数学上，有一个反射系数，就可以算出一个对应的归一化输入阻抗。反射系数的实部和虚部对应着横坐标和纵坐标，即

$$\Gamma = \Gamma_u + j\Gamma_v \tag{2.47}$$

将式(2.47)代入式(2.46)后,我们可以通过“小镇做题家”的基本技能,很容易地把式(2.46)变形为式(2.48)的形式。

$$\begin{cases}\left(\Gamma_u - \dfrac{r}{1+r}\right)^2 + \Gamma_v^2 = \left(\dfrac{1}{1+r}\right)^2 & \text{(a)} \\ (\Gamma_u - 1)^2 + \left(\Gamma_v - \dfrac{1}{x}\right)^2 = \left(\dfrac{1}{x}\right)^2 & \text{(b)}\end{cases} \tag{2.48}$$

式(2.48)看起来就有点眼熟了,一边是分别带有横坐标和纵坐标的两个平方之和,一边是常数的平方,很明显这是两个圆的方程。

首先看第一个圆方程,圆的半径和圆心位置是随着归一化电阻值 r 变化的,但是一定经过(1,0)点,且圆心一定是在横轴上。r 越小,半径越大,因此,根据不同的 r 值,可以画出一类圆,每个圆都对应一个确定的 r 值,我们称其为等归一化电阻圆。换句话说,同一个等归一化电阻圆上的点其归一化电阻值 r 都是相等的,这个常识一定要牢牢记在心里。

如图 2-27 所示,等归一化电阻圆的特点也比较好记,就像一条小鱼的嘴巴在(1,0)点处,向横轴的负方向吹泡泡,吹出的泡泡越大,说明归一化电阻值 r 越小。最大的泡泡就是单位圆,对应 $r=0$;最小的泡泡就是(1,0)点,对应 $r=\infty$。

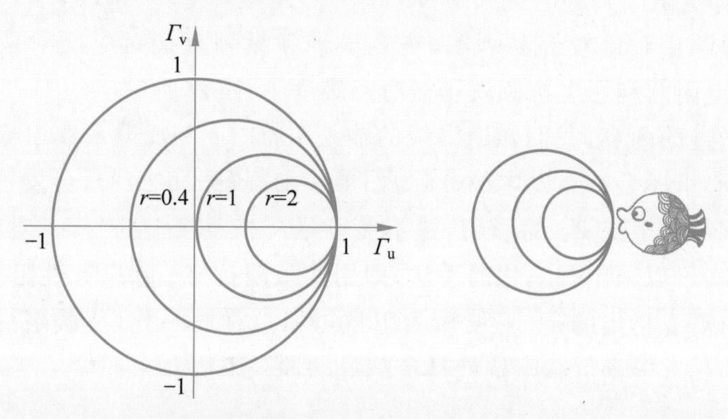

图 2-27 等归一化电阻圆和“电阻鱼”

有了第一个圆方程的铺垫,第二个方程就比较好拿捏了。显然第二个方程也代表一类圆,圆的半径和圆心的位置由归一化电抗值 x 决定,每个圆都对应着一个确定的 x 值,因此我们把这类圆称为等归一化电抗圆,换句话说,同一个等归一化电抗圆上的点其归一化电抗值 x 都是相等的。等归一化电抗圆同样一定经过(1,0)点,只不过圆心的位置是在 $\Gamma_u=1$ 这条直线上。如图 2-28 所示,因为 x 代表电抗,可容可感,因此可正可负,这类圆就像两条小鱼的嘴巴都在(1,0)点处,一个向纵轴的正方向吹泡泡,一个向纵轴的负方向吹泡泡,分别对应归一化电抗值 x 的正值(感性)和负值(容性),同样地,x 值越小,对应的圆半径越大。需要留意的是,归一化电抗圆半径可以无限大,对应 $x=0$ 的情况,这时整个圆就直接变成横轴了,最大的圆变成一条线,颇有点“大方无隅”的感觉。

注意，理论上来说等归一化电抗圆也应该是完整的圆圈，但是由于圆图的点都在单位圆内，因此我们看到的等归一化电抗圆是一段段的圆弧，要学会“见弧知圆”。

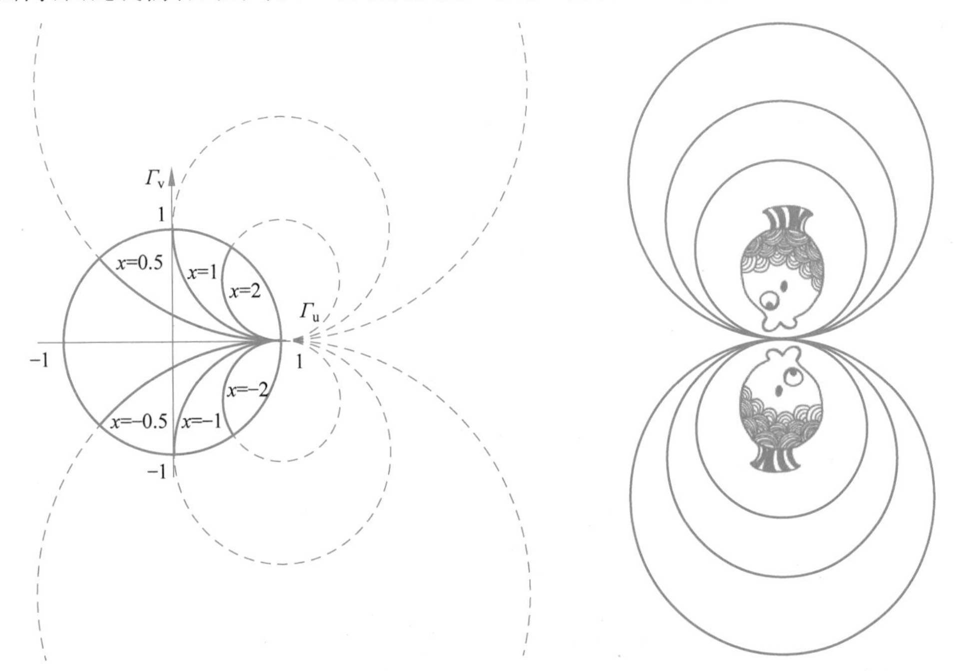

图 2-28 等归一化电抗圆和“电抗鱼”

有了上面的等归一化电阻圆和电抗圆，我们就可以处理反射系数和归一化阻抗之间“一一对应”的关系了。阻抗圆图是一个二维平面，之前我们知道单位圆内部任意一个点都是一个反射系数，同时还对应着一个归一化阻抗，怎么读出这个归一化阻抗的数值呢？就是通过等归一化电阻圆和电抗圆。对于圆图上任意一个点，我们只要仔细看一下，哪个等归一化电阻圆($r=a$)穿过了这个点，同时哪个等归一化电抗圆($x=b$)穿过了这个点，这样就直接读出了这个点所对应的归一化阻抗的实部和虚部($a+\mathrm{j}b$)。等归一化电阻圆和电抗圆标得越密，我们读出的归一化阻抗值就越准确。这个就像平时用的尺子，刻度越密集，尺子精度越高。因此，密集恐惧症患者还是要理解下史密斯老哥的良苦用心。

3）辅助性数轴

此前我们知道圆图的最外围会贴心地标注角度和电长度，方便我们知道在传输线上反射系数的度数变化以及不同点之间的距离。其实在实际的阻抗圆图下面，还有几条辅助性的数轴也很贴心，上面标的是反射系数的模值和驻波比，有的还会标注反射损耗(dB)之类的其他与反射系数模值一一对应的参数。这些数轴是为了方便我们快速定位出所需要的等反射系数圆。其中，反射系数模值的取值范围是 0～1，驻波比的取值范围是 1～+∞，如图 2-29 所示。

其实介绍到这里，我们对于阻抗圆图的恐惧就基本消除了，原来第一眼看上去这么复杂的一个东西居然内核这么脆弱，只是由三类圆组成的(图 2-30)，其中的等反射系数

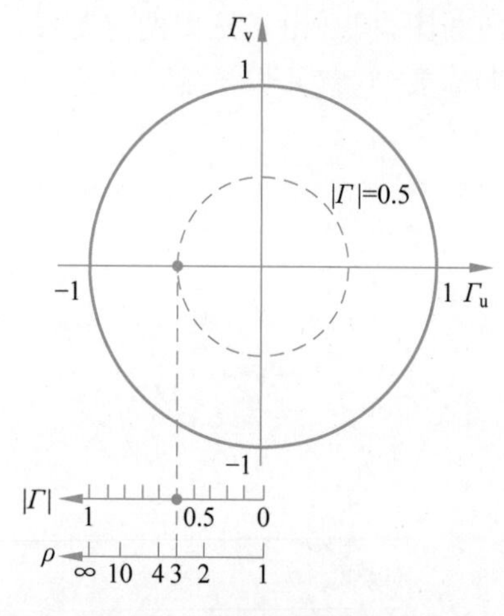

图 2-29　辅助性数轴示意图

圆因为是同心圆，太简单，有时甚至不会画出来，剩下的就只是三条小鱼（一条电阻鱼，两条电抗鱼）对着三个不同的方向“吹泡泡”了。

4. 阻抗圆图基本操作

了解了阻抗圆图的组成，接下来就要看看它的妙用了，毕竟浪费这么多脑细胞思考明白的东西，如果不能解决实际工程问题就太搞笑了。还是举最简单的例子。

从前有一个负载，它的阻抗是 $Z_L=(75+j25)\Omega$，如果在这个负载上接了一段长度为 0.2λ、特性阻抗 Z_c 为 50Ω 的传输线，请计算传输线的输入端的输入阻抗 Z_{in} 是多少。

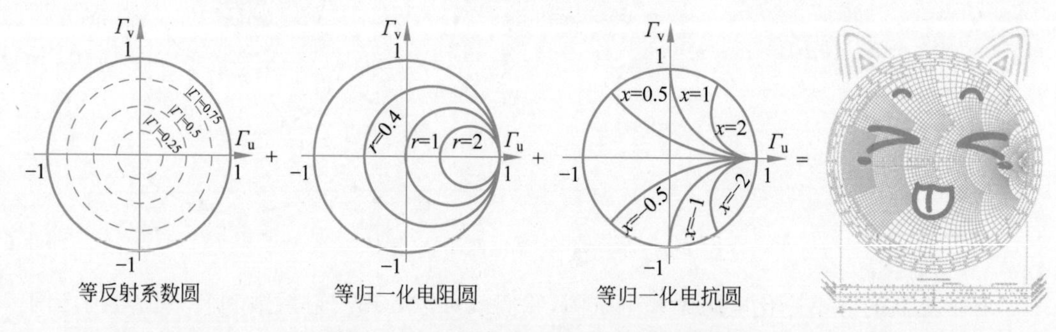

图 2-30　三圆合一组成史密斯阻抗圆图

如果没接触过阻抗圆图，第一反应肯定是套公式，毕竟公式现成，思路简单，然而，真正计算起来又的确有点麻烦，这个时候，阻抗圆图来了。

首先，想使用阻抗圆图来搞阻抗，直接无脑归一化，得到负载阻抗的归一化值：$z_L=1.5+j0.5$，接下来就是基操找点（图 2-31），分别找到 $r=1.5$ 和 $x=0.5$ 的归一化等电阻圆和电抗圆，二者的交点即为 $z_L=1.5+j0.5$ 的位置。

一旦找到 z_L，第一反应就是画同心圆，确定故事发生的地点。从负载处的阻抗找输入端的输入阻抗，明显是奔着“源”的方向去的，耳边马上回想起“顺源逆载”的口诀，直接开始从 z_L 沿着同心圆顺时针旋转，转多少呢（图 2-32）？看最外围表示电长度的刻度，确定好起点，转上 0.2λ 就成，然后确定终点，简单两条直线就得到了表示输入端归一化输入阻抗的点。

再次施展基操读点，看看哪个等归一化电阻圆（$r=0.73$）和哪个等归一化电抗圆（$x=-0.41$）穿过了这个点，直接读出 z_{in} 的值（$z_{in}=r+jx=0.73-j0.41$），顺带看一下，这个点对应的角度是多少（$-110°$），没错，这就是输入端反射系数的角度，至于反射系数的模值，直接看看同心圆半径多少，一条直线顺下去（$|\Gamma|=0.28$），分分钟通过辅助性横轴把模值给找出来（$\Gamma=0.28e^{-j110°}$），如图 2-33 所示。

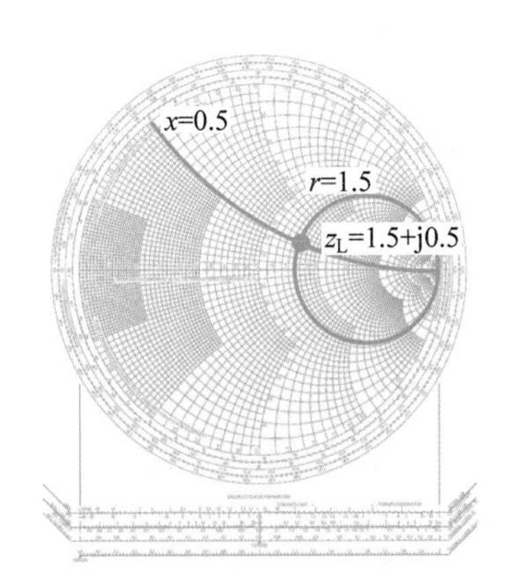

图 2-31 阻抗圆图基操之“找点”(即根据阻抗实部、虚部确定点的位置)

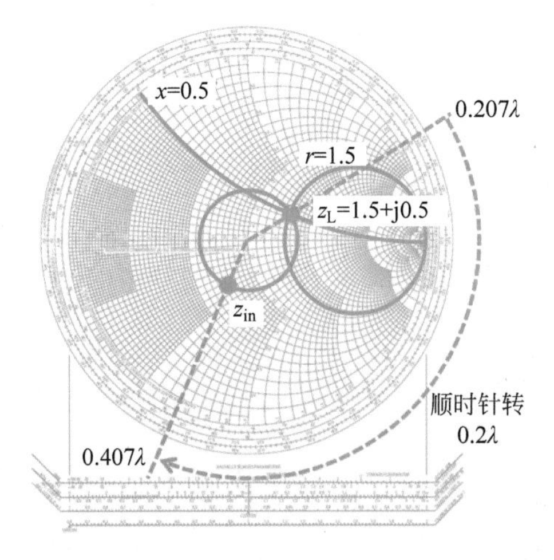

图 2-32 阻抗圆图基操之“找圈和转圈”

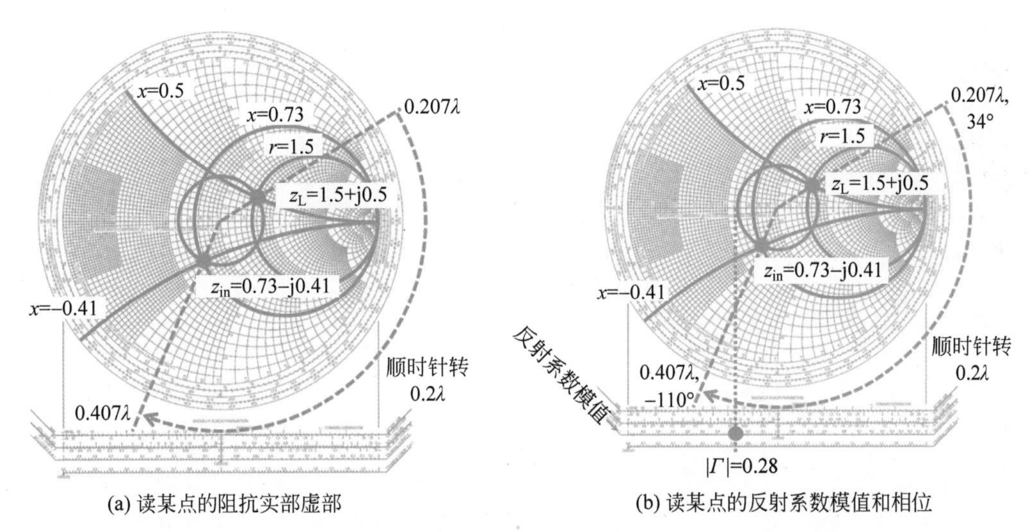

(a) 读某点的阻抗实部虚部

(b) 读某点的反射系数模值和相位

图 2-33 阻抗圆图基操

一波操作下来,耗时基本不超过一分钟,输入端的输入阻抗(归一化的)和反射系数就完全被拿捏了。在那个没有空调,没有计算机的年代,一张图加上尺规多件套,就能达到如此效果,就问你,圆图香不香!

当然,这只是最简单的例子,阻抗圆图能做的还有很多,比如:求一个未知的负载值,设计个阻抗匹配器,等等,都不在话下。此外,说得再煽情点,阻抗圆图不仅仅是一个图形辅助计算工具,通过它可以进一步把非常抽象的数学公式变成形象的图形操作。因此,微波工程师对它的感情真的很深,以至于在非常现代化的微波测量设备矢网(后续再介绍)中,还会有关于阻抗和反射系数的史密斯圆图显示模式。

第3章 波导里的微波

3.1 为什么要学这一章？

通过第2章的学习，我们知道了常用的几种双导体结构的传输线。面对这种类型的传输线，使用的分析方法都是电路基础中学到的，也就是“路”的方法，虽然学的过程也有点小辛苦，但是相比于电磁场相关课程中学过的那些知识，上一章的打开方式已经是相当友好了。然而，也希望大家不要抱有一种不切实际的幻想，以为微波这门课只搞“路”，不搞“场”。作为“电磁场”课程的后续，这门课就是为了解决微波应用中的实际问题，而很多微波结构的分析，光有“路”的方法还是远远不够的，肯定要一手抓“路”，一手抓“场”，坚持两手都要抓，两手都要硬(图3-1)。

视频

关于“场”和“路”两种分析方法的区别和联系：①“场”的方法基于麦克斯韦方程，更接近物理本质，可对三维空间场分布进行分析，能够给出的信息也更丰富，涵盖“路”的方法可以提供的全部信息；而“路”的方法基于基尔霍夫定律，处理的问题是一维的，能提供的信息较为有限，例如阻抗是由电压电流比值定义的，而电压和电流则来源于电场和磁场的积分；②秉承“万物负阴而抱阳”的原则，一种东西肯定是两面的，“场”的分析方法缺点就是过程烦琐，计算量大，反观“路”的方法则较为简洁，对于一些简单工程实际问题更适用。

图3-1　微波工程师必备两大法宝

话说到这份上，也就不用再装了，本章就要开始用“场”的方法来分析一些问题了。分析什么问题呢？先从给第2章学过的双导体传输线“找碴儿”开始。比如平行双导线，结构的确相当简单，但是封闭性较差，容易造成辐射损耗，相当于一小部分能量在传输的过程中泄漏到周围空间了，传输线成天线了，其他的平行波导板、带状线以及微带线都有这么个毛病，封闭性不太好，遇到阴天下雨的户外场合，甚至都容易进水。再比如同轴线，密封性很不错，几乎没有辐射损耗，结构也算轻便，但是它最大的一个缺点就是可传输的功率比较小，平时整点功率比较弱的信号还行，但如果信号功率搞到几百上千瓦时，传输线一点点的损耗就会造成热量迅速提升，轻则击穿，重则原地自焚。有人可能觉得夸张了，觉得功率不至于这么大，但如果了解一些大型雷达或者微波武器之后，就知道达到这样的功率简直就是分分钟的事情，甚至连微波炉的功率都可以达到这个量级。此外，同轴线、微带线之类的传输线一般必须在两个导体之间填充介质起到支撑的作用，因此损耗也比较大，特别是随着频率的升高，介质带来的损耗会急剧变大。

那么问题来了，既要传输功率特别大，又要损耗特别小时，该用什么传输设备呢？其实前面说这么多，就是为了硬推本章的主角——波导，它大概长什么样子呢？先上图(图3-2)，形成一个直观印象。

波导的造型说白了就是金属管子，横截面是矩形的就叫矩形波导，横截面是圆形的就叫圆波导，这两种相对来说最为常见，当然还有椭圆波导、脊形波导以及扭波导等一些形状比较怪异的，一般专用于特殊场合或者纯粹是学术时尚，较为非主流，不在我们小菜鸟的考虑范围之内。在矩形波导和圆波导之间，本章要重点对付的是矩形波导，原因有

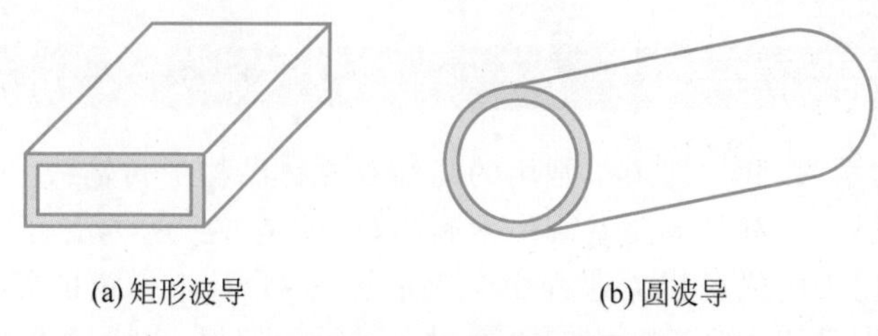

图 3-2 两种常见波导

二：应用更广泛，结构更简单。波导这种憨厚的传输结构，一看就是能承受大功率的，而且封闭性也很好，虽然略显笨重，但是在有些场合还真的没它不行。此外，波导不填充介质，直接做成中空的，因此只有金属损耗。而就算这点儿金属损耗，人类也没打算放过，甚至会在波导的内壁镀上一层铜甚至金来进一步降低金属损耗。这么说来，波导还真有点"憨厚多金"的气质了。

3.2 波导的故事

现在我们拿波导来传输电磁波感觉司空见惯，但在一开始这种想法是很前卫的。1885 年，英国物理学家赫维赛德考虑过电磁波在封闭的空管中传播的可能性，就是上面提到过的简化麦克斯韦方程组表达式的那位大佬，但他很快放弃了，因为他认为必须用两根导体来传输电磁能量。这也难怪，毕竟当时的思维定式已经形成，电流在两个导体内纵向流动，电压在两个导体间形成，波在传输线中是横电磁(TEM)模式，即电场、磁场以及传播方向三者相互垂直，构成右手螺旋定则，在横截面上，电场从一个导体垂直指向另一个导体，磁场则是分别包围着两个导体与电场相互垂直，如图 3-3 所示。

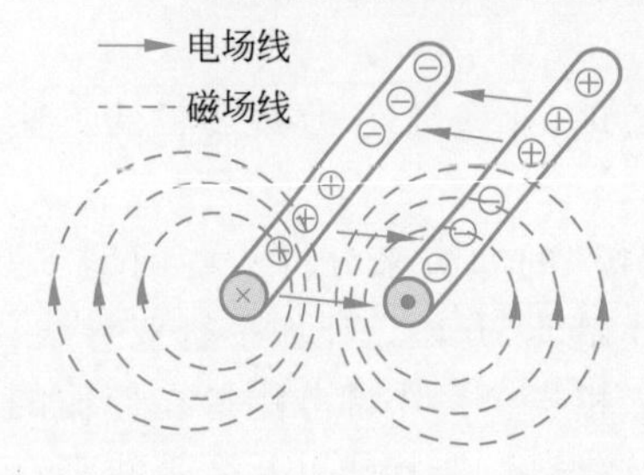

图 3-3 双导体传输线 TEM 模电磁场分布示意图

从场的角度来看，这种传输模式的场分布和自由空间中的 TEM 模没什么本质区别，通过对电场、磁场进行积分也可以得出与第 2 章中同样的电压、电流以及阻抗等参数。

※如何理解模式？

一说到模式(mode)的概念，好多同学都又开始慌了，这在数学上倒是很好说，就是麦克斯韦方程在特定的边界条件下的解，但这样说可能会使大部分人陷入更加懵圈的状态。为了更好地理解模式的概念，可以先思考一个简单的问题：有一个大的正方形，边长是 10cm，如果我们知道这个正方形是由一定数量的相同的正方形单元拼接而成的，那么这个大正方形应该是什么样子的呢？但凡上过幼儿园，基本上也可以猜到，可能的情况如下，这里的每种情况都可以称为一种模式。

在这个问题中，我们还要考虑一系列条件：不能越过 10cm×10cm 的边界，单元之间又不能重叠，还必须是尺寸相等的正方形单元，等等，最终得出结论：实际可能存在的构成模式可以是模式 1(单元个数：1 个，单元边长：10cm)，或者模式 2(单元个数：4 个，单

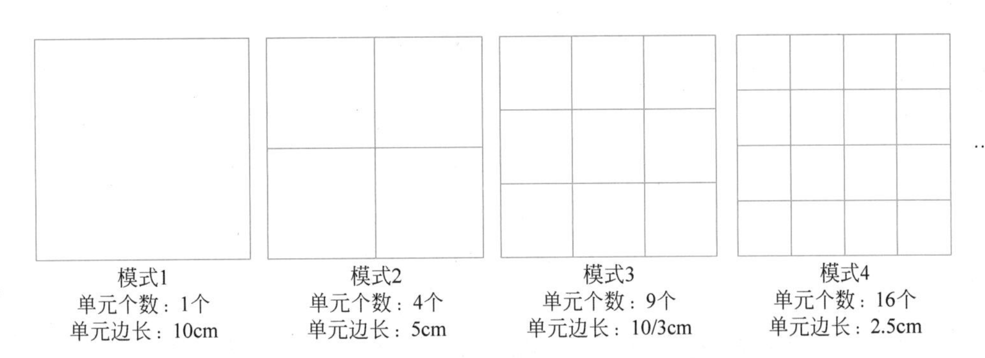

元边长：5cm)，抑或是模式3(单元个数：9个，单元边长：10/3 cm)等。每个模式都对应着一种可能性，或者说是这个问题的一个解，至于到底采用哪种模式，就取决于很多实际因素了，比如我们手头有哪种尺寸的正方形单元，或者单元尺寸不能小于多少，或者我们更喜欢什么样的单元数目，等等。

其实吧，上述这样一个问题实在简单到令人发指，但是为什么我们还要煞有其事地扯这么多呢，就是为了让大家更好地理解什么叫模式。这里的模式和波导中的模式在本质上都是一回事，就是一个特定问题的不同可能性答案，或者叫解决方案。不同的是，一个是往大方块中填充小方块，另外一个是往金属管子中填充电磁波，所运用的知识种类及复杂度不同而已。

※　　※

要想用一个金属管子来传输电磁波，首先就需要在理论上证明其可行性，奥利弗·赫维赛德(图3-4)当时直接拿着TEM模式的场分布就开始往管子里塞，然而，脑补完管子中的场分布之后，他很快就发现了一个比较尴尬的矛盾闭环：①由于TEM模式是横电磁，因此电场和磁场必须都在横截面上，没有磁单极子的情况下磁场又必须打圈圈，这样一来，横截面上就必须存在一个磁场小漩涡；②产生磁场小漩涡的方法有二(参见图1-15)，要么有一个传导电流，要么有一个位移电流；③既然管子是空心或者介质填充的，传导电流就别想了，位移电流则要求有和小漩涡所在横截面垂直的时变电场，也就是说要有纵向电场分量，显然又不是TEM模式了。一圈矛盾论证下来，赫维赛德直接放弃了，认为用管子传点自来水还行，用来传输电磁波实在有点无厘头。这倒真不是赫老哥能力不行，大概是时间和精力实在有限，跑去思考别的人生命题了。

图3-4　奥利弗·赫维赛德(英国，1850—1925)

李宗盛大哥曾经说过，感情说穿了，一人挣脱的，另一人去捡。就像感情一样，波导被赫维赛德放弃了之后，转头就被另一个人捡了起来。1897 年，瑞利爵士（本名：John William Strutt，爵位是家族继承的男爵，图 3-5）从数学上证明了电磁波在波导中传播是可能的，不过要用到高次模式：横电（TE）和横磁（TM）模式，他同时指出，有无穷多个 TE、TM 模式，且存在截止频率。这里的 TE 模式和 TM 模式就是往波导中塞电磁波时可能存在的两类场分布情况，本质上就是麦克斯韦方程在金属管子中的解。至于截止频率的概念先往后放一放，人生初见，记着这个名词就好。

图 3-5 瑞利爵士（英国，1842—1919）

被瑞利爵士把玩了几天之后，波导在接下来将近 40 年（1897—1936）中，基本被人们逐渐遗忘了。这个也难怪，虽然其间爆发了第一次世界大战，但那场战争基本上还属于拼火力、拼人头的状态，与信息化、电子化完全不沾边，波导自然没什么用武之地。一般来说，这种新潮科技，如果在军事上都用不上，民用就更没戏了，因此被遗忘也属实正常。

故事的下一个转机发生在 1936 年，纽约 AT&T 公司的 George C. Southworth 在一次会议上宣读了关于波导的论文，同一次会议上，MIT 的 W. L. Barrow 宣读了关于圆波导的论文，并提供了波传播的实验验证。至此，波导这样一个简单的金属管子可以用于传输电磁波的事情算是得到 AT&T 和 MIT 两大巨头的双重官方认证了（图 3-6）。大家可以留意一下这个时间点，正是二战打得热火朝天时，而雷达首次应用于战争则是在 1935 年。

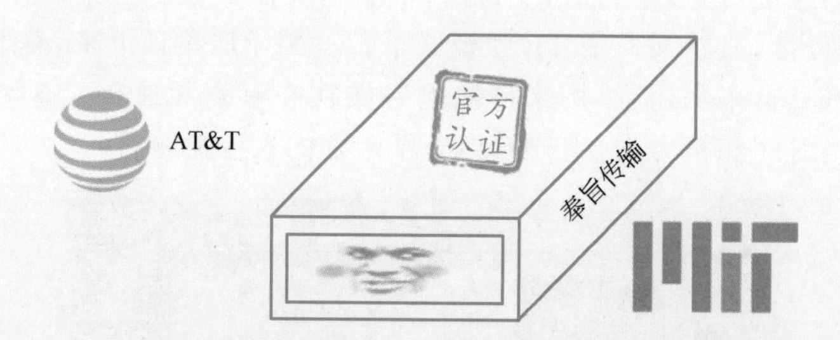

图 3-6 来自 AT&T 和 MIT 两大巨头的双重背书

至此，在经历了被放弃、被捡起、被遗忘、被证实以及被重用等不同境遇之后，波导终于在整个微波传输领域牢牢占据了一席之地。特别是在大功率微波传输场合，结构简单、憨厚老实的波导简直就是不二之选。

3.3 如何拿捏波导?

听完波导的故事,就要开始考虑如何对其进行深入研究了。为什么像赫维赛德这样的大佬级人物都会在一开始就否定波导传输微波的可行性?主要就是因为和第2章中学过的传输线结构相比,波导的结构实在是太不相同了,从双导体结构直接变成单导体,搁谁一时间都有点接受不了。

好在瑞利爵士对其不抛弃、不放弃,硬生生从数学上给波导找了一条活路。既然TEM这种模式在封闭的波导中肯定不能存在,那就看看有没有别的模式。本着"往前一步是黄昏,退后一步是人生"的信念,TEM不行,TE行不行?TM行不行?别误会,后面一句真不是骂人啊,意思是允许电场或磁场含有沿着传播方向的分量。这样一来,格局马上就打开了。其中,TE就是横电(transverse-electric)模式,没有纵向电场,但是允许有纵向磁场;TM是横磁(transverse-magnetic)模式,没有纵向磁场,但允许有纵向电场。接下来就可以顺着这个思路开展对波导的分析了。

3.3.1 波导分析——纵向场量法

视频

在本章开头就已经铺垫过,分析波导时要用"场"的方法,毕竟对于这样一个单导体结构,连确定的电压和电流都找不到,基尔霍夫的那两条定律也就只能原地退下了。从几何角度来说,波导本质上是一个封闭的规则管状结构,我们要研究的内容就是搞清楚在这个管子中传输微波时其电场磁场是如何分布的。第一次分析波导,与之前的风格一样,弱水三千,只取一瓢,而且一定是最简单、最常用的那一"瓢"——矩形波导(图3-7)。

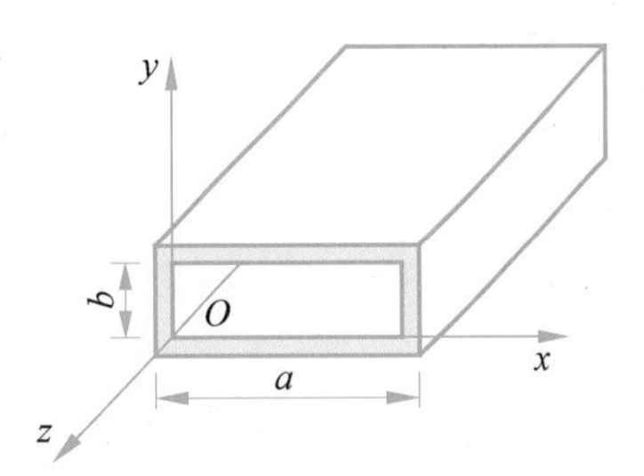

图3-7 矩形波导结构示意图

假定波导沿着 x 轴的边为长边,沿着 y 轴的边为短边,纵向沿着 z 轴方向,为传播方向。我们的目标就是找出波导内部传输微波时其电场和磁场的分布:

$$\begin{aligned}\boldsymbol{E} &= E_x(x,y,z)\boldsymbol{a}_x + E_y(x,y,z)\boldsymbol{a}_y + E_z(x,y,z)\boldsymbol{a}_z = \boldsymbol{E}_t + E_z\boldsymbol{a}_z \\ \boldsymbol{H} &= H_x(x,y,z)\boldsymbol{a}_x + H_y(x,y,z)\boldsymbol{a}_y + H_z(x,y,z)\boldsymbol{a}_z = \boldsymbol{H}_t + H_z\boldsymbol{a}_z\end{aligned} \tag{3.1}$$

其中,$\boldsymbol{E}_t$ 和 $\boldsymbol{H}_t$ 是横向场分量,E_z 和 H_z 是纵向场分量。注意,这里仍旧通过假定波随时间作简谐变化来分离时间和空间,因此只考虑波在空间上的分布变化。

求波导内场分布的过程其实就是在一个封闭的矩形管子中求解麦克斯韦方程组的过程,对于这样一个管状的空间,我们通常采用的方法称为纵向场量法[7]。为啥叫这个名字呢,因为这种方法是以纵向场分量(E_z 和 H_z)为突破口,通过一系列数学操作来搞定整个场分布的表达式。具体的过程如下:

为保证推导过程的简洁性和整体思绪的连贯性,这里先直接上一个数学结论:在正交坐标系中,电场的纵向分量和磁场的纵向分量满足标量亥姆霍兹方程,即

$$\begin{aligned}&\nabla^2 E_z + k^2 E_z = 0 \quad \text{(a)} \\ &\nabla^2 H_z + k^2 H_z = 0 \quad \text{(b)}\end{aligned} \tag{3.2}$$

其中，$k=\omega\sqrt{\mu\varepsilon}$。

至于说为什么会有这个结论，大概是先无脑盲猜矩形波导中的电磁场是波，既然是波，那就归亥姆霍兹管，后来通过推导和实验发现在数学和物理上都说得通，那这事儿就这么定了。解这样一个方程，需要用到分离变量法，令

$$\begin{aligned} E_z(x,y,z)&=E_z(x,y)Z(z)=E_z(T)Z(z) \quad &\text{(a)}\\ H_z(x,y,z)&=H_z(x,y)Z(z)=H_z(T)Z(z) \quad &\text{(b)}\end{aligned} \tag{3.3}$$

将式(3.3a)代入式(3.2a)后，可得

$$\frac{1}{Z(z)}\frac{\mathrm{d}^2Z(z)}{\mathrm{d}z^2}=-\frac{1}{E_z(T)}(\nabla_t^2+k^2)E_z(T) \tag{3.4}$$

观察式(3.4)，左右两边函数的变量完全不一样居然还能保持相等，因此二者只能同时等于某一常数，假设此常数为 γ^2，则有

$$\nabla_t^2E_z(T)+(k^2+\gamma^2)E_z(T)=0 \tag{3.5}$$

$$\frac{\mathrm{d}^2Z(z)}{\mathrm{d}z^2}-\gamma^2Z(z)=0 \tag{3.6}$$

看着 γ 是不是有点眼熟？别怀疑，这就是第 2 章中那个传播常数 γ，反映波在传播过程中幅度和相位的变化，我们只是从场的角度又把它给推导出来了，再次证明了“路”和“场”的殊途同归。

使用同样的手法，可以得到磁场横向分量满足的表达式，

$$\nabla_t^2H_z(T)+(k^2+\gamma^2)H_z(T)=0 \tag{3.7}$$

式(3.6)是一个二阶齐次常微分方程，通解很简单，就是一个波沿着 z 轴传播的形式，

$$Z(z)=A^+\mathrm{e}^{-\gamma z}+A^-\mathrm{e}^{\gamma z} \tag{3.8}$$

这个通解形式也并不陌生，波导中传输的是沿着 $+z$ 轴和 $-z$ 轴两个方向传输的波。鉴于后续整个电磁场表达式的复杂性，我们先主动给自己减负，只考虑沿着 $+z$ 轴传播的分量，并且假定波导是无耗的，则有

$$Z(z)=A^+\mathrm{e}^{-\mathrm{j}\beta z} \tag{3.9}$$

式(3.5)和式(3.7)则为二维标量亥姆霍兹方程，可以通过再一次分离变量并结合具体的边界条件来求得 $E_z(T)$ 和 $H_z(T)$。

随时间作简谐变化的场其空间表达式满足微分形式麦克斯韦方程，

$$\begin{aligned} \nabla\times\boldsymbol{E}(x,y,z)&=-\mathrm{j}\omega\mu\boldsymbol{H}(x,y,z) \quad &\text{(a)}\\ \nabla\times\boldsymbol{H}(x,y,z)&=\mathrm{j}\omega\varepsilon\boldsymbol{E}(x,y,z) \quad &\text{(b)}\\ \nabla\cdot\boldsymbol{H}(x,y,z)&=0 \quad &\text{(c)}\\ \nabla\cdot\boldsymbol{E}(x,y,z)&=0 \quad &\text{(d)}\end{aligned} \tag{3.10}$$

将式(3.1)代入式(3.10)，整理后可得

$$E_x=-\frac{1}{k_c^2}\left(\mathrm{j}\omega\mu\frac{\partial H_z}{\partial y}+\mathrm{j}\beta\frac{\partial E_z}{\partial x}\right) \quad \text{(a)}$$

$$E_y = \frac{1}{k_c^2}\left(j\omega\mu \frac{\partial H_z}{\partial x} - j\beta \frac{\partial E_z}{\partial y}\right) \quad (b)$$

$$H_x = \frac{1}{k_c^2}\left(j\omega\varepsilon \frac{\partial E_z}{\partial y} - j\beta \frac{\partial H_z}{\partial x}\right) \quad (c) \qquad (3.11)$$

$$H_y = -\frac{1}{k_c^2}\left(j\omega\varepsilon \frac{\partial E_z}{\partial x} + j\beta \frac{\partial H_z}{\partial y}\right) \quad (d)$$

其中，$k_c^2 = k^2 + \gamma^2$。

这表明，所有的横向场分量（E_x，E_y 以及 H_x，H_y）都可以由纵向场分量（E_z，H_z）通过式(3.11)求出来，而在前述的推导中，我们已经知道了如何求得 E_z，H_z，因此也就可以顺势求出波导中完整的电磁场表达式。

上述纵向场量法的推导过程可以总结为一个流程图，更便于理顺整体逻辑关系，如图 3-8 所示。

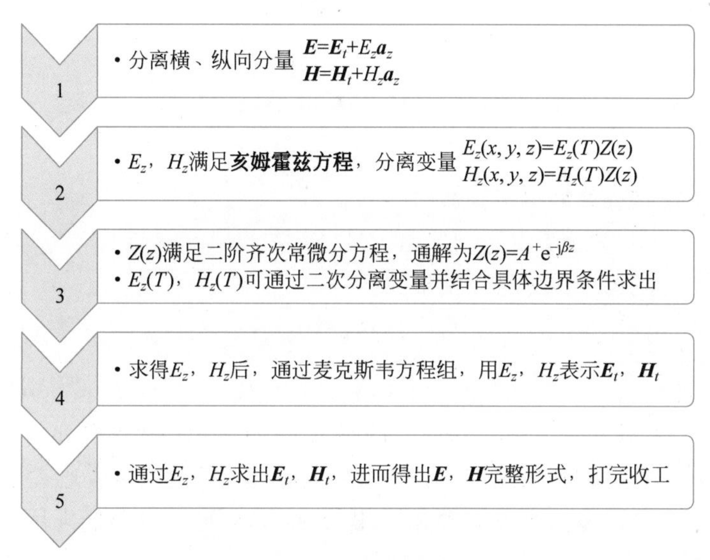

图 3-8　纵向场量法流程图

接下来，就可以根据这个纵向场量法流程图的操作手法，对矩形波导进行进一步剖析了。

3.3.2　矩形波导的 TM 模和 TE 模

如前所述，虽然 TEM 模式很简单，电场、磁场和传播方向两两垂直，但在矩形波导这样一个封闭的管子中实在是难以容身，因此我们尝试考虑 TM 或者 TE 的模式，也就是允许在传播方向上出现电场分量或者磁场分量[8]。接下来就要对纵向场量法进行实操了。

参照式(3.5)和式(3.7)，纵向电磁场分量的横向函数 $E_z(T)$和 $H_z(T)$满足亥姆霍兹方程，

$$\nabla_t^2 \begin{Bmatrix} E_z(T) \\ H_z(T) \end{Bmatrix} + k_c^2 \begin{Bmatrix} E_z(T) \\ H_z(T) \end{Bmatrix} = 0 \tag{3.12}$$

对于直角坐标系，在无耗情况下，可展开为

$$\frac{\partial^2}{\partial x^2} \begin{Bmatrix} E_z(x,y) \\ H_z(x,y) \end{Bmatrix} + \frac{\partial^2}{\partial y^2} \begin{Bmatrix} E_z(x,y) \\ H_z(x,y) \end{Bmatrix} + k_c^2 \begin{Bmatrix} E_z(x,y) \\ H_z(x,y) \end{Bmatrix} = 0 \tag{3.13}$$

对 $E_z(x,y)$采取分离变量法，

$$E_z(x,y) = X(x)Y(y) \tag{3.14}$$

则有

$$\frac{X''(x)}{X(x)} + \frac{Y''(x)}{Y(x)} = -k_c^2 \tag{3.15}$$

欲使式(3.15)恒等，左边两项应各等于一个常数，则有

$$\frac{X''(x)}{X(x)} = -k_x^2, \quad \frac{Y''(x)}{Y(x)} = -k_y^2 \tag{3.16}$$

由此得出

$$X(x) = A_1 e^{-jk_x x} + A_2 e^{jk_x x} \tag{3.17}$$

$$Y(y) = B_1 e^{-jk_y y} + B_2 e^{jk_y y} \tag{3.18}$$

加入纵向电磁场分量的纵向函数 $Z(z)$，

$$E_z(T,z) = E_z(T)Z(z) = E_z(x,y)Z(z) \tag{3.19}$$

由此可得电磁场的纵向分量完整形式：

$$E_z = E_z(x,y,z) = (A_1 e^{-jk_x x} + A_2 e^{jk_x x})(B_1 e^{-jk_y y} + B_2 e^{jk_y y}) C_1 e^{-j\beta z} \tag{3.20}$$

$$H_z = H_z(x,y,z) = (A_3 e^{-jk_x x} + A_4 e^{jk_x x})(B_3 e^{-jk_y y} + B_4 e^{jk_y y}) C_2 e^{-j\beta z} \tag{3.21}$$

其中，A_1、B_1、C_1 等以及 k_x，k_y 均为待定的系数，由具体的边界条件和信号的大小决定。

有了 E_z，H_z，就可以通过式(3.11)来求得完整形式的电磁场表达式了。

以上步骤对于 TM 和 TE 模式都是通用的，接下来就开始要分头行动了，先说 TM 模式。

1. TM 模式

TM 模式顾名思义就是横磁(Transverse Magnetic)模，磁场一定要在横截面上，电场的话，其分量可以在横截面上，也可以沿着信号传播的方向。即，$E_z \neq 0$，$H_z = 0$。这样就可以通过边界条件来确定系数了。对于电场来说，所谓的边界条件，就是金属内壁上，不能有切向的电场分量，即

$$(a_n \times \boldsymbol{E})|_s = 0 \tag{3.22}$$

具体来说，一共 4 个内壁，全用上，

$$E_z|_{x=0,a} = 0, \quad E_z|_{y=0,b} = 0 \tag{3.23}$$

将式(3.20)代入式(3.23)，可得

$$E_z = -4A_2 B_2 C_1 \sin k_x x \sin k_y y e^{-j\beta z} = E_0 \sin \frac{m\pi}{a} x \sin \frac{n\pi}{b} y e^{-j\beta z} \tag{3.24}$$

其中，$m=1,2,3,\cdots$，$n=1,2,3,\cdots$，$E_0=-4A_2B_2C_1$。E_0 为某种模式的幅度，由 TM 模式的激励信号来决定。

因为 $H_z=0$，将式(3.24)代入式(3.11)可以求得电磁场的横向分量，

$$\begin{aligned}\boldsymbol{E}_t&=\frac{-\mathrm{j}\beta}{k_c^2}\left(\frac{\partial E_z}{\partial x}\boldsymbol{a}_x+\frac{\partial E_z}{\partial y}\boldsymbol{a}_y\right)=E_x\boldsymbol{a}_x+E_y\boldsymbol{a}_y\\&=\frac{-\mathrm{j}\beta}{k_c^2}E_0\left(\frac{m\pi}{a}\cos\frac{m\pi}{a}x\sin\frac{n\pi}{b}y\boldsymbol{a}_x+\frac{n\pi}{b}\sin\frac{m\pi}{a}x\cos\frac{n\pi}{b}y\boldsymbol{a}_y\right)\mathrm{e}^{-\mathrm{j}\beta z}\end{aligned}\tag{3.25}$$

$$\begin{aligned}\boldsymbol{H}_t&=\frac{-\mathrm{j}\omega\varepsilon}{k_c^2}\left(-\frac{\partial E_z}{\partial y}\boldsymbol{a}_x+\frac{\partial E_z}{\partial x}\boldsymbol{a}_y\right)=H_x\boldsymbol{a}_x+H_y\boldsymbol{a}_y\\&=\frac{\mathrm{j}\omega\varepsilon}{k_c^2}E_0\left(\frac{n\pi}{b}\sin\frac{m\pi}{a}x\cos\frac{n\pi}{b}y\boldsymbol{a}_x-\frac{m\pi}{a}\cos\frac{m\pi}{a}x\sin\frac{n\pi}{b}y\boldsymbol{a}_y\right)\mathrm{e}^{-\mathrm{j}\beta z}\end{aligned}\tag{3.26}$$

至此，TM 模式下电磁场的所有场分量都已经到齐了，就是式(3.24)、式(3.25)和式(3.26)所示的那样。不用多说，大家肯定已经开始头皮发麻了，所以也就不再把它们写在一起了，不然看着更难受。

尽管形式上很复杂，但是我们还是硬着头皮看一下，最起码要先有一个整体的感性了解。

首先我们要建立一个认知，TM 模并不是一个模式，而是一类模式，说明在这个波导空间中不但可以传输电磁波，而且还用无数种模式花样传输电磁波，每个数字 m 和 n 的组合就代表了一种 TM 模式，所以要具体指出哪种模式时，需要加一个脚标，TM_{mn}。想用哪种模式传输，只要搞清了该种模式的场分布，然后在合适的位置给出一个合适的电场激励或者磁场激励即可。

通过式(3.24)、式(3.25)和式(3.26)可知，m 和 n 只要有一个是 0，三个式子都会直接归 0，因此，TM_{mn} 最低次模就是 TM_{11}。

E_z 和 $\boldsymbol{H}_t$ 二者叉乘后对应的传播方向在横截面上，且并不能产生实的功率密度，因此沿着 x 轴或者 y 轴，电磁场呈驻波分布，也就是有的位置振幅可以很大，有的位置振幅就小到 0，电场或磁场振幅从 0 到最大再到 0 的变化过程为一个半波变化。m 代表沿着 x 轴的半波变化个数，n 代表沿着 y 轴的半波变化个数。

横截面中的电场 $\boldsymbol{E}_t$ 和磁场 $\boldsymbol{H}_t$ 倒是很般配，二者可以直接叉乘出一个沿着 z 轴方向传播的行波，且对应的功率密度是实的，这也正是电磁波可以在波导中传播的部分。

2. TE 模式

TE 模式顾名思义就是横电(Transverse Electric)模，电场一定要在横截面上，磁场的话，可以在横截面上，也可以沿着信号传播的方向，即 $H_z\neq0$，$E_z=0$。对于 TE 模，直接通过边界条件确定系数时稍显尴尬，因为对于磁场来说，导体内壁上的边界条件要求的是法向磁场为 0，而 H_z 对于内壁来说是切向磁场，本身就可以不为 0。为此，我们采取的策略就是：脸皮一厚，硬往上凑。既然法向磁场要求是 0，对于波导内壁短边来说，H_x 就是法向分量，对于内壁长边来说，H_y 也是法向分量，用 H_z 通过式(3.11c,d)把 H_x 和 H_y 硬凑出来，再套入边界条件即可。

$$H_x = -\mathrm{j}\frac{\beta}{k_c^2}\frac{\partial H_z}{\partial x} = \frac{\beta k_x}{k_c^2}(-A_3 \mathrm{e}^{-\mathrm{j}k_x x} + A_4 \mathrm{e}^{\mathrm{j}k_x x})(B_3 \mathrm{e}^{-\mathrm{j}k_y y} + B_4 \mathrm{e}^{\mathrm{j}k_y y})C_3 \mathrm{e}^{-\mathrm{j}\beta z} \tag{3.27}$$

$$H_y = -\mathrm{j}\frac{\beta}{k_c^2}\frac{\partial H_z}{\partial y} = \frac{\beta k_y}{k_c^2}(A_3 \mathrm{e}^{-\mathrm{j}k_x x} + A_4 \mathrm{e}^{\mathrm{j}k_x x})(-B_3 \mathrm{e}^{-\mathrm{j}k_y y} + B_4 \mathrm{e}^{\mathrm{j}k_y y})C_3 \mathrm{e}^{-\mathrm{j}\beta z} \tag{3.28}$$

这时再利用边界条件就丝滑多了

$$H_x \mid_{x=0,a} = 0, \quad H_y \mid_{y=0,b} = 0 \tag{3.29}$$

将式(3.27)和式(3.28)代入式(3.29)可得

$$A_3 = A_4, \quad B_3 = B_4, \quad k_x = \frac{m\pi}{a}, \quad k_y = \frac{n\pi}{b} \tag{3.30}$$

其中,$m=0,1,2,3,\cdots$, $n=0,1,2,3,\cdots$。由此可得到

$$H_z = 4A_3 B_3 C_3 \cos k_x x \cos k_y y \mathrm{e}^{-\mathrm{j}\beta z} = H_0 \cos\frac{m\pi}{a}\cos\frac{n\pi}{b}\mathrm{e}^{-\mathrm{j}\beta z} \tag{3.31}$$

其中,$H_0 = 4A_3 B_3 C_3$,由 TE 模式的激励信号决定。

有了 H_z,就可以通过式(3.11)来求出横向场分量的表达式了,

$$\begin{aligned}\boldsymbol{E}_t &= \frac{\mathrm{j}\omega\mu}{k_c^2}\left(-\frac{\partial H_z}{\partial y}\boldsymbol{a}_x + \frac{\partial H_z}{\partial x}\boldsymbol{a}_y\right) = E_x\boldsymbol{a}_x + E_y\boldsymbol{a}_y \\ &= \frac{\mathrm{j}\omega\mu}{k_c^2}H_0\left(\frac{n\pi}{b}\cos\frac{m\pi}{a}x\sin\frac{n\pi}{b}y\boldsymbol{a}_x - \frac{m\pi}{a}\sin\frac{m\pi}{a}x\cos\frac{n\pi}{b}y\boldsymbol{a}_y\right)\mathrm{e}^{-\mathrm{j}\beta z}\end{aligned} \tag{3.32}$$

$$\begin{aligned}\boldsymbol{H}_t &= \frac{-\mathrm{j}\beta}{k_c^2}\left(\frac{\partial H_z}{\partial x}\boldsymbol{a}_x + \frac{\partial H_z}{\partial y}\boldsymbol{a}_y\right) = H_x\boldsymbol{a}_x + H_y\boldsymbol{a}_y \\ &= \frac{\mathrm{j}\beta}{k_c^2}H_0\left(\frac{m\pi}{a}\sin\frac{m\pi}{a}x\cos\frac{n\pi}{b}y\boldsymbol{a}_x + \frac{n\pi}{b}\cos\frac{m\pi}{a}x\sin\frac{n\pi}{b}y\boldsymbol{a}_y\right)\mathrm{e}^{-\mathrm{j}\beta z}\end{aligned} \tag{3.33}$$

与 TM 模式相类似,TE 模也不是一个单一的模式,而是一类模式,要唯一地指出某一个具体的 TE 模,也要加上脚标,TE_{mn}。与 TM 模式不同的是,TE 模的脚标可以从 0 开始,也就是可以有 TE_{10} 或者 TE_{01} 模式的存在。当然,m 和 n 也不能同时为 0,否则式(3.31)~式(3.33)还是会瞬间归零。

3.3.3 矩形波导的高通特性

说完 TM 和 TE 模式,用矩形波导这么一个封闭的管子来传微波这件事儿在数学上算是有了定论。不仅能传,还能用无数种花样来传,对应着无数个模式。是不是已经按捺不住激动的心和颤抖的手,准备拿着微波就往波导里面灌了?事情往往没这么简单,当你真正用波导传输微波时,就会发现一个很奇特的现象,对于某一种传输模式来说,只有信号频率够高,才能传,频率低于某个值时,波导是拒绝的,这个值称为截止频率,前面介绍过。也就是说,波导对于电磁波有高通的特性(图 3-9),是不是很离谱?

至于为什么会产生这种高通的现象呢,这就要从 k_c、k 和 γ 这几个物理量说起了。

(1) 先说 k,就是前面说过的波数(wave number),是由波的频率和传输媒质的属性所决定的,即

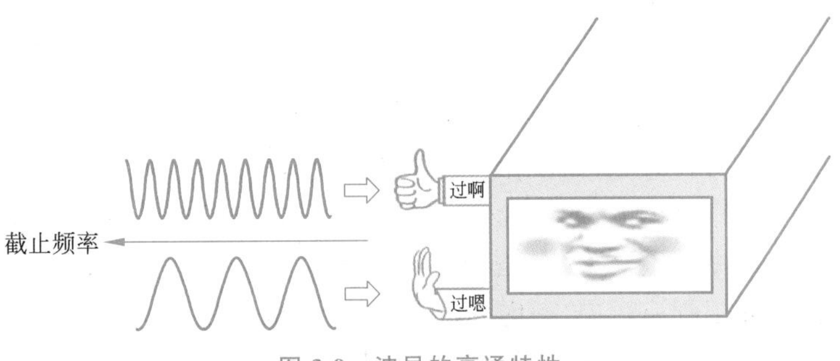

图 3-9 波导的高通特性

$$k=\omega\sqrt{\mu\varepsilon} \tag{3.34}$$

这个量从麦克斯韦方程时空分离时就跟着了,在亥姆霍兹方程中更是各种露脸。

(2) 接着说 γ,这就是传播常数,其虚部 β 称为相位常数。从式(3.8)可以看出其实部和虚部分别代表波沿着 z 轴传播时,幅度和相位随空间位置的变化快慢。无耗的情况下,$\gamma=\mathrm{j}\beta$。

(3) 最后说 k_c,

$$k_c^2=k^2+\gamma^2=\left(\frac{m\pi}{a}\right)^2+\left(\frac{n\pi}{b}\right)^2 \tag{3.35}$$

这个值叫截止波数(cutoff wave number),不同的模式对应着不同的 k_c。之前在 TEM 模式中是见不到 k_c 的,因为在 TEM 模式下,$k=\beta$,即 $k_c=0$。然而,在 TE 和 TM 模式下,k_c 就不能再是 0 了,不然的话,纵向场量法中的式(3.11)从一开始就要出问题了,因为 k_c 直接出现在了分母的位置。此外,通过式(3.35)还可以看出,k_c 主要由 TE 和 TM 模式的编号 m、n 以及波导的尺寸 a、b 来决定。

把式(3.35)改成另外一种形式会更容易解释接下来的问题,即

$$\beta^2=k^2-k_c^2 \tag{3.36}$$

这个式子给出了一个重要的信息:k 一定要大于 k_c 才行。为什么呢?假设 $k<k_c$,那么 β 就变成了虚数,而式(3.9)中就会出现随着 z 的变化,原本是相位的变化,结果现在成了幅度的变化,而且无源情况下幅度肯定是迅速衰减的(此时 β 是一个负的虚数),肯定是不能传输的,这就是截止(cutoff)的含义。模式(m,n)和波导尺寸(a,b)定下来了,k_c 就定下来了,那对应的门槛就定下来了,k 要高于这个门槛,即频率 f 要高于某一个值($\omega=2\pi f$),这个值就称为截止频率 f_c。

$$f_c=\frac{\omega_c}{2\pi}=\frac{k_c}{2\pi\sqrt{\mu\varepsilon}}=\frac{\sqrt{\left(\frac{m\pi}{a}\right)^2+\left(\frac{n\pi}{b}\right)^2}}{2\pi\sqrt{\mu\varepsilon}}=\frac{1}{2\sqrt{\mu\varepsilon}}\sqrt{\left(\frac{m}{a}\right)^2+\left(\frac{n}{b}\right)^2} \tag{3.37}$$

可见,一旦确定了波导尺寸(a,b),波导内填充媒质(μ,ε)和具体模式(m,n),截止频率就确定下来了,信号只有高于这个频率才能够进入波导进行传输。此处请注意,TE_{mn} 和 TM_{mn} 模式的截止频率计算公式是一样的,只要脚标编号相同就具有同样的截止频率。

有截止频率就有截止波长,可以通过下式求出,

$$\lambda_c = \frac{2\pi}{k_c} = \frac{2}{\sqrt{\left(\frac{m}{a}\right)^2 + \left(\frac{n}{b}\right)^2}} \tag{3.38}$$

所以下次微波信号再想进入波导，至少得先扪心自问一下，频率够高么？波长够短吗？这里可以通过一个具体的例子将波导“嫌低爱高，嫌长爱短”的特性好好展现一下。

由于在微波传输中的重要地位，波导也是有国标的，不同的型号对应着不同的尺寸和适用频率范围。在工程应用中，考虑到传输损耗、传输功率等实际因素，一般波导的长边和短边的大小关系为 $a>2b$，略大于，这个是常识，需要记住。以型号为 BJ-32 的标准波导为例，其尺寸 $a\times b=(72.14\times 34.04)\mathrm{mm}^2$，空气填充，由式(3.38)可求出其不同模式下的截止波长 λ_{cmn}，以波长为横轴，可以画出一个不同模式下截止波长的分布图，由此可以非常直观地看出 BJ-32 波导对于不同传输模式、不同信号波长的态度。

由图 3-10 可以看出，对于波长大于 $2a=14.28\mathrm{cm}$（频率低于 2.1GHz）的微波信号，BJ-32 波导是彻底拒绝的，用啥模式都不好使，这个叫截止区；当波长在 a 和 $2a$ 之间时，只有 TE_{10} 模式可以传输，其他的模式不可以，这个叫单模传输区，在实际工程应用中，波导绝大部分情况下都是工作在这个区域，因为这个区域的模式很确定，肯定是 TE_{10}，不会有其他高次模式的出现；当信号的波长小于 a 时，各种高次模式就可能逐个出现了，显然，m、n 的值越大，所对应的截止波长就越短，截止频率就越高。不难看出，各种模式都算在内，TE_{10} 模式是最低次的，也是最特殊的，我们把它称为矩形波导的基模或主模。鉴于 TE_{10} 模在理论和实际中的重要性，我们将在后续用一个小节来细细品它。

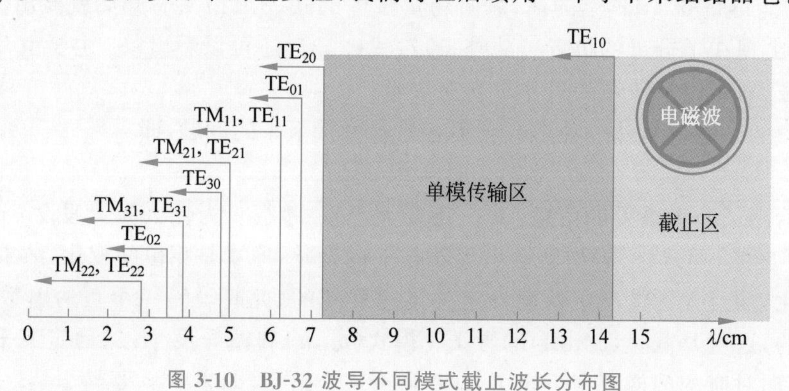

图 3-10 BJ-32 波导不同模式截止波长分布图

视频

3.3.4 矩形波导的传输参量

微波信号的频率达到准入门槛之后，就可以开心地进入波导进行传输了，这时就不免要关心一下在波导中传输时，速度是多少？波长怎么算？这些问题在传输线时没有深入探究，是因为“路”的分析方法中，默认波就是 TEM 模式，速度和波长计算起来和空间波没什么差别。然而，涉及波导中，情况就稍显复杂了。

1. 相速度 v_p 和群速度 v_g

沿着 z 轴传输的导行波其等相位面移动的速度就称为相速度（phase velocity），根据

式(3.36)可以算出微波在波导中传输时的相速度为

$$v_{\mathrm{p}}=\frac{\omega}{\beta}=\frac{\omega}{\sqrt{k^{2}-k_{\mathrm{c}}^{2}}}=\frac{v}{\sqrt{1-(\lambda/\lambda_{\mathrm{c}})^{2}}} \tag{3.39}$$

这个速度由于只是单一频点波的某一相位的传播速度，并不携带能量，因此可以大于媒质中的光速 v。

而真正可以表征电磁波能量传输速度的则是群速度(group velocity)，其代表了频率和相位都很接近的一群波的传播速度，其计算式为

$$v_{\mathrm{g}}=v\sqrt{1-(\lambda/\lambda_{\mathrm{c}})^{2}} \tag{3.40}$$

显然，群速度是小于媒质中的光速的。需要注意的是，在 TE 和 TM 模式下，无论相速度还是群速度，都是随着信号的波长(或频率)的变化而变化的，因此是色散波。而对于 TEM 模式来说，等相位面的传播和能量的传播是同步的，截止波长 λ_{c} 无穷大，其传输速度就是光速，与频率无关，是非色散波。

关于相速度和群速度的概念，可以观察调幅波的动图(别往下找，没有，直接上网搜)，盯着某一个波峰或者波谷看，其移动的速度就是相速度；盯着一个包络看，包络移动的速度就是群速度。如果还是觉得不够直观，那就类比一下搬砖，一堆砖你要从 A 点全搬到 B 点，单个砖块移动的速度大概就是相速度，整个砖堆移动的速度就类似于群速度。如果还是不明白，那就安心搬砖，没必要跟这个较劲。

2. 波导波长 λ_{g}

波导波长定义为波导中的波在一个周期的时间内沿 z 轴传输的距离，记为 λ_{g}，其计算式为

$$\lambda_{\mathrm{g}}=v_{\mathrm{p}}T=\frac{v_{\mathrm{p}}}{f}=\frac{\lambda}{\sqrt{1-(\lambda/\lambda_{\mathrm{c}})^{2}}} \tag{3.41}$$

可以看出，TE 和 TM 模式的波导波长计算式是相同的，相比于自由媒质中传输的 TEM 波的波长 λ 要长一些的，毕竟相速度高于光速，在一个周期内的传播距离也会更远。

3. 波阻抗

阻抗的概念是电压和电流的比值，在第 2 章中很是常见，但是由于波导是用“场”的方法来分析的，且波导内部的电磁场并不均匀，无法通过积分找到确定的电压或者电流，因此这里采用波阻抗的概念，是横向的电场 E_t 和磁场 H_t 的比值。

$$Z_{\mathrm{TM}}=\frac{E_t}{H_t}=\frac{\beta}{k}Z_{\mathrm{TEM}} \tag{3.42}$$

$$Z_{\mathrm{TE}}=\frac{E_t}{H_t}=\frac{k}{\beta}Z_{\mathrm{TEM}} \tag{3.43}$$

其中，Z_{TEM} 是 TEM 模式下的波阻抗，在真空中为 120π。对于 TM 模来说，由于磁场都集中在横截面上，导致电场比磁场时，分母更大一些，因此 TM 模的波阻抗 Z_{TM} 相比于 Z_{TEM} 更小；对于 TE 模式来说，由于电场都集中在横截面上，因此 TE 模的波阻抗 Z_{TE} 相比于 Z_{TEM} 更大。

视频

3.3.5 矩形波导的基模：TE_{10}

前面说到过，所有模式中最靓的那个仔就是 TE_{10} 模式，也是矩形波导的主模(图 3-11)。这个倒也不是硬捧，TE_{10} 模式之于矩形波导就是最重要的，没有之一。原因主要有以下几个：

(1) TE_{10} 是唯一可以实现单模传输的模式，通俗点讲就是“我能传你们不一定能传，我不能传你们都别想传”。不要小看单模传输，每个模式都有不同的场分布，越高次场分布就越复杂，因此微波工程师是很不待见高次模的，根据图 3-10 适当地选择一个波导的工作频段范围，使得其中只有最简单的 TE_{10} 模式难道不香吗？

(2) TE_{10} 模式下波导的尺寸可以最小。根据式(3.37)可知，如果工作频率确定了，那么截止频率就要低于这个工作频率以保证可以传输，此时，模次越高，m、n 就越大，那么就相应地要求 a 和 b 也要变大才能使得截止频率足够低，因此，越高次模就越需要越大的波导尺寸。作为最低次模的 TE_{10} 则可以在相对更小的波导中传播，又省空间又省材料难道不香吗？

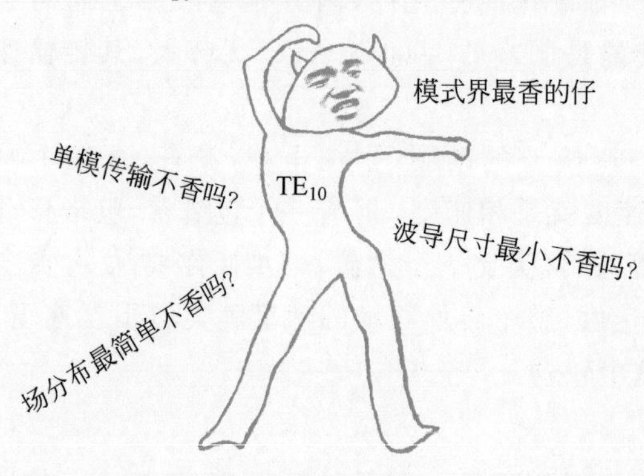

图 3-11 矩形波导的主模——TE_{10} 模

(3) TE_{10} 模的场结构分布最为简单。根据 m、n 的物理意义，沿着 x 轴只有一次半波变化，沿着 y 轴干脆就没有变化，稍微努力思考一下就可以脑补出场分布的情形，难道不香吗？

了解了 TE_{10} 的江湖地位之后，就可以按照 3.3.4 节的结果对其进行全方位拿捏了。

1. 截止频率和截止波长及其他传输参量

截止频率：
$$f_{c10}=\frac{1}{2\sqrt{\mu\varepsilon}}\sqrt{\left(\frac{1}{a}\right)^2+\left(\frac{0}{b}\right)^2}=\frac{v}{2a} \tag{3.44}$$

截止波长：
$$\lambda_{c10}=\frac{2}{\sqrt{\left(\frac{1}{a}\right)^2+\left(\frac{0}{b}\right)^2}}=2a \tag{3.45}$$

相速度和群速度：
$$v_{p10}=\frac{v}{\sqrt{1-(\lambda/2a)^2}},\quad v_{g10}=v\sqrt{1-(\lambda/2a)^2} \tag{3.46}$$

波导波长：
$$\lambda_{g10}=\frac{\lambda}{\sqrt{1-(\lambda/2a)^2}} \tag{3.47}$$

波阻抗：
$$Z_{TE10}=\frac{Z_{TEM}}{\sqrt{1-(\lambda/2a)^2}} \tag{3.48}$$

2. 场结构

将 $m=1$，$n=0$ 代入式(3.31)～式(3.33)，可得 TE_{10} 模的各个场分量表达式为

$$
\left.\begin{aligned}
H_x &= \mathrm{j}\,\frac{\beta a}{\pi}H_0\sin\frac{\pi}{a}x\,\mathrm{e}^{-\mathrm{j}\beta z}\\
H_z &= H_0\cos\frac{\pi}{a}x\,\mathrm{e}^{-\mathrm{j}\beta z}\\
E_y &= -\mathrm{j}\,\frac{\omega\mu a}{\pi}H_0\sin\frac{\pi}{a}x\,\mathrm{e}^{-\mathrm{j}\beta z}
\end{aligned}\right\} \tag{3.49}
$$

将时间的信息加入进去的话，就变成

$$
\left.\begin{aligned}
H_x &= \mathrm{j}\,\frac{\beta a}{\pi}H_0\sin\frac{\pi}{a}x\sin(\omega t-\beta z)\\
H_z &= H_0\cos\frac{\pi}{a}x\cos(\omega t-\beta z)\\
E_y &= -\mathrm{j}\,\frac{\omega\mu a}{\pi}H_0\sin\frac{\pi}{a}x\sin(\omega t-\beta z)
\end{aligned}\right\} \tag{3.50}
$$

上面的式子虽然已经尽量简洁，但终归还是有点抽象，需要和更形象的图 3-12 和图 3-13 配合使用。

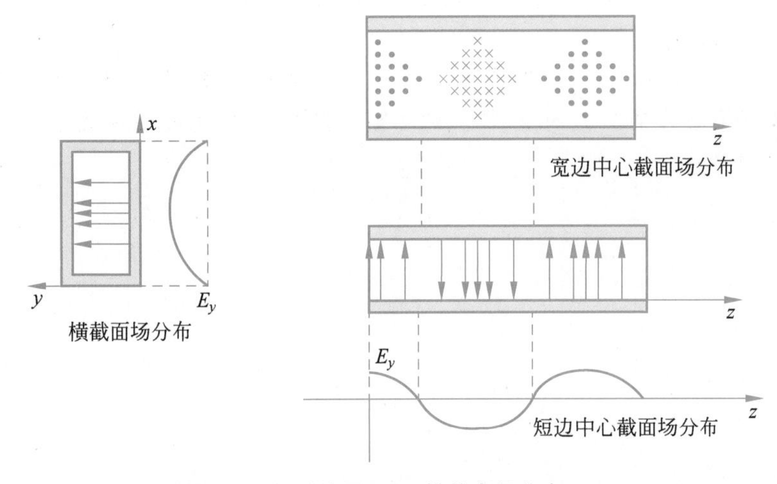

图 3-12　矩形波导 TE_{10} 模的电场分布(E_y)

根据式(3.49)可以看出，TE_{10} 模电场只有 E_y 分量，磁场则有 H_x 和 H_z 分量，因为 $n=0$，因此电磁场沿着 y 轴是均匀的，没有变化。如图 3-12 所示，电场分量 E_y 沿着 x 轴呈正弦变化，且从 $x=0$ 到 $x=a$ 呈现从 0 到最大值再到 0 的一个半波变化($m=1$)。此外，电场分量 E_y 沿着 z 轴也呈正弦分布，其分布周期就是我们之前提到的波导波长 λ_g。

如图 3-13 所示，磁场分量 H_x 沿着 x 轴呈正弦分布，和 E_y 有点像，也是两头为 0，中间最大，经历一个半波变化($m=1$)。H_x 沿着 z 轴也呈正弦分布，其分布周期也是波导波长 λ_g。

磁场分量 H_z 沿着 x 轴呈余弦分布，两头最大，中间为 0，沿着 z 轴也呈余弦分布，分布周期为波导波长 λ_g。

磁场的两个分量 H_x 和 H_z，一个是正弦分布，另一个是余弦分布，因此表现出“你大我小，你小我大”的对应规律，叠加之后，就会形成打圈圈的磁场，相邻的两个圈圈旋转的

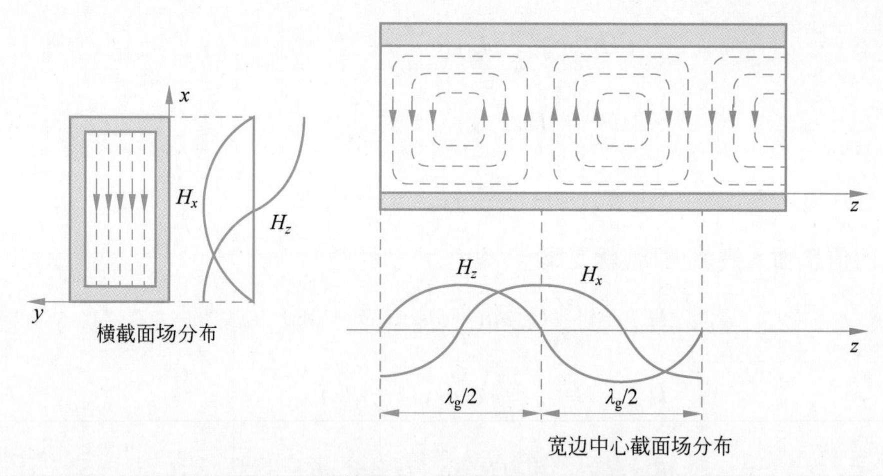

图 3-13　矩形波导 TE_{10} 模的磁场分布($\boldsymbol{H}_y$ 和 $\boldsymbol{H}_z$)

方向相反,构成一个波导波长 λ_g,因此在波导中,电场像沿着短边的一根根柱子,顶天立地;磁场则像一个个轮子,旋转前行。两个磁场"轮子"构成一个波导波长 λ_g,"轮子"之间的交界处电场最强。

将电场和磁场画到一起,就形成了图 3-14 所示的透视图,电磁波以 TE_{10} 模式进入波导之后,电场沿着 y 轴方向时上时下,磁场则打着圈圈,电场和磁场就这样相互激励着一路前行。

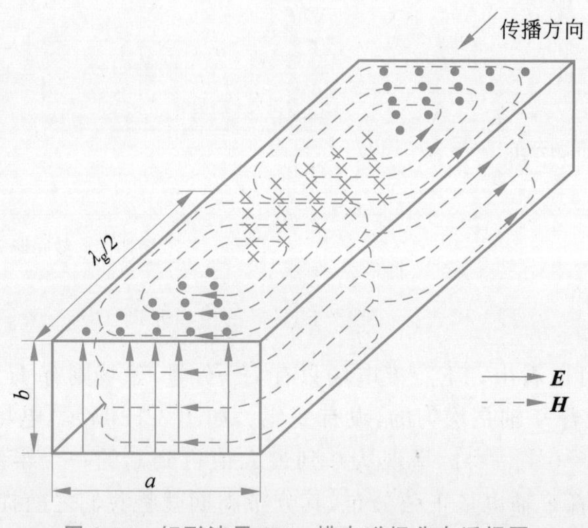

图 3-14　矩形波导 TE_{10} 模电磁场分布透视图

注意,图 3-12～图 3-14 相当于给电磁场拍的一幅照片,是定格在某一个时间点的,至于场随着时间是如何变化的,可以根据式(3.50)自行脑补,如果实在脑补不能,也可以自学一下 HFSS、CST 等电磁仿真软件,软件中可以生成动画,看着还挺带劲的。

为什么要花这么大力气来了解波导内部 TE_{10} 模式的场分布呢?因为只有了解了场的分布,很多实际的工作才可以开展,比如怎样激励出 TE_{10} 模式的波?波导和其他类型传输线之间的转接如何设计?等等。这些在实际工程中经常会遇到的问题都要以充分了解波导内部电磁场的分布为基础来解决。以 TE_{10} 模的激励为例，如果知道了电场在某个地方应该是什么样子的，我们就可以用一个小探针放在相应的位置去激励这样一个电场，然后电场带动磁场，磁场带动电场，相应的模式就形成了。当然也可以用小磁环或者孔缝等结构在合适地方激励出相应的磁场，进而形成我们需要的模式。

3. TE_{10} 模式的面电流分布

之前提到过波导内部没有唯一确定的电压和电流，但并不代表完全没有电压和电流，只是因为场结构较为复杂，在一个区域去对电场或者磁场进行积分，处处都能积出不同的电压或者电流。由于趋肤效应，波导内壁上感应出的高频电流只在其内壁表面上流动，接下来将对波导内壁上的面电流分布进行介绍。面电流的分布取决于波导内壁表面附近的磁场分布，因此面电流密度 $\boldsymbol{J}_s$ 可以这样计算：

$$\boldsymbol{J}_s = \boldsymbol{a}_n \times \boldsymbol{H}_\tau \tag{3.51}$$

其中，$\boldsymbol{a}_n$ 为内壁表面法向方向的单位矢量，$\boldsymbol{H}_\tau$ 是内壁表面出的切向磁场分量。

在 $y=0, y=b, x=0, x=a$ 的各个内壁上，均可以通过式(3.51)来计算相应的表面电流，结果如下，

$$\left.\begin{aligned}
\boldsymbol{J}_s|_{y=0} &= (\boldsymbol{a}_y \times \boldsymbol{H})|_{y=0} = \left(H_0 \cos\frac{\pi}{a}x\boldsymbol{a}_x - \mathrm{j}\frac{\beta a}{\pi}H_0 \sin\frac{\pi}{a}x\boldsymbol{a}_z\right)\mathrm{e}^{-\mathrm{j}\beta z} \\
\boldsymbol{J}_s|_{y=b} &= -\boldsymbol{J}_s|_{y=0} = \left(-H_0 \cos\frac{\pi}{a}x\boldsymbol{a}_x + \mathrm{j}\frac{\beta a}{\pi}H_0 \sin\frac{\pi}{a}x\boldsymbol{a}_z\right)\mathrm{e}^{-\mathrm{j}\beta z} \\
\boldsymbol{J}_s|_{x=0} &= (\boldsymbol{a}_x \times \boldsymbol{H})|_{x=0} = -H_0 \mathrm{e}^{-\mathrm{j}\beta z}\boldsymbol{a}_y \\
\boldsymbol{J}_s|_{x=a} &= \boldsymbol{J}_s|_{x=0} = -H_0 \mathrm{e}^{-\mathrm{j}\beta z}\boldsymbol{a}_y
\end{aligned}\right\} \tag{3.52}$$

由式(3.52)可知，波导宽壁上下内表面上的电流由两个分量构成，两个壁上的电流图案相同，方向相反。窄壁上的电流分布都是沿着 y 轴方向，两个壁上的电流方向是完全相同的。

更直观的面电流分布可以看图 3-15，在宽壁上，有的位置就像"泉眼"，电流咕嘟嘟往

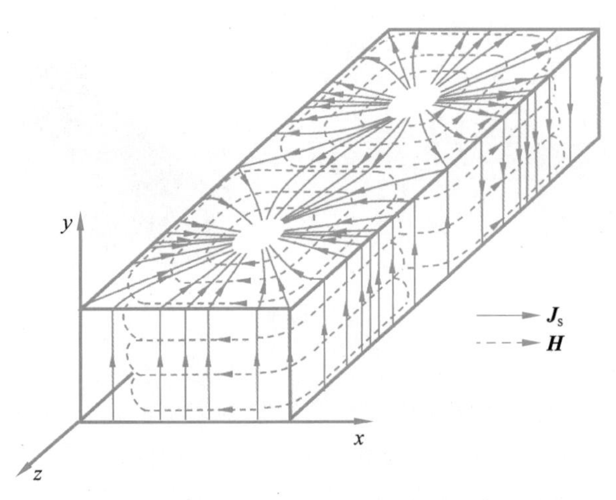

图 3-15 矩形波导 TE_{10} 模磁场及内壁面电流分布

外冒，有的地方就像“黑洞”，电流都往里流。上面宽壁是“泉眼”的位置，正下方的宽壁上就是“黑洞”，电流或者通过宽壁的面从一个“泉眼”流向相邻的“黑洞”，或者通过窄壁的面从一个“泉眼”流向正下方的“黑洞”。

了解了面电流的分布，有一个非常直观的好处，就是可以给波导进行开缝操作了。开缝？这在实际工程应用中还真的是一个常规操作。给波导开缝就好像给人开刀，医生必须深入了解人体的结构，不然的话一不小心割破了血管，后果很严重。面对波导也是如此，我们有时会希望在不影响场结构的情况下，给波导开个缝，然后把探针放进去，探测一下里面的场强，从而可以得到驻波比之类的参数，这时就要沿着电流的方向去开一条细细的缝，这样既不影响波导内的信号传输，又不造成波的泄漏，比如波导驻波测量线就是利用这种办法，在宽壁的中心线上开缝。当然，对于工程师来说，有不想让信号泄漏出来的，就有想让信号泄漏出来的，比如搞天线的工程师，做梦都想让信号更多地泄漏出去，只不过这时不叫泄漏，叫辐射。因此拿到波导之后，天线工程师的开缝原则就是哪里电流强切哪里，横着切，一定要把电流切断的那种，这就是波导缝隙天线，也是目前天线大家族中比较拉风的一类。两种切法，如图 3-16 所示，充分体现了同一个波导的两种妙用，颇有些庄子“齐物”的妙处，东西还是同一个东西，成为什么样的“器”完全就是人为决定了。

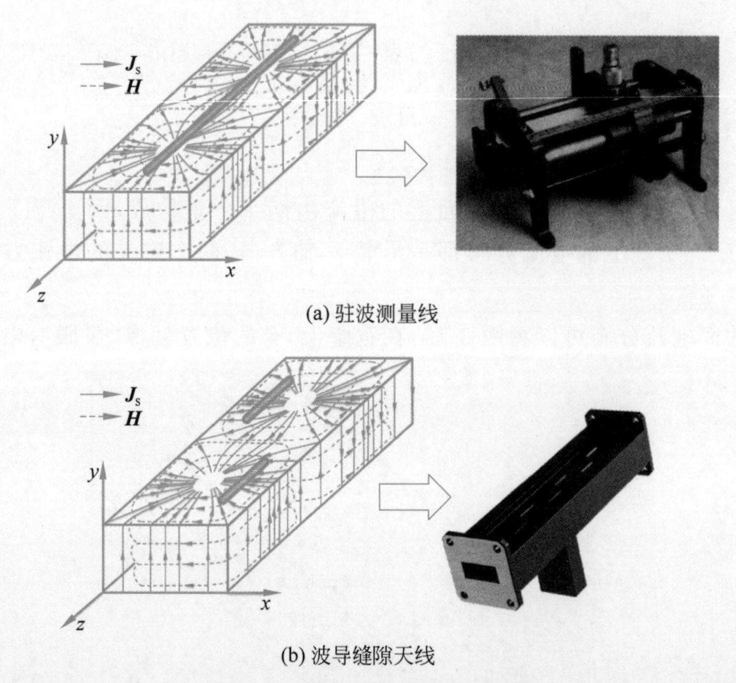

(a) 驻波测量线

(b) 波导缝隙天线

图 3-16　同一个波导的两种妙用

以上基本就把矩形波导的相关内容介绍得差不多了，当然，圆波导在实际中也有一定的应用，鉴于其大体套路和矩形波导没有本质区别，同时鉴于其数学推导的烦琐更甚于矩形波导，因此本书决定避其锋芒，仅作简单介绍，不再过多赘述。

3.3.6 圆波导的浅尝辄止

了解了矩形波导，对于波导的整体认知也就建立起来了，实际中矩形波导的应用也是最为广泛的。当然，既然都讲波导了，不提一下圆波导终归感觉有点儿不太好意思，但是如果讲得太深入也有点儿力不从心，因此本小节对圆波导浅尝辄止，顺着矩形波导的思路，大概了解一下圆波导的特点即可。

既然是圆波导，那么横截面上的场分布再用直角坐标系就不太合适了，不过传播方向上的确还是要用 z 轴的，因此，分析圆波导一般就用柱坐标系，如图 3-17 所示，对于圆波导的数学分析也没什么新的东西，本质上也是在柱坐标系中去解亥姆霍兹方程，遵循上面说过的纵向量法的流程，最终解出的圆波导中传播的模式有两种，分别称为 TE_{mn} 模(H 模)以及 TM_{mn} 模(E 模)，因为横截面也是二维的，且沿着 R 或者 φ 的方向都有可能变化，因此脚标也是两个数，m 和 n。这里略去推导过程，直接给出结果。

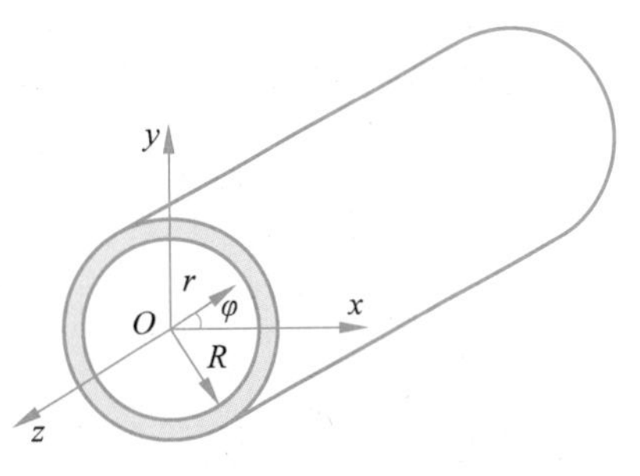

图 3-17 柱坐标系中的圆波导

1. 模式的场表达式与截止波长

对于圆波导中 TM 模(E 模)，$H_z=0$，$E_z\neq 0$，其场的横向分量表达式为

$$\begin{aligned}E_t &= -\frac{\mathrm{j}\beta}{k_c^2}\nabla_t E_z = -\frac{\mathrm{j}\beta}{k_c^2}\left(\frac{\partial E_z}{\partial r}\boldsymbol{a}_r+\frac{1}{r}\frac{\partial E_z}{\partial\varphi}\boldsymbol{a}_\varphi\right)=E_r\boldsymbol{a}_r+E_\varphi\boldsymbol{a}_\varphi\\ &= -\frac{\mathrm{j}\beta}{k_c}E_0J'_m(k_cr)\begin{Bmatrix}\cos m\varphi\\ \sin m\varphi\end{Bmatrix}\mathrm{e}^{-\mathrm{j}\beta z}\boldsymbol{a}_r \pm\frac{\mathrm{j}\beta m}{k_c^2r}E_0J_m(k_cr)\begin{Bmatrix}\sin m\varphi\\ \cos m\varphi\end{Bmatrix}\mathrm{e}^{-\mathrm{j}\beta z}\boldsymbol{a}_\varphi\end{aligned}\tag{3.53}$$

$$\begin{aligned}H_t &= -\frac{\mathrm{j}\omega\varepsilon}{k_c^2}a_z\times\nabla_t E_z = -\frac{\mathrm{j}\omega\varepsilon}{k_c^2}\left(-\frac{1}{r}\frac{\partial E_z}{\partial\varphi}\boldsymbol{a}_r+\frac{\partial E_z}{\partial r}\boldsymbol{a}_\varphi\right)=H_r\boldsymbol{a}_r+H_\varphi\boldsymbol{a}_\varphi\\ &=\mp\frac{\mathrm{j}\omega\varepsilon m}{k_c^2r}E_0J_m(k_cr)\begin{Bmatrix}\sin m\varphi\\ \cos m\varphi\end{Bmatrix}\mathrm{e}^{-\mathrm{j}\beta z}\boldsymbol{a}_r-\frac{\mathrm{j}\omega\varepsilon}{k_c}E_0J'_m(k_cr)\begin{Bmatrix}\cos m\varphi\\ \sin m\varphi\end{Bmatrix}\mathrm{e}^{-\mathrm{j}\beta z}\boldsymbol{a}_\varphi\end{aligned}\tag{3.54}$$

其中，$J_m(k_cR)=0$ 为第一类 m 阶贝塞尔函数，k_c 是截止波数，由边界条件决定，这里的边界条件是指圆波导的内壁上，切向电场为零这类已知条件，即 $r=R$ 时，$E_z=0$，$E_\varphi=0$，根据截止波数可得截止波长为

$$(\lambda_c)_{TM_{mn}}=\frac{2\pi R}{\nu_{mn}}\tag{3.55}$$

其中，$\nu_{mn}=k_cR$，是 m 阶贝塞尔函数的第 n 个根，这种函数虽然工科学生看着复杂，但是理学院的那帮学数学的学生已经贴心地把表都给制好了，可通过查表得到 ν_{mn} 的值，如表 3-1 所示。

表 3-1 部分 v_{mn} 的值

m	n		
	1	2	3
0	2.405	5.520	8.654
1	3.832	7.016	10.173
2	5.135	8.417	11.620
3	6.379	9.761	12.015

同样地，对于圆波导中 TE 模(E 模)，$E_z=0$，$H_z\neq 0$，其场的横向分量表达式为

$$\begin{aligned} E_t &= \frac{j\omega\mu}{k_c^2}a_z\times\nabla_t H_z = \frac{j\omega\mu}{k_c^2}\left(-\frac{1}{r}\frac{\partial H_z}{\partial\varphi}\boldsymbol{a}_r+\frac{\partial H_z}{\partial r}\boldsymbol{a}_\varphi\right)=E_r\boldsymbol{a}_r+E_\varphi\boldsymbol{a}_\varphi \\ &= \pm\frac{j\omega\mu m}{k_c^2 r}H_0 J_m(k_c r)\begin{Bmatrix}\sin m\varphi\\ \cos m\varphi\end{Bmatrix}e^{-j\beta z}\boldsymbol{a}_r+\frac{j\omega\mu}{k_c}E_0 J_m'(k_c r)\begin{Bmatrix}\cos m\varphi\\ \sin m\varphi\end{Bmatrix}e^{-j\beta z}\boldsymbol{a}_\varphi \end{aligned} \tag{3.56}$$

$$\begin{aligned} H_t &= -\frac{j\beta}{k_c^2}\nabla_t H_z = -\frac{j\beta}{k_c^2}\left(\frac{\partial H_z}{\partial r}\boldsymbol{a}_r+\frac{1}{r}\frac{\partial H_z}{\partial\varphi}\boldsymbol{a}_\varphi\right)=H_r\boldsymbol{a}_r+H_\varphi\boldsymbol{a}_\varphi \\ &= -\frac{j\beta}{k_c}H_0 J_m'(k_c r)\begin{Bmatrix}\cos m\varphi\\ \sin m\varphi\end{Bmatrix}e^{-j\beta z}\boldsymbol{a}_r\pm\frac{j\beta m}{k_c^2 r}H_0 J_m(k_c r)\begin{Bmatrix}\sin m\varphi\\ \cos m\varphi\end{Bmatrix}e^{-j\beta z}\boldsymbol{a}_\varphi \end{aligned} \tag{3.57}$$

截止波长为

$$(\lambda_c)_{TE_{mn}}=\frac{2\pi R}{\mu_{mn}} \tag{3.58}$$

其中，$\mu_{mn}=k_c R$，是 m 阶贝塞尔函数导数的第 n 个根，其值同样可通过查表得到，如表 3-2 所示。

表 3-2 部分 μ_{mn} 的值

m	n		
	1	2	3
0	3.832	7.016	10.173
1	1.841	5.332	8.536
2	3.054	6.705	9.969
3	4.201	8.015	11.346

2. 最低次模 TE_{11} 的场结构

既然有截止波长，说明圆波导也有高通特性，根据式(3.55)和式(3.58)可算出不同模式的截止波长，如图 3-18 所示。当然，通过截止波长还是以一溜烟儿算出截止频率 f_c、相移常数 β、相速度 v_p、群速度 v_g、波导波长 λ_g、波阻抗 Z 等参数，这里不再赘述。

可见，按照截止波长来看，在所有模式中，TE_{11} 模式是最低次模，其截止波长最长，但是和矩形波导不同的是，我们一般不太情愿将圆波导 TE_{11} 模式称为主模，这是因为就算在实际应用中，TE_{11} 模也不能算是最常用的，在 TE_{11} 之外，大家反而还会选择用 TM_{01} 和 TE_{01} 两种，这就和矩形波导的情况非常不一样了，毕竟在矩形波导中，TE_{10} 模简直就像神一样的存在，如果工程师不是为了博出位或者脑子被夹了，一般不会用 TE_{10}

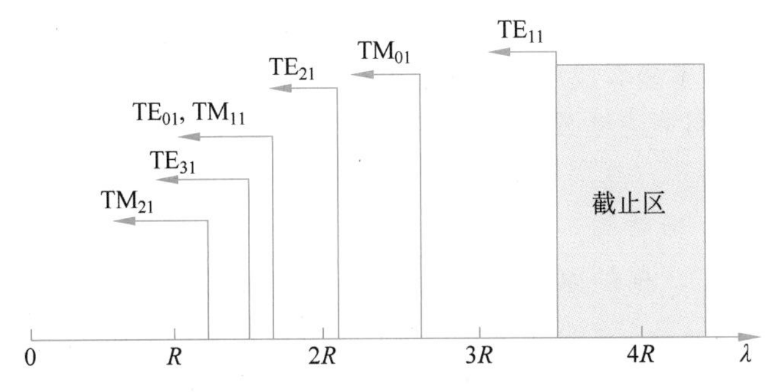

图 3-18　圆波导中不同模式截止波长的分布情况

之外的其他模式。既然这样，为什么到了圆波导，最低次模 TE_{11} 就不太受待见了呢，可以通过其场分布一探究竟，如图 3-19 所示，注意其中图 3-19(c)相当于把波导沿着轴线劈成两半，然后把上半部分铺平了画出其内壁上的面电流分布。

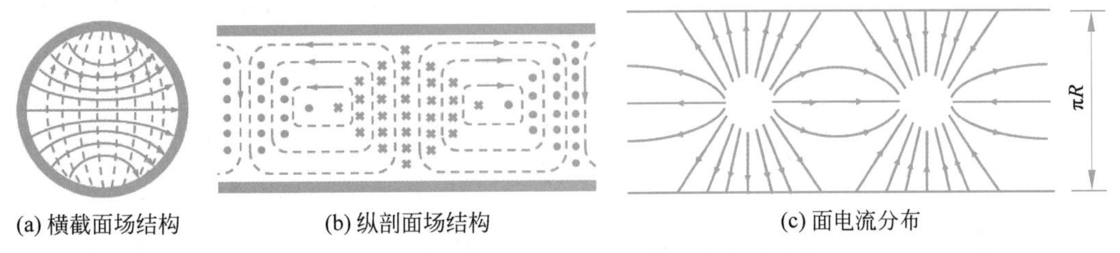

(a) 横截面场结构　(b) 纵剖面场结构　(c) 面电流分布

图 3-19　圆波导中 TE_{11} 模场结构图与面电流分布图

从图 3-19(a)可以看出，无论是沿着 R 的方向，还是 φ 的方向，场分布都不是均匀的，问题就出在这儿了。可以看出穿过圆心的那条电场线，是水平方向的，其他电场线虽然弯曲，但是也大体和这条电场线保持一致。学过电磁场的同学应该知道，电场线末端划过的方向就是极化方向，也就是说，图 3-19(a)中极化方向是水平的，然而，在圆波导中，这种极化方向是相当不稳定的，激励时手法稍微有点偏差，或者传播过程中波导结构稍微有点不均匀性，都会导致这个极化发生偏转，虽然整体场结构看上去都还是一样的 TE_{11} 模，但是极化方向已经不一样了，可能变成斜的，甚至是垂直的，这种情况称为极化简并，如图 3-20 所示。

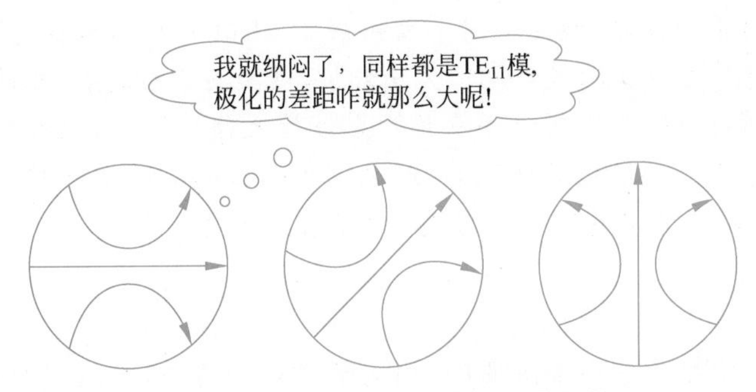

图 3-20　圆波导中 TE_{11} 模极化的旋转

也就是说，实际中真要拿圆波导来传输 TE_{11} 模式，可能传了一段距离之后，横截面上的极化方向到底指哪都不能确定了，这也是为什么在介绍图 3-18 时，压根就没有提单模传输区，因为在 TE_{11} 和 TM_{01} 的截止波长所包夹的区域中，虽然都是 TE_{11} 模，但极化方向却是不确定的，并不能看成严格意义上的单模传输，或者说，圆波导就没有所谓的单模工作区。这就是人们不待见圆波导中 TE_{11} 模的原因，虽然它的确是实实在在的最低次模。

3. TM_{01} 及 TE_{01} 场结构

不喜欢圆波导 TE_{11} 模的原因，也正是人们会常用圆波导 TE_{01} 或者 TM_{01} 模的原因，光看角标就知道，$m=0$ 意味着这两种模式下横截面上沿着 φ 的方向，场分布是均匀的。也就是说，没有极化简并的现象，极化方向爱怎么转就怎么转，怎么转都是一样的，这就是相比于圆波导中 TE_{11} 模的好处。图 3-21 和图 3-22 分别绘出了 TM_{01} 和 TE_{01} 模式的场结构图，以及内壁上的场分布。注意其中的图(c)相当于把波导整体铺平了画出其内壁上的面电流分布。

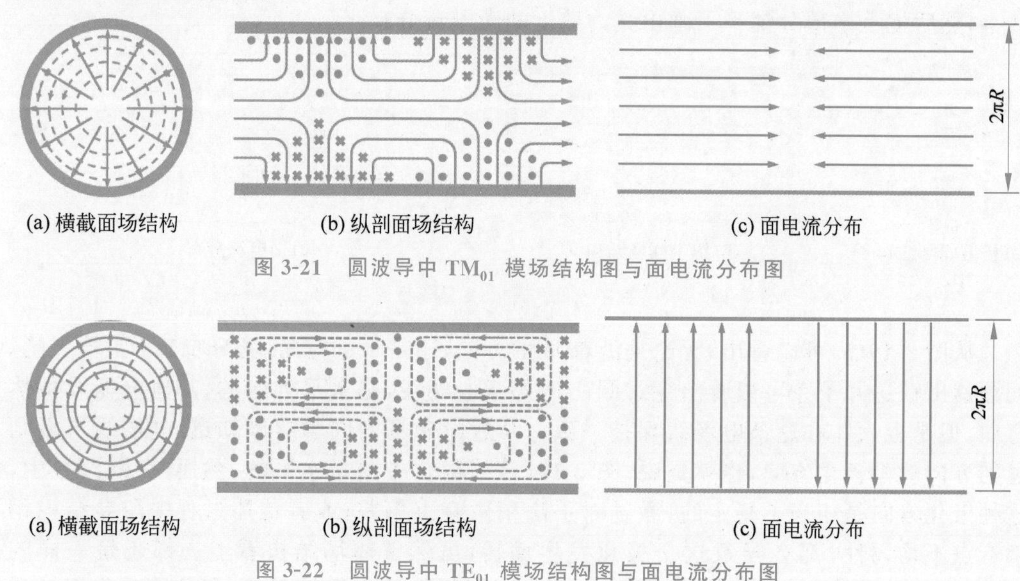

(a) 横截面场结构　(b) 纵剖面场结构　(c) 面电流分布

图 3-21　圆波导中 TM_{01} 模场结构图与面电流分布图

(a) 横截面场结构　(b) 纵剖面场结构　(c) 面电流分布

图 3-22　圆波导中 TE_{01} 模场结构图与面电流分布图

由此可以看到圆波导一个比较尴尬的事实，最低次模存在极化简并，不存在极化简并的模式又不是最低次模，单模传输是不要再想了，因此客户体验相比矩形波导还是差了一点点。但这也并不是说圆波导就一无是处了，周星驰曾经说过，哪怕是一张卫生纸，都有它的用处。圆波导在某些场合还真是矩形波导无法取代的，比如雷达系统中，波导某些部分需要能够 360°旋转的活动关节，那么这种关节必须得用圆波导，而且需要使用 TM_{01} 或者 TE_{01} 模式，这种情况下矩形波导还真就不灵了。

视频

3.3.7　“场”的角度回望微波传输线

前面说到过“场”的方法是最本质的，相比于“路”的方法，不仅可以提供更加丰富的信息，其适用的对象也更广泛。即便对于双导体的传输线，也可以完全用“场”的方法进行分析，不过会更复杂。这一小节我们只是通过一些图片和文字来从“场”的角度回望一下第 2 章学过的几种典型传输线，看看它们内部的场分布是如何的，不涉及公式推导。

首先建立一个常识性的认知，对于双导体的传输线，其基模一般都是 TEM 模(微带线除外)，但这并不代表它们不可以传输高次模，相反，双导体传输线都是可以传输更高次的 TE 或者 TM 模的，只要频率足够高，激励手法到位，没什么高次模是不能传的。

接下来以几种典型的传输线结构为例介绍场分布。

1. 同轴线

同轴线柱坐标结构图如图 3-23 所示。

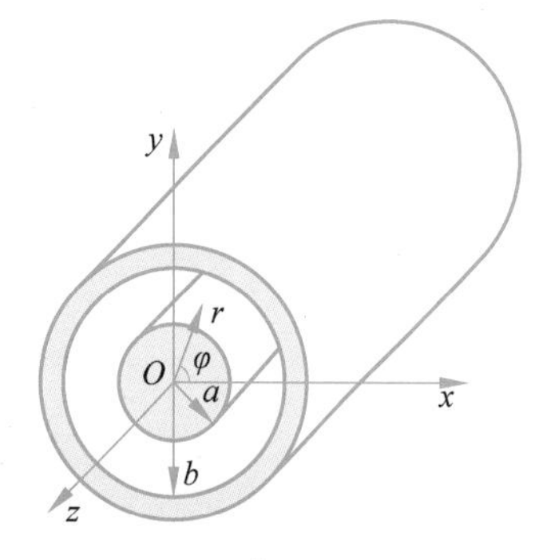

图 3-23 同轴线柱坐标结构图

同轴线的主模为 TEM 模式，柱坐标系下，其电磁场的表达式为

$$\boldsymbol{E}=-\nabla_t\phi \mathrm{e}^{-\mathrm{j}kz}=\frac{\mathrm{d}\phi}{\mathrm{d}r}\mathrm{e}^{-\mathrm{j}kz}\boldsymbol{a}_r=\frac{V_0}{r\ln(b/a)}\mathrm{e}^{-\mathrm{j}kz}\boldsymbol{a}_r \tag{3.59}$$

$$\boldsymbol{H}=\frac{1}{Z_{\mathrm{TEM}}}\boldsymbol{a}_z\times\boldsymbol{E}=\frac{V_0}{r\ln(b/a)Z_{\mathrm{TEM}}}\mathrm{e}^{-\mathrm{j}kz}\boldsymbol{a}_r \tag{3.60}$$

式(3.59)以及式(3.60)描绘出来就是图 3-24。

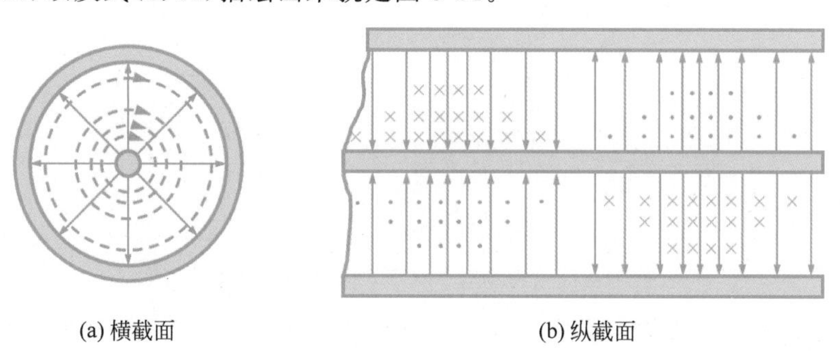
(a) 横截面　　(b) 纵截面

图 3-24 同轴线内部电磁场分布图

可以看到，同轴线里面 TEM 模式的电磁场分布还是比较容易想象的，横截面上，电场像辐条，磁场绕着内导体打圈圈，越靠近内导体场强越强。由于是 TEM 模，没有截止频率和截止波长，甚至直流都可以传输，此时的波数 k 和传播常数 β 是一回事。

当然同轴线也可以传输 TE 或者 TM 模式，相较于 TEM 模式，场分布就没那么简单了。为使读者情绪稳定，下面省略推导过程和相关数学表达式，直接给出几个高次模式的场结构图(图 3-25)，浅尝一下就好。

2. 带状线和微带线

同轴线虽然封闭性很好，但是有一个比较尴尬的缺点就是很难做到低剖面，也很难和其他小型化微波器件高度集成，因此不利于实现大规模的微波集成电路。微波工程师给出的替代方案是带状线或微带线。

先说带状线，又称为对称微带，是一种可以用印制电路板(PCB)技术实现的微波传输结构，可以看成同轴线的扁平化的产物，说白了就是把同轴线外导体切开，然后内外导体都压扁成一层薄薄的金属，中间用介质板来支撑。这样就可以实现电路板状的超低剖

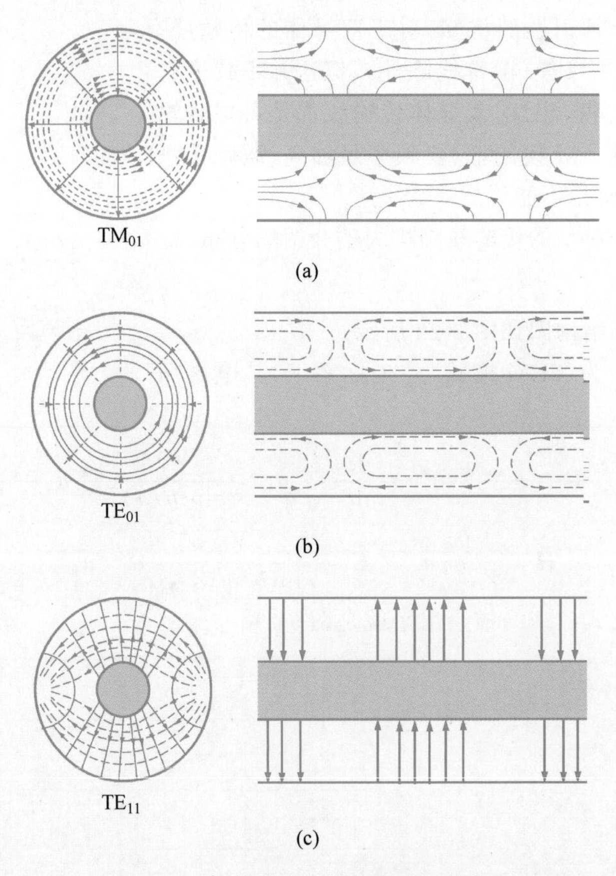

图 3-25 同轴线高次模的电磁场分布图

面，同时也方便微波元器件的集成。因此在微波集成电路（MIC）中，基本上采用的都是带状线或者微带线。注意，图 3-26 中带状线的结构只是为了让大家看清楚，真正的带状线的厚度肯定远低于同轴线的直径，也就差不多是普通电路板的厚度。

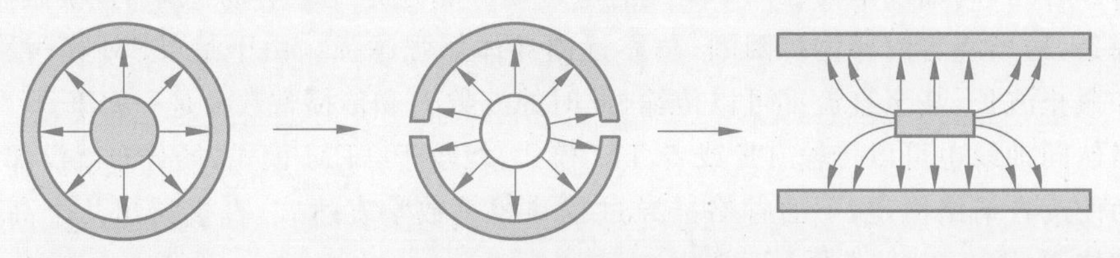

图 3-26 同轴线到带状线的演变过程

带状线的主模是 TEM 模，其结构示意图如图 3-27（a）所示，其横截面上场分布如图 3-27（b）所示。

微带线的结构就更加简单了，相当于带状线去掉微带上方的介质板和金属地。大家天天爱不释手的手机中就有大量的微带线来传输微波信号。微带线也可以看成平行双导线的扁平化设计结果，其演变过程如图 3-28 所示。

由于微带线的横截面结构不具备对称性，而且微带的上方是空气，下方是介质和金

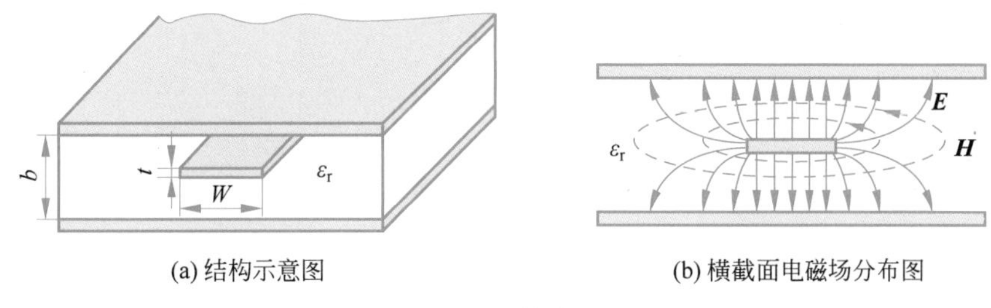

(a) 结构示意图　　(b) 横截面电磁场分布图

图 3-27　带状线

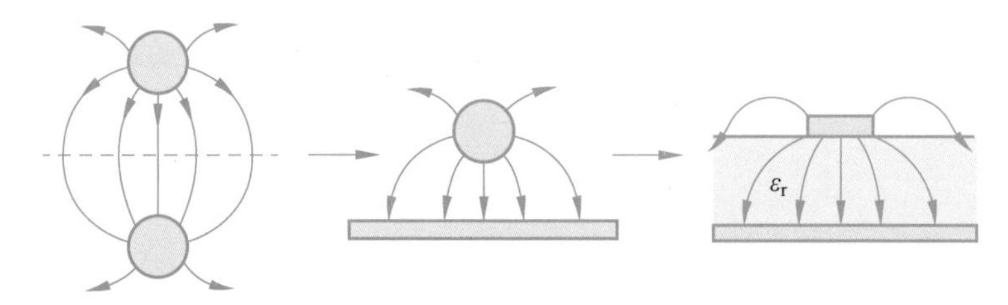

图 3-28　平行双导线到微带线的演变过程

属地，这导致严格意义上的 TEM 模并不能存在于微带线之上。微带线的主模是准 TEM 模，本质上是 TE 模和 TM 模组合而成的混合模式，只不过和 TEM 模的场分布很相似，因此我们称其为准 TEM 模，就像准新娘、准新郎之类的，很接近了，但还不是。

微带线的主模场分布如图 3-29 所示。

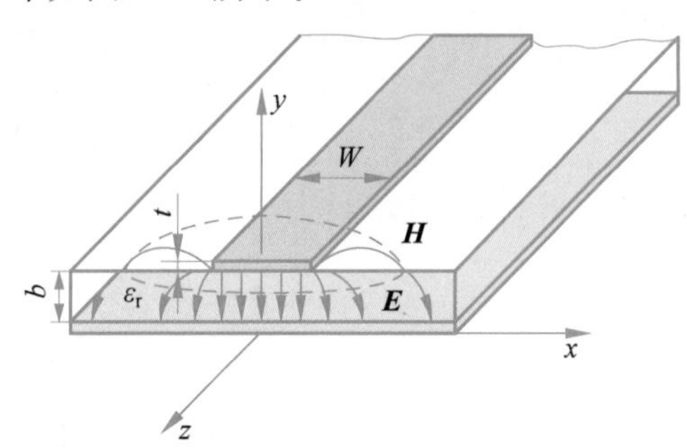

图 3-29　微带线结构示意图及电磁场分布图

可见在介质板和空气的分界面处，电磁场出现了明显的不连续性，这也决定了微带线的主模不可能是纯净的 TEM 模式。

第4章 传输线谐振器和微波谐振腔

4.1 为什么要学这一章?

学完第2章和第3章,我们基本上就掌握了微波最重要的传输手段。在对微波进行传输时,除了用波导时考虑了高通特性之外,我们其实并没有那么关心传输信号的频率,更多的是考虑波的幅度和相位变化,毕竟需要硬刚反射啊,匹配啊……已经很不容易了。然而,在实际的工程应用中,我们还是会想要知道信号的频率(波长计),或者想要保留某个频段的频率(带通滤波)等,这些频率方面的处理也属于我们搞微波的基本操作,而这一章就是为了增加一点这方面的知识,好在有了前两章的铺垫,这一章应该难度不算大。

4.2 谐振

4.2.1 声波的谐振

明眼人都看得出来,本章的关键词是谐振。谐振又叫共振,是波的一种现象,说得文雅点儿就是"只要咱俩有缘分,你咋振来我咋振"。比较典型的一个谐振现象就是音叉的谐振(图4-1)。虽然"你的童年我的童年可能不一样",但是上音乐课或者物理课时应该都见过这个东西,可以用于乐器的调音。如果拿两个完全一样的音叉摆放在彼此的附近,敲击其中一个,发出声音,另一个也会不由自主地跟着振动,发出同样的音调,这时,就算把被敲击的那个音叉捏住使其不再发声,另一个音叉还是会继续振动发声。其中的物理逻辑是,两个材料、尺寸以及形状完全相同的音叉具有相同的固有频率,敲击其中一个,发出振动频率等于其固有频率的声波,传播到另一个音叉时,带动其产生共振。这个过程中,其他的音叉则对此不会有什么反应,因为更大的音叉可能固有频率更低,更小的音叉固有频率更高。

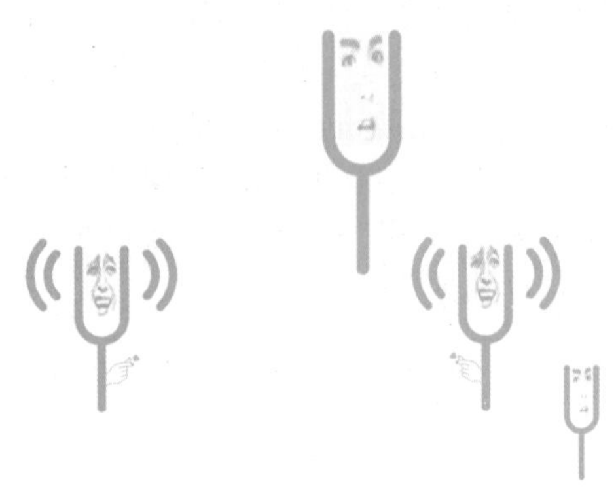

图4-1 音叉的谐振

4.2.2 电波的谐振

上面说的是声波的一个谐振现象,其实在低频电路中,我们接触到的谐振更多,比如最简单的*RLC*谐振电路,就可以用来完成选频、滤波等功能。以串联谐振为例。

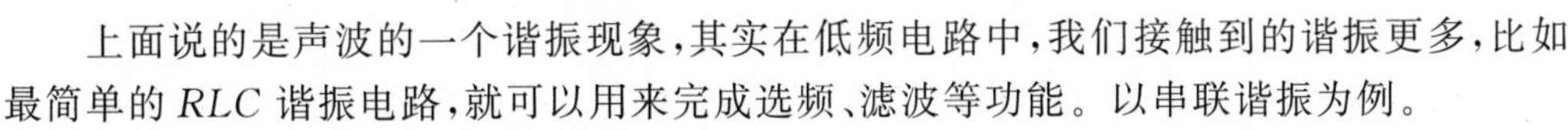

与音叉类似,图4-2(a)所示的串联谐振电路也有一个固有频率。音叉的固有频率是由其材料、形状以及尺寸所决定的,而这个电路的固有频率是由电感和电容的值共同决定的,而且在电路中我们一般把这个频率称为谐振频率ω_0。

$$\omega_0=\frac{1}{\sqrt{LC}} \tag{4.1}$$

如果信号源V_s的频率是可以变化的,那么电路中电流表的读数随频率的变化就如

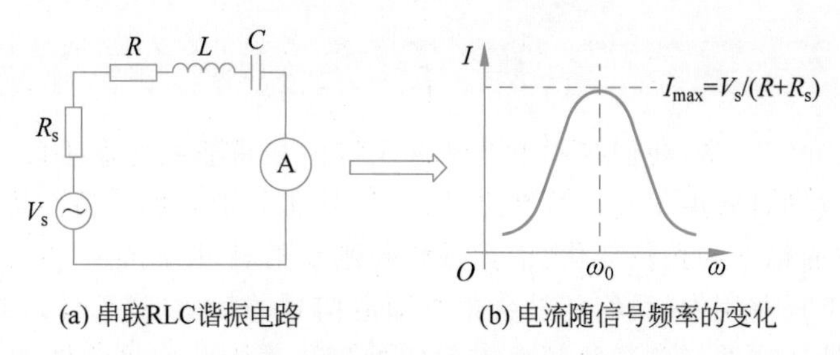

(a) 串联RLC谐振电路　　(b) 电流随信号频率的变化

图 4-2　串联谐振

图 4-2(b)所示，在刚好达到谐振频率 ω_0 时，电路的阻抗值达到最小，只剩“阻”，没有“抗”了，这时电流达到最大值 I_{max}，更重要的是，这时的电压和电流是同步振荡的，劲儿能使到一起去，因此电阻 R 也能感受到最大的振荡功率。

图 4-2(a)所示的电路虽然简单，但已经具备一定的选频(滤波)功能了，可以将谐振频率附近的信号优先送入负载电阻 R 中。如果我们希望选频很精准，那就需要图 4-2(b)所示的曲线非常尖，这时只有频率非常接近谐振频率 ω_0 的信号才能很好地被电阻 R 吸收，一旦频率偏移了一些马上就会导致电流急剧下降，进而导致电阻只能得到很小的功率。要描述这样一种选频的能力，我们不能傻乎乎地跟别人说这个曲线不太尖，或者有点尖，或者尖爆了，一般会直接说出一个值，这就是我们之前经常听到的 Q 值，中文名叫品质因数，Q 就是 quality 的缩写。

Q 值越高，曲线越尖，Q 值越低，曲线越平坦(图 4-3)。在谐振电路中，Q 值说白了就是衡量阻抗中“阻”和“抗”谁的比重更大，“阻”更大，那么 Q 值就低；“抗”更大，那么 Q 值就高。Q 值的计算式为

$$Q=\frac{1}{R}\sqrt{\frac{L}{C}} \tag{4.2}$$

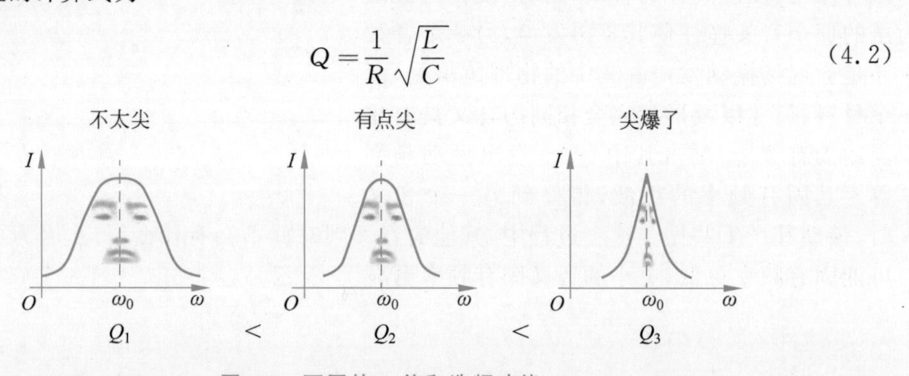

图 4-3　不同的 Q 值和选频功能

当然，如果图 4-2(a)所示的电路中，信号源的频率未知，电感或者电容的值是标定好且可调的，那么这个电路也可以用来对未知信号进行频率测量。测量过程中只需要调节电感值或电容值，使得电流达到最大，就可以根据对应的电感和电容的值算出信号的频率了。

在低频电路中，对于信号的滤波、频率测量之类的操作基本上都是用上述原理完成的，最多也就是电路串并联的不同。然而，根据我们前面学到的经验，到了微波频段，集总参数的元器件往往就不太灵光了。低频时，要造一个可以工作在几百千赫兹(kHz)或

者几兆赫兹(MHz)的电容器还是比较容易的，但是对于微波波段，要造一个可以工作在几十吉赫兹(GHz)的电容器就相当有难度，原因有多个方面：①微波波段的谐振频率很高，要求电感值和电容值都很小，相应的尺寸也会很小，对加工精度提出了更高的要求；②集总的电感或者电容结构在微波波段会有较大的寄生电感效应或电容效应，原有的经验公式已经不太准确了；③电感或者电容中用到的介质或者磁性材料在微波波段表现出的介电常数或者磁导率较为复杂，且损耗也更大。说了这么多，不管你服不服，反正微波工程师服了，目前在微波波段集总参数的元器件是没法用了，那么微波信号的滤波、波长的测量之类的基操该怎么完成呢？答案就来自第2章和第3章。

前面学过的传输线和波导，都是用来传输微波信号的，我们最希望的就是微波可以乖乖地从传输线或者波导的一端传到另一端，不要回头。但是到了这一章，我们就要开启传输线和波导的新玩法了，传输线还是那个传输线，波导还是那个波导，只不过信号在上面不传输了，改谐振了，不赶路了，原地蹦迪(图4-4)。

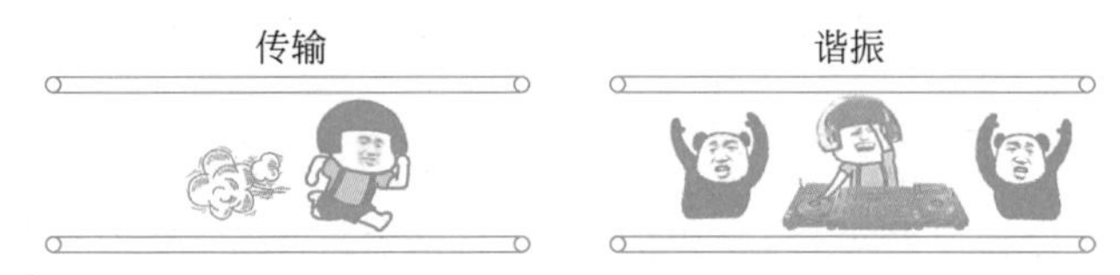

图4-4　微波的传输和谐振

至于分析的手法，基本方针还是不变的，传输线上谐振就用“路”的方法，波导上谐振就用“场”的方法。

4.3 传输线谐振器 

就像一块板砖，用来砌墙是基本的建材，用来战斗那就是趁手的兵器。微波传输线也是一样，拿它传输微波，那叫传输线，拿它产生谐振，那就叫谐振器。如何用传输线来制作一个微波谐振器呢？这时工程师的智慧就显示出来了。

4.3.1 串联谐振电路的输入阻抗

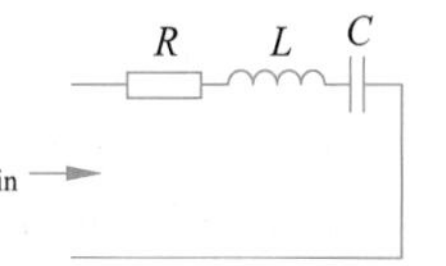

图4-5　串联谐振电路

既然是用“路”的方法来分析传输线谐振器，那就先考虑一个串联谐振电路(图4-5)。

输入阻抗为

$$\begin{aligned}Z_{\text{in}} &= R + \text{j}\left(\omega L - \frac{1}{\omega C}\right) = R + \text{j}\omega L\left(\frac{\omega^2 - \omega_0^2}{\omega^2}\right) \approx R + \text{j}2L(\omega - \omega_0) \\ &= R + \text{j}2L\Delta\omega\end{aligned} \tag{4.3}$$

其中，ω_0 为谐振频率，可由式(4.1)得到，ω 是信号的频率，与 ω_0 较为接近，因此可以将 $\omega+\omega_0$ 近似为 2ω，$\Delta\omega$ 则为信号频率偏离谐振频率的数值，可正可负。

由式(4.3)可知，如果一个电路的输入阻抗 Z_{in} 可以表示成实部加虚部的形式，且虚部是关于频率偏移量 $\Delta\omega$ 的线性函数，就可以认为这个电路是串联谐振电路。

4.3.2 终端短路的传输线用作谐振器

说起输入阻抗，这不是巧了嘛，第 2 章的一个重点把玩对象就是输入阻抗，如果某段传输线的输入阻抗可以搞成式(4.3)的样子，那就可以当成串联谐振电路来用了。这件事我们不但想得美，而且做得到，只需一根终端短路的传输线即可实现，至于为什么短路，其实就是为了让终端产生全反射，微波哪里都别去，就在这段传输线上使劲儿蹦。为了让 R、L 和 C 哥仨一个都不落下，我们这里还是考虑有耗传输线的输入阻抗，根据式(2.21)可知长度为 l，终端短路($Z_L=0$)的有耗传输线的输入阻抗为

$$Z_{in}(l)=Z_c\tanh\gamma l=Z_c\tanh(\alpha+j\beta)l=Z_c\frac{\tanh\alpha l+j\tan\beta l}{1+j\tanh\alpha l\tan\beta l} \tag{4.4}$$

式中，实部和虚部终归是有的，关键就在于频率偏移量 $\Delta\omega$ 怎么整出来。其实频率的信息就包含在 β 中，因为用“路”的方法分析传输线时，默认就是双导体且传输模式就是 TEM 模，因此 β 可以直接和 ω 产生联系，

$$\beta=\frac{\omega}{v_p}=\frac{\omega_0+\Delta\omega}{v_p}=\frac{\omega_0}{v_p}+\frac{\Delta\omega}{v_p}=\beta_0+\frac{\Delta\omega}{v_p} \tag{4.5}$$

从式(4.5)可以看到，$\Delta\omega$ 已经就位，其中的 β_0 是与谐振频率 ω_0 所对应的相位常数。

此时，如果这段终端短路传输线的长度为谐振波长一半($\lambda_0/2$)的整数倍，即

$$l=p\lambda_0/2,\quad (p=1,2,3,\cdots) \tag{4.6}$$

则有

$$\beta_0 l=p\pi,\quad (p=1,2,3,\cdots) \tag{4.7}$$

假设传输线的损耗很低，也就是说 $\alpha l\ll 1$，$\tanh\alpha l\approx\alpha l$，则有

$$\tan\beta l=\tan\left(p\pi+\frac{\Delta\omega l}{v_p}\right)=\tan\left(\frac{p\pi\Delta\omega}{\omega_0}\right)\approx\frac{p\pi\Delta\omega}{\omega_0} \tag{4.8}$$

由此可将式(4.4)进一步化简为

$$Z_{in}(l)\approx Z_c\frac{\alpha l+j(p\pi\Delta\omega/\omega_0)}{1+j\alpha l(p\pi\Delta\omega/\omega_0)}\approx Z_c\alpha l+j\frac{Z_c p\pi}{\omega_0}\Delta\omega \tag{4.9}$$

这样一来，式(4.9)和式(4.4)在形式上看起来就完全一致了。

至此，我们就可以非常自信地宣称，长度为半谐振波长整数倍的终端短路传输线可以作为串联谐振器使用(图 4-6)。

图 4-6 终端短路的半谐振波长整数倍传输线可等效为串联谐振电路

就连等效的 R、L、C 以及品质因数 Q 都可以通过传输线的一系列参数算出来。

$$R\approx Z_c\alpha l\approx\frac{1}{2}pZ_c\alpha\lambda_0 \tag{4.10}$$

$$L \approx \frac{p\pi Z_c}{2\omega_0} \tag{4.11}$$

$$C \approx \frac{2}{p\pi\omega_0 Z_c} \tag{4.12}$$

$$Q = \frac{1}{R}\sqrt{\frac{L}{C}} \approx \frac{p\pi}{2\alpha l} = \frac{\beta_0}{2\alpha} \tag{4.13}$$

通过上述的分析过程，可以发现，对于给定的谐振频率 ω_0，只要把传输线的终端和长度设计好，分分钟就可以得到一个趁手的串联谐振器。

至于并联谐振器，思路完全类似，可以自行推导，这里直接给出结论：终端短路的长度为四分之一谐振波长奇数倍的传输线可等效为并联谐振器（图 4-7）。

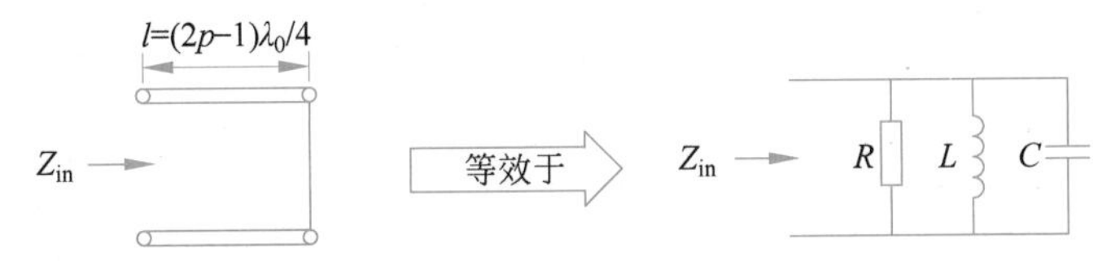

图 4-7　终端短路的四分之一谐振波长奇数倍传输线可等效为并联谐振电路

4.3.3　终端开路的传输线用作谐振器

上面只是更改了传输线的波长，其实传输线的终端条件也可以更改，短路可以产生全反射，开路也能。因此终端开路的传输线，设计好了长度，一样能当谐振器使用。同样地，这里直接给出结论：终端开路的长度为半谐振波长整数倍的传输线可等效为并联谐振器；终端开路的长度为四分之一谐振波长奇数倍的传输线可等效为并联谐振器。当然，实际中我们一般不用终端开路的谐振器，因为有时会有少量的信号直接从开路的地方泄漏（辐射）出去。

上述所有的对应关系看着有四个，其实信息量并不大，我们只要记住“半短为串”四个字就可以了。“半个谐振波长、短路”对应的就是串联，在此基础上，改了长度或者终端条件中的一个，就变成并联，如果长度和终端条件都改了，那就还是串联。

4.3.4　传输线型谐振器的适用场合

最后再提一点，传输线谐振器可以用在频率比较低、对于 Q 值要求不太高的场合，注意，这里所说的频率比较低是指在微波频段比较低，比那些低频电路的频率还是要高很多的。如果工作频率特别高，同时对于 Q 值的要求也特别高，就要用到微波谐振腔了。

4.4　微波谐振腔之矩形谐振腔

视频

4.4.1　电容、电感结构到矩形谐振腔的演变

明眼人都能看出来，微波谐振腔中的关键词除了谐振就是腔了。谐振前面已经说过了，这里说说腔。腔就是腔体，说白了就是一个封闭的空间，也是用来给微波谐振的地

方。用什么来制作这个腔体呢？说来也不陌生，就是前面学到过的波导。还是同样的思想，一根波导用来传输微波时，我们叫它波导。如果把两头都给堵上，然后用来供微波谐振时，我们就叫它谐振腔。

还是本着“拣软柿子捏”的原则，我们这里只讨论用矩形波导做成的矩形谐振腔。从电容、电感结构到矩形谐振腔的演变过程也挺有意思，如图 4-8 所示为电容、电感结构到矩形谐振腔的演变过程。

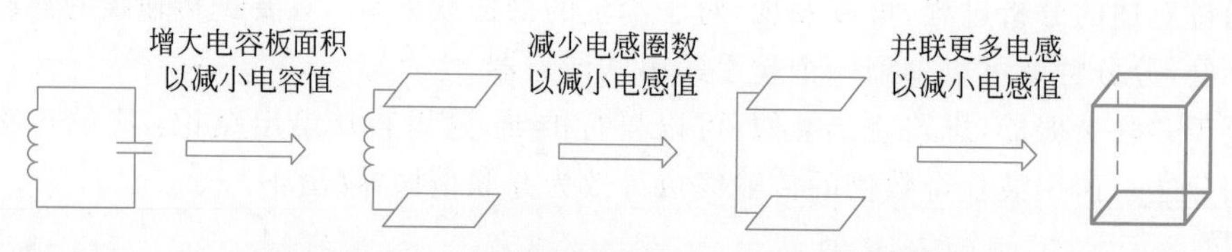

图 4-8　电容、电感结构到矩形谐振腔的演变过程

为了减小电容和电感的值，硬是把电容和电感结构一步步地拉伸成了一个矩形腔体，也算是相当努力了。

这里还是用“场”的思路来分析矩形谐振腔，与波导类似，因为是一个单导体，电压或电流在同一个横截面上都找不到唯一确定的值，相应的 R、L、C 也失去了具体意义。其实这也无所谓，使用谐振腔时，我们关心的只是它的谐振频率 ω_0 是多少，品质因数 Q 是多少，因此我们分析矩形谐振腔的目标就是：对于给定的尺寸结构，如何得出腔体内的场分布，进而得出谐振频率 ω_0 和品质因数 Q 等基本参量的值。相较于矩形波导，矩形谐振腔多了前后两个壁，等于是多了两个边界条件。有了这些认知，就可以开始对矩形谐振腔进行拿捏了。

4.4.2　矩形谐振腔的场分布

如前所述，矩形谐振腔由两端短路的一段矩形波导所构成，如图 4-9 所示。

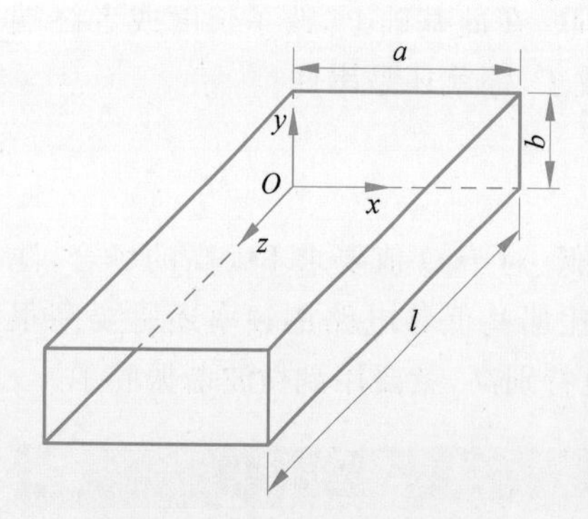

图 4-9　矩形谐振腔结构示意图

当在矩形波导中激励起某种模式的电磁波后，因为两端被短路，就会在两个短路面之间形成驻波。如果两个短路面之间的距离正好等于某频率半波导波长($\lambda_g/2$)的整数倍时，就可以产生驻波振荡。对于矩形谐振腔场分布的分析，如果没学过第 3 章，那么就得老老实实地求解亥姆霍兹方程，并且把 6 个金属壁上的边界条件都用上。既然我们已经学了第 3 章，那就别浪费，直接借助矩形波导的分析结果，将谐振腔内的电磁场看成矩形波导中的入射波和反射波在两短路面之间来回反射叠加而成，进而得出谐振腔内的场分布。

1. TE 振荡模式

矩形谐振腔的尺寸和坐标如图 4-9 所示，根据矩形波导的分析结果，矩形波导中沿 $\pm z$ 轴方向传播的 TE 模的纵向磁场分量 H_z 为

$$H_z^{\pm}=H_0^{\pm}\cos\frac{m\pi}{a}x\cos\frac{n\pi}{b}y\,\mathrm{e}^{\mp\mathrm{j}\beta z} \tag{4.14}$$

其中，“$\pm$”分别代表正、负 z 轴方向，二者相加，可得矩形谐振腔中合成电磁场的纵向分量

$$H_z=H_z^{+}+H_z^{-}=H_0^{+}\cos\frac{m\pi}{a}x\cos\frac{n\pi}{b}y\,\mathrm{e}^{-\mathrm{j}\beta z}+H_0^{-}\cos\frac{m\pi}{a}x\cos\frac{n\pi}{b}y\,\mathrm{e}^{\mathrm{j}\beta z} \tag{4.15}$$

由于多了两个短路面，因此也就多了两个边界条件，

$$\left.\begin{aligned}\boldsymbol{a}_n\times\boldsymbol{E}_t\,\big|_{z=0,l}=0\\ \boldsymbol{a}_n\cdot\boldsymbol{H}_t\,\big|_{z=0,l}=0\end{aligned}\right\} \tag{4.16}$$

将式(4.15)代入式(4.16)的第二个边界条件，可得

$$H_0^{-}=-H_0^{+}=-H_0,\quad \beta=\frac{p\pi}{l},\quad p=1,2,3,\cdots \tag{4.17}$$

由此式(4.15)变为

$$H_z=-\mathrm{j}2H_0\cos\frac{m\pi}{a}x\cos\frac{n\pi}{b}y\sin\frac{p\pi}{l}z \tag{4.18}$$

请留意，式(4.18)信息量还是挺大的，首先：已经没有了 $\mathrm{e}^{\pm\mathrm{j}\beta z}$，取而代之的是 $\sin(p\pi z/l)$ 这一项，很清楚地表明矩形谐振腔里的波不再传输了，而是沿着 x、y、z 轴的方向都开始原地振荡了。其次：振荡也有无数种模式，而且相比于传输模式多了一个维度，也就多了一个角标，因此要确定某种具体的振荡模式，需要大声报出三位数的编码，即 TE_{mnp}。

TE 振荡模式中，$E_z=0$，根据其他横向场分量与纵向场分量 H_z 的关系式(3.11)可得

$$\left.\begin{aligned}H_x&=\frac{1}{k_{\mathrm{c}}^2}\frac{\partial^2 H_z}{\partial x\partial z}\\ H_y&=\frac{1}{k_{\mathrm{c}}^2}\frac{\partial^2 H_z}{\partial y\partial z}\\ E_x&=-\frac{\mathrm{j}\omega\mu}{k_{\mathrm{c}}^2}\frac{\partial H_z}{\partial y}\\ E_y&=\frac{\mathrm{j}\omega\mu}{k_{\mathrm{c}}^2}\frac{\partial H_z}{\partial x}\end{aligned}\right\} \tag{4.19}$$

其中，

$$k_{\mathrm{c}}^2=k_x^2+k_y^2=\left(\frac{m\pi}{a}\right)^2+\left(\frac{n\pi}{b}\right)^2 \tag{4.20}$$

由此可得矩形谐振腔中 TE 振荡模式的场分量表达式为

$$
\left.\begin{aligned}
E_x &= \frac{2\omega\mu}{k_c^2}\frac{n\pi}{b}H_0\cos\frac{m\pi}{a}x\sin\frac{n\pi}{b}y\sin\frac{p\pi}{l}z \\
E_y &= -\frac{2\omega\mu}{k_c^2}\frac{m\pi}{a}H_0\sin\frac{m\pi}{a}x\cos\frac{n\pi}{b}y\sin\frac{p\pi}{l}z \\
E_z &= 0 \\
H_x &= \mathrm{j}\frac{2}{k_c^2}\frac{m\pi}{a}\frac{p\pi}{l}H_0\sin\frac{m\pi}{a}x\cos\frac{n\pi}{b}y\cos\frac{p\pi}{l}z \\
H_y &= \mathrm{j}\frac{2}{k_c^2}\frac{n\pi}{b}\frac{p\pi}{l}H_0\cos\frac{m\pi}{a}x\sin\frac{n\pi}{b}y\cos\frac{p\pi}{l}z \\
H_z &= -\mathrm{j}2H_0\cos\frac{m\pi}{a}x\cos\frac{n\pi}{b}y\sin\frac{p\pi}{l}z
\end{aligned}\right\} \tag{4.21}
$$

式(4.21)又一次展示出了矩形谐振腔中的波都在原地振荡,因为任何两个相互垂直的电场、磁场的分量都无法叉乘出实功率了,也就是说没有实际的功率传输,只有电场储能和磁场储能之间相互交换的振荡。此外,对于振荡模式 TE_{mnp} 来说,p 不可以是 0,否则整个电磁场各个分量就完全坍塌成 0 了,因此,p 的取值从 1 开始。

2. TM 振荡模式

TM 振荡模式的分析方法可以完全类比于 TE 振荡模式。

波导中沿 $\pm z$ 轴方向传播的 TM 模式的纵向场分量 E_z 进行叠加。

$$
E_z = E_z^+ + E_z^- = E_0^+\sin\frac{m\pi}{a}x\sin\frac{n\pi}{b}y\,\mathrm{e}^{-\mathrm{j}\beta z} + E_0^-\sin\frac{m\pi}{a}x\sin\frac{n\pi}{b}y\,\mathrm{e}^{\mathrm{j}\beta z} \tag{4.22}
$$

对于 TM 模式,$H_z=0$,$E_z\neq 0$。由于新加的两个短路面和纵向电场 E_z 本身就是垂直的,因此边界条件不能直接利用,需要先根据纵向场分量与横向场分量间的关系求出 E_x(或者 E_y)分量的表达式,再由边界条件确定 E_z^+ 和 E_z^- 的关系。为此,同样利用式(3.11),可得

$$
E_x = \frac{-\mathrm{j}\beta}{k_c^2}\left(\frac{\partial E_z^+}{\partial x} - \frac{\partial E_z^-}{\partial x}\right) = \frac{-\mathrm{j}\beta}{k_c^2}\frac{m\pi}{a}(E_0^+\mathrm{e}^{-\mathrm{j}\beta z} - E_0^-\mathrm{e}^{\mathrm{j}\beta z})\cos\frac{m\pi}{a}x\sin\frac{n\pi}{b}y \tag{4.23}
$$

这时就可以利用边界条件

$$
E_x\big|_{z=0,l} = 0 \tag{4.24}
$$

得到

$$
E_0^- = E_0^+ = E_0,\quad \beta = \frac{p\pi}{l},\quad p = 0,1,2,\cdots \tag{4.25}
$$

由此可得

$$
E_z = 2E_0\sin\frac{m\pi}{a}x\cos\frac{n\pi}{b}y\cos\frac{p\pi}{l}z \tag{4.26}
$$

同样地,从式(4.26)可以看出对于 TM 振荡来说,也已经没有了表示传输的 $\mathrm{e}^{\pm\mathrm{j}\beta z}$ 这一项,沿着 z 轴方向也变成了振荡,与沿着 x、y 轴的振荡并没有本质的区别。

利用与式(4.21)同样的方法,可以得到 TM_{mnp} 振荡模式的各个场分量表达式为

$$\left.\begin{aligned}
E_x &= -\frac{2}{k_c^2}\frac{m\pi}{a}\frac{p\pi}{l}E_0\cos\frac{m\pi}{a}x\sin\frac{n\pi}{b}y\sin\frac{p\pi}{l}z \\
E_y &= -\frac{2}{k_c^2}\frac{n\pi}{b}\frac{p\pi}{l}E_0\sin\frac{m\pi}{a}x\cos\frac{n\pi}{b}y\sin\frac{p\pi}{l}z \\
E_z &= 2E_0\sin\frac{m\pi}{a}x\sin\frac{n\pi}{b}y\cos\frac{p\pi}{l}z \\
H_x &= \mathrm{j}\frac{2\omega\varepsilon}{k_c^2}\frac{n\pi}{b}E_0\sin\frac{m\pi}{a}x\cos\frac{n\pi}{b}y\cos\frac{p\pi}{l}z \\
H_y &= -\mathrm{j}\frac{2\omega\varepsilon}{k_c^2}\frac{m\pi}{a}E_0\cos\frac{m\pi}{a}x\sin\frac{n\pi}{b}y\cos\frac{p\pi}{l}z \\
H_z &= 0
\end{aligned}\right\} \tag{4.27}$$

式(4.27)同样表明矩形谐振腔中的波都在原地振荡，任何两个相互垂直的电场、磁场的分量都无法叉乘出实功率，没有实际的功率传输，只有电场储能和磁场储能之间相互交换。对于振荡模式 TM_{mnp} 来说，p 可以是 0，这种振荡模式对应的电磁场分布沿着 z 轴是均匀的。

4.4.3 矩形谐振腔的谐振波长和品质因数

1. 谐振波长

对于矩形波导来说，我们在 3.3.3 节专门聊过波数 k、相位常数 β 以及截止波数 k_c 三者之间的关系：

$$k^2 = \beta^2 + k_c^2 \tag{4.28}$$

或者可以变为

$$\omega^2\mu\varepsilon = \left(\frac{2\pi}{\lambda_g}\right)^2 + \left(\frac{2\pi}{\lambda_c}\right)^2 \tag{4.29}$$

考虑到波在沿着纵向(±z 轴方向)方向呈驻波分布，为了满足波导两端短路面的边界条件，谐振腔长度 l 和波导波长 λ_g 之间应该满足

$$l = p\frac{\lambda_g}{2} \tag{4.30}$$

式中，对于 TE 振荡模式，$p=1,2,3,\cdots$；对于 TM 振荡模式，$p=0,1,2,3,\cdots$。若将 l 和 λ_g 的关系代入式(4.29)，即可求出矩形谐振腔的谐振角频率 ω_0 和谐振频率 f_0，即

$$\omega_0 = v\sqrt{\left(\frac{p\pi}{l}\right)^2 + \left(\frac{2\pi}{\lambda_c}\right)^2} \tag{4.31}$$

$$f_0 = \frac{v}{2\pi}\sqrt{\left(\frac{p\pi}{l}\right)^2 + \left(\frac{2\pi}{\lambda_c}\right)^2} \tag{4.32}$$

相应的谐振波长 λ_0 为

$$\lambda_0 = \frac{2\pi v}{\omega_0} = \frac{2}{\sqrt{\left(\frac{p}{l}\right)^2 + \left(\frac{2}{\lambda_c}\right)^2}} \tag{4.33}$$

由式(4.30)和式(4.33)可以求得矩形谐振腔的谐振波长

$$\lambda_0=\frac{1}{\sqrt{(1/\lambda_c)^2+(1/\lambda_g)^2}}=\frac{2}{\sqrt{(m/a)^2+(n/b)^2+(p/l)^2}} \tag{4.34}$$

由式(4.34)可以看出，谐振波长与谐振腔的形状、尺寸和工作模式有关。在谐振腔尺寸一定的情况下，与振荡模式相对应的谐振波长有无数个，不同的 m、n 和 p 对应不同的谐振波长。对于 m、n 和 p 相同的 TE_{mnp} 和 TM_{mnp} 振荡模式，其谐振波长相同但是谐振模式却不同，这种现象称为振荡模式的简并，对应的振荡模式为简并模式。在实际应用中，这种简并模式显然是不招人待见的，一般要通过合理地设计谐振腔尺寸以及规定工作频率范围来消除。

2. 品质因数

前面在低频谐振电路中说过，品质因数是用来衡量选频特性的重要参量，与输入阻抗中"阻"和"抗"的比例有关。其定义式可以写成

$$Q_0=\frac{2\pi(\text{谐振腔的平均储能})}{(\text{一个周期内谐振腔的平均耗能})}=2\pi\frac{W_{av}}{(W_T)_{av}}=2\pi\frac{W_{av}}{P_l T}=\omega_0\frac{W_{av}}{P_l} \tag{4.35}$$

式中，W_{av} 为谐振腔的平均储能，$(W_T)_{av}$ 为谐振腔一个周期内的平均耗能，P_l 为谐振腔的平均损耗功率，Q_0 为谐振腔的无载品质因数，又叫固有品质因数，一般所说的品质因数都是指这个。

对于矩形谐振腔来说，腔体总储能可以用电场储能或者磁场储能来表示，即

$$W_{av}=(W_e)_{av}+(W_m)_{av}=\frac{1}{2}\int_V\mu|\boldsymbol{H}|^2\mathrm{d}V=\frac{1}{2}\int_V\varepsilon|\boldsymbol{E}|^2\mathrm{d}V \tag{4.36}$$

谐振腔的损耗一般来自三方面：导体损耗、介质损耗和辐射损耗。矩形型谐振腔，因腔体是封闭的，就算激励时开孔缝造成的辐射也是很小的，毕竟我们第 3 章还专门分析内壁的电流分布，不就是为了这个嘛，故辐射损耗可以忽略不计。对于介质损耗和辐射损耗，可以分开考虑，分别得到二者的品质因数 Q_c 以及 Q_d，其中角标 c 和 d 分别表示 conductor 以及 dielectric。

对于只考虑金属损耗时的品质因数 Q_c，可根据计算金属波导的导体衰减公式计算腔体的损耗功率，即

$$P_l=\frac{1}{2}R_s\oint_S|\boldsymbol{J}_s|^2\mathrm{d}S=\frac{1}{2}R_s\oint_S|\boldsymbol{H}_\tau|^2\mathrm{d}S \tag{4.37}$$

式中，R_s 为腔体内壁表面的表面电阻，$\boldsymbol{H}_\tau$ 为内壁表面附近的切向磁场，且

$$\boldsymbol{J}_s=\boldsymbol{a}_n\times\boldsymbol{H}_\tau \tag{4.38}$$

将式(4.36)和式(4.37)代入式(4.35)，可得

$$Q_c=\frac{\omega_0\mu}{R_s}\frac{\int_V|\boldsymbol{H}|^2\mathrm{d}V}{\oint_S|\boldsymbol{H}_\tau|^2\mathrm{d}S}=\frac{2}{\delta}\frac{\int_V|\boldsymbol{H}|^2\mathrm{d}V}{\oint_S|\boldsymbol{H}_\tau|^2\mathrm{d}S} \tag{4.39}$$

式中，δ 是腔体内壁表面的趋肤深度，且

$$\delta=\sqrt{2/(\omega_0\mu\sigma)} \tag{4.40}$$

$$R_s=1/(\sigma\delta) \tag{4.41}$$

在工程实际中，为了计算方便，一般近似认为$|\boldsymbol{H}|=|\boldsymbol{H}_\tau|$，因此可将式(4.39)化简为

$$Q_c \approx \frac{2}{\delta}\frac{V}{S} \tag{4.42}$$

这表明考虑金属损耗时的谐振腔的品质因数Q_c的值正比于腔体的体积V，反比于腔体内壁的穿透深度δ和腔体内壁的表面积S。因此，为获得高Q值的谐振腔，应选用体积大而表面积小的腔体。平心而论，在高Q值方面，球形腔和圆柱腔会比矩形腔更优势一些。

对于只考虑介质损耗时的品质因数Q_d，若谐振腔填充介质的等效电导率为σ_d $(=\omega\varepsilon_d'')$，介电常数为ε，则由介质引起的损耗功率为

$$P_d = \frac{1}{2}\sigma_d\int_V |\boldsymbol{E}|^2 \mathrm{d}V \tag{4.43}$$

腔体内的储能仍用电场储能表示，即

$$W_{av} = \frac{1}{2}\varepsilon\int_V |\boldsymbol{E}|^2 \mathrm{d}V \tag{4.44}$$

根据式(4.35)，可求得仅考虑介质损耗时谐振腔的品质因数Q_d的表示式为

$$Q_d = \frac{\omega_0\varepsilon}{\sigma_d} = \frac{1}{\tan\delta} \tag{4.45}$$

式中，$\tan\delta$为介质的损耗角正切，买介质板时经常会看到这个参数。

如果既考虑金属损耗，又考虑介质损耗，一个谐振腔的无载品质因数Q_0可以通过Q_c和Q_d得到，计算公式如下：

$$Q_0 = \frac{1}{\dfrac{1}{Q_c}+\dfrac{1}{Q_d}} \tag{4.46}$$

如果是空气填充，那么Q_d可认为趋于无穷大，如果是介质填充，其损耗角正切$\tan\delta$可直接通过介质材料的产品手册得到，进而通过式(4.45)求出Q_d，因此下面只对给定尺寸的矩形谐振腔的Q_c值进行推导，提前剧透一下，整个推导过程可能会引起不适，一定要坚定一个信念，越是复杂越不用背，这样就会大大缓解不适的症状了。

1) TE_{mnp}模式下矩形谐振腔的品质因数

将式(4.21)中的三个次场分量代入式(4.39)分子中的积分，可得

$$\begin{aligned}\int_V |\boldsymbol{H}|^2 \mathrm{d}V &= \int_0^l\int_0^b\int_0^a (|H_x|^2+|H_y|^2+|H_z|^2)\mathrm{d}x\mathrm{d}y\mathrm{d}z \\ &= \frac{4}{k_c^4}\left(\frac{abl}{8}\right)H_0^2\left\{\left(\frac{p\pi}{l}\right)^2\left[\left(\frac{m\pi}{a}\right)^2+\left(\frac{n\pi}{b}\right)^2\right]+k_c^4\right\}\end{aligned} \tag{4.47}$$

式(4.39)分母中的积分为

$$\begin{aligned}\oint_S |\boldsymbol{H}_\tau|^2 \mathrm{d}S &= 2\int_0^b\int_0^a (|H_x|^2+|H_y|^2)\mathrm{d}x\mathrm{d}y + 2\int_0^l\int_0^b (|H_y|^2+|H_z|^2)\mathrm{d}y\mathrm{d}z \\ &\quad + 2\int_0^l\int_0^a (|H_x|^2+|H_z|^2)\mathrm{d}x\mathrm{d}z = I_{s1}+I_{s2}+I_{s3}\end{aligned} \tag{4.48}$$

式中

$$
\left.\begin{aligned}
I_{s1} &= 2\int_0^b\int_0^a (|H_x|^2 + |H_y|^2)\mathrm{d}x\mathrm{d}y \\
&= 2\left[\frac{4}{k_c^4}\left(\frac{m\pi}{a}\right)^2\left(\frac{p\pi}{l}\right)^2 H_0^2\left(\frac{ab}{4}\right) + \frac{4}{k_c^4}\left(\frac{n\pi}{b}\right)^2\left(\frac{p\pi}{l}\right)^2 H_0^2\left(\frac{ab}{4}\right)\right] \\
I_{s2} &= 2\int_0^l\int_0^b (|H_y|^2 + |H_z|^2)\mathrm{d}y\mathrm{d}z \\
&= 2\left[\frac{4}{k_c^4}\left(\frac{n\pi}{b}\right)^2\left(\frac{p\pi}{l}\right)^2 H_0^2\left(\frac{bl}{4}\right) + 4H_0^2\left(\frac{bl}{4}\right)\right] \\
I_{s3} &= 2\int_0^l\int_0^a |H_z|^2\mathrm{d}x\mathrm{d}z = 2\left[\frac{4}{k_c^4}\left(\frac{m\pi}{a}\right)^2\left(\frac{p\pi}{l}\right)^2 H_0^2\left(\frac{al}{4}\right) + 4H_0^2\left(\frac{al}{4}\right)\right]
\end{aligned}\right\} \tag{4.49}
$$

然后将式(4.47)、式(4.48)以及式(4.49)代入式(4.39),可得

$$
(Q_c)_{\mathrm{TE}_{mnp}} = \frac{abl\lambda_0}{2\delta}\frac{\left[\left(\frac{m}{a}\right)^2+\left(\frac{n}{b}\right)^2\right]\left[\left(\frac{m}{a}\right)^2+\left(\frac{n}{b}\right)^2+\left(\frac{p}{l}\right)^2\right]^{3/2}}{al\left[\frac{m^2}{a^2}\frac{p^2}{l^2}+\left(\frac{m^2}{a^2}+\frac{n^2}{b^2}\right)^2\right]+bl\left[\frac{n^2}{b^2}\frac{p^2}{l^2}+\left(\frac{m^2}{a^2}+\frac{n^2}{b^2}\right)^2\right]+ab\frac{p^2}{l^2}\left(\frac{m^2}{a^2}+\frac{n^2}{b^2}\right)} \tag{4.50}
$$

式中,p 的取值范围从 1 开始。式(4.50)表明 TE 振荡模式的品质因数 Q_0 的值取决于谐振腔的尺寸(a、b、l)、金属内壁的趋肤深度(δ)、谐振的波长(λ_0)以及具体的模式(m、n、p)。由于微波频段下金属的趋肤深度一般都很小,在微米量级,因此谐振腔品质因数可以达到 $10^4 \sim 10^5$ 量级,相比之下,前面所学过的传输线类谐振器的品质因数为 $10^2 \sim 10^3$。因为品质因数就是一个比值,所以没有单位。

2) TM_{mnp} 模式下矩形谐振腔的品质因数

鉴于 TE 模式下矩形谐振腔品质因数的计算过程已经给大家造成了严重的不适,因此这里直接给出 TM 模式下矩形谐振腔的品质因数计算公式,

$$
(Q_c)_{\mathrm{TM}_{mnp}} = \frac{\lambda_0}{\delta}\frac{abl}{2}\frac{\left(\frac{m^2}{a^2}+\frac{n^2}{b^2}\right)\left(\frac{m^2}{a^2}+\frac{n^2}{b^2}+\frac{p^2}{l^2}\right)^{1/2}}{\frac{m^2}{a^2}b(a+2l)+\frac{n^2}{b^2}a(b+2l)} \tag{4.51}
$$

如果实在有推公式方面的特殊癖好,可以参照 TE 模式自行推导。

4.4.4 矩形谐振腔的基模 TE_{101}

由于矩形波导中的主模是 TE_{10} 模式,因此当满足 $b<\min(a,l)$ 的条件时,矩形谐振腔中的主模就是 TE_{101},也是最低次振荡模式。这种模式的振荡波长最长,一般情况下,矩形谐振腔的工作模式都是 TE_{101} 模。既然是主模,那么就该有点主模的待遇,与之前的传输模式主模 TE_{10} 一样,我们这里专门对振荡模式的主模 TE_{101} 进行单独的观照。

1. 场结构

将 $m=1$,$n=0$ 及 $p=1$ 代入式(4.21),即可得到 TE_{101} 模的场分量表达式为

$$
\left.\begin{aligned}
E_y &= -2\frac{\eta}{l}\sqrt{a^2+l^2}H_0\sin\frac{\pi}{a}x\sin\frac{\pi}{l}z \\
H_x &= 2\mathrm{j}\left(\frac{a}{l}\right)H_0\sin\frac{\pi}{a}x\cos\frac{\pi}{l}z \\
H_z &= -2\mathrm{j}H_0\cos\frac{\pi}{a}x\sin\frac{\pi}{l}z \\
H_y &= E_x = E_z = 0
\end{aligned}\right\} \tag{4.52}
$$

可见，各场分量沿 y 轴方向无变化，电场只有 E_y 分量，沿 x 和 z 方向呈正弦分布；磁场只有 H_x 和 H_z。两个分量，H_x 沿 x 方向呈正弦分布，沿 z 方向则呈余弦分布；H_z 沿 x 方向呈余弦分布，沿 z 方向则呈正弦分布。这些都可以通过图 4-10 所示 TE_{101} 模场结构图直观地展示出来。

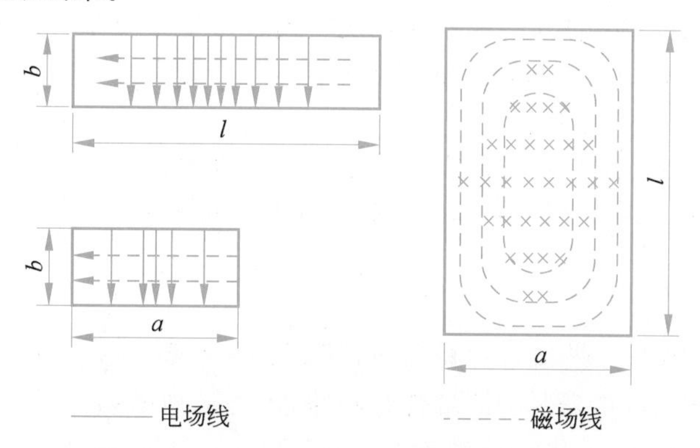

图 4-10 矩形谐振腔内 TE_{101} 振荡模式场分布示意图

2. 谐振波长

TE_{101} 模的谐振波长可由式(4.34)求得，即

$$
\lambda_0 = \frac{2al}{\sqrt{a^2+l^2}} \tag{4.53}
$$

当 $a=b=l$ 时，立方体谐振腔的谐振波长为

$$
\lambda_0 = \sqrt{2}a \tag{4.54}
$$

此时 TE_{101}、TE_{011} 以及 TM_{110} 振荡模式具有相同的谐振波长，三者称为简并模式。为消除简并模式，实现单模振荡，可选取腔体的尺寸满足 $b<\min(a,l)$ 的条件。

3. 品质因数

对于 TE_{101} 模，有

$$
\int_V |\boldsymbol{H}|^2\mathrm{d}V = \int_0^l\int_0^b\int_0^a(|H_x|^2+|H_z|^2)\mathrm{d}x\mathrm{d}y\mathrm{d}z = H_0^2(a^2+l^2)\frac{ab}{l} \tag{4.55}
$$

以及

$$
\begin{aligned}
\oint_S |\boldsymbol{H}_\tau|^2\mathrm{d}S = {}& 2\int_0^b\int_0^a |H_x|^2_{z=0,z=l}\mathrm{d}x\mathrm{d}y + 2\int_0^l\int_0^b |H_z|^2_{x=0,x=a}\mathrm{d}y\mathrm{d}z + \\
& 2\int_0^l\int_0^a(|H_x|^2+|H_z|^2)\Big|_{y=0,y=b}\mathrm{d}x\mathrm{d}z = \frac{2H_0^2}{l^2}[2b(a^3+l^3)+al(a^2+l^2)]
\end{aligned} \tag{4.56}
$$

因此，将式(4.45)和式(4.56)代入式(4.57)，可得矩形谐振腔中的品质因数(只考虑金属损耗)为

$$Q_0 = Q_c = \frac{1}{\delta}\frac{abl(a^2+l^2)}{[2b(a^3+l^3)+al(a^2+l^2)]} = \frac{\pi\eta}{2R_s}\frac{b(a^2+l^2)^{3/2}}{2b(a^3+l^3)+al(a^2+l^2)} \tag{4.57}$$

4.5 微波谐振腔之同轴谐振腔

我们之前说过，“路”和“场”的分析方法是微波工程师必须掌握的两个武器，而“场”的方法虽然稍显复杂，但更为强大，“路”是一维的，“场”是三维的，“路”得到的所有信息“场”都可以得到，“路”得不到的信息“场”也可以得到。对于同轴线来说，因为是双导体结构，主模为 TEM 模式，同时其外导体包围内导体也可以构成一个腔体，因此有必要将其作为金属谐振腔用“场”的方法再重新把玩一遍。这里主要是针对同轴线的 TEM 模式，关心的也不再是传输线谐振器里的等效 R、L、C，而是看一下同轴线结构作为谐振腔时内部的场分布是什么样子的。

利用同轴线结构制作的微波谐振腔主要有三个类型，分别是 $\lambda_0/2$ 型同轴谐振腔、$\lambda_0/4$ 型同轴谐振腔、电容加载型同轴谐振腔。接下来分别介绍一下。

4.5.1 $\lambda_0/2$ 型同轴谐振腔

$\lambda_0/2$ 型同轴谐振腔由两端皆短路的同轴线构成，如图 4-11(a)所示。当同轴线中激励起 TEM 模时，因这种谐振腔的两端都是短路，电磁波被困在腔中来回反射形成驻波，因此可根据同轴线中沿 $+z$ 方向传输的正向波和沿 $-z$ 方向传输的反向波叠加得到其场分布，如图 4-11(b)所示。

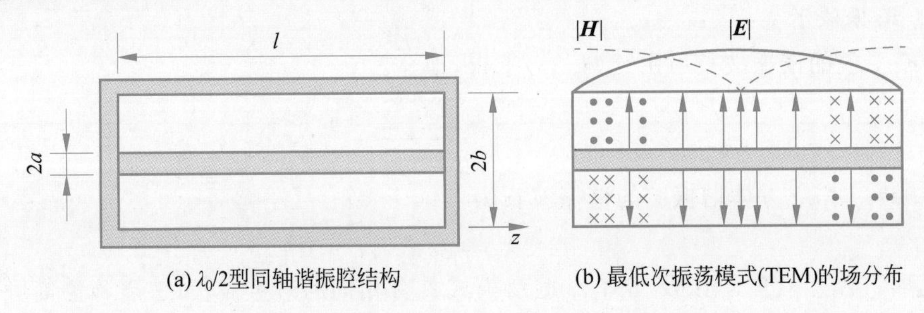

(a) $\lambda_0/2$型同轴谐振腔结构　　(b) 最低次振荡模式(TEM)的场分布

图 4-11　$\lambda_0/2$ 型同轴谐振腔的结构尺寸及最低次振荡模式的场分布示意图

由式(3.59)和式(3.60)，有

$$\boldsymbol{E} = \boldsymbol{E}^+ + \boldsymbol{E}^- = \frac{1}{r}(E_0^+ e^{-jkz} + E_0^- e^{jkz})\boldsymbol{a}_r = E_r \boldsymbol{a}_r \tag{4.58}$$

$$\boldsymbol{H} = \boldsymbol{H}^+ + \boldsymbol{H}^- = \frac{1}{Z_{TEM} r}(E_0^+ e^{-jkz} - E_0^- e^{jkz})\boldsymbol{a}_\varphi = H_\varphi \boldsymbol{a}_\varphi \tag{4.59}$$

其中，$E_0^+ = V_0/\ln(b/a)$，上标“+”“−”分别代表正、反方向。

将式(4.58)代入腔体两短路端面处的边界条件：

$$E_r|_{z=0,l} = 0 \tag{4.60}$$

可得

$$E_0^- = -E_0^+ = -E_0 \tag{4.61}$$

$$\sin kl = 0, \quad 即\ k = \frac{p\pi}{l}(p = 1, 2, \cdots) \tag{4.62}$$

由此可得 $\lambda_0/2$ 型同轴谐振腔中电磁场的表达式为

$$\left.\begin{aligned} \boldsymbol{E} &= E_r \boldsymbol{a}_r = -2\mathrm{j}\frac{E_0}{r}\sin\frac{p\pi}{l}z\boldsymbol{a}_r \\ \boldsymbol{H} &= H_\varphi \boldsymbol{a}_\varphi = \frac{2E_0}{Z_{\mathrm{TEM}} r}\cos\frac{p\pi}{l}z\boldsymbol{a}_\varphi \end{aligned}\right\} \tag{4.63}$$

$\lambda_0/2$ 型同轴谐振腔的谐振波长由 l 决定

$$\lambda_0 = \frac{2l}{p} \quad (p = 1, 2, \cdots) \tag{4.64}$$

由式(4.64)可知，当同轴谐振腔长度一定时，可以对应有无穷多个谐振波长，即有无穷多个振荡模式存在，这里不同的模式通过编号 p 来区分，其物理意义也好说，就是两个短路面之间的场强半波变化的个数。反之，当谐振波长一定时，有无穷多个腔体长度与之对应。

在不考虑介质损耗的情况下，同轴谐振腔的品质因数 Q_0 可由式(4.39)求出，同样由于推导过程容易引起读者不适，这里直接给出结论，

$$\begin{aligned} Q_0 &= \frac{2}{\delta}\frac{\int_0^{2\pi}\int_a^b\int_0^l |H_\varphi|^2 r\mathrm{d}r\mathrm{d}\varphi\mathrm{d}z}{\left[\int_0^{2\pi}\int_0^l |H_\varphi|_{r=a}^2 a\mathrm{d}\varphi\mathrm{d}z + \int_0^{2\pi}\int_0^l |H_\varphi|_{r=b}^2 b\mathrm{d}\varphi\mathrm{d}z + 2\int_0^{2\pi}\int_a^b |H_\varphi|_{z=0}^2 r\mathrm{d}r\mathrm{d}\varphi\right]} \\ &= \frac{2}{\delta}\frac{\ln\left(\frac{b}{a}\right)}{\frac{1}{a}+\frac{1}{b}+\frac{4}{l}\ln\left(\frac{b}{a}\right)} \end{aligned} \tag{4.65}$$

同轴谐振腔的品质因数一般可达数千，低于矩形谐振腔。

4.5.2 $\lambda_0/4$ 型同轴谐振腔

为了进一步减小同轴谐振腔的长度，可以将同轴线一头开路，一头短路，形成一个 $\lambda_0/4$ 型同轴谐振腔，如图 4-12(a)所示。

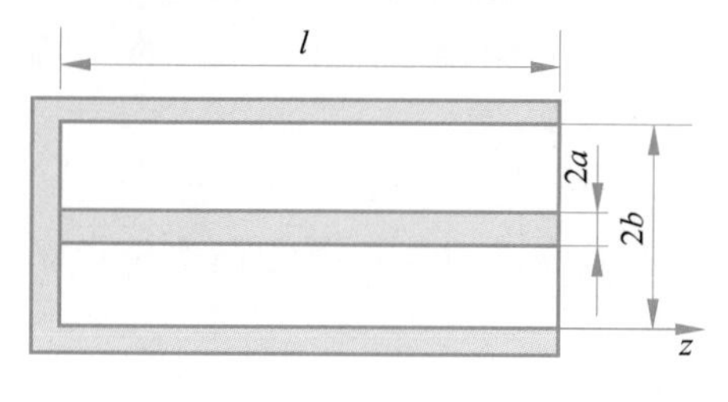

(a) $\lambda_0/4$型同轴谐振腔结构

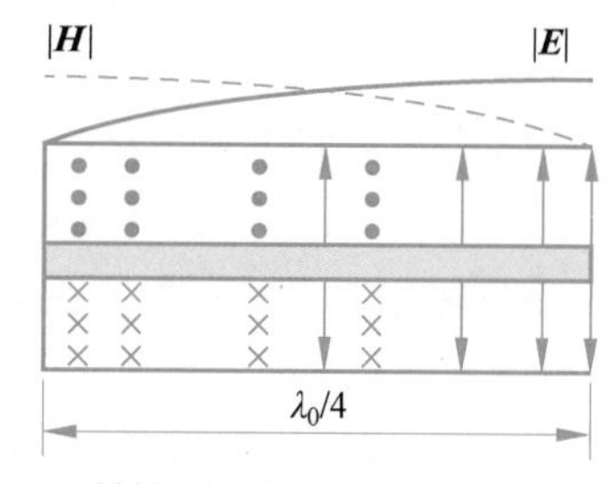

(b) 最低次振荡模式(TEM)的场分布

图 4-12 $\lambda_0/4$ 型同轴谐振腔的结构尺寸及最低次振荡模式的场分布示意图

其实 $\lambda_0/4$ 型同轴谐振腔与 $\lambda_0/2$ 型同轴谐振腔的场分布相同，只不过边界条件不同，相当于把 $\lambda_0/2$ 型同轴谐振腔直接从中间拦腰斩断，只保留一半的结构。短路处的边界条件没什么变化，开路处($z=l$)的边界条件为

$$H_\varphi\big|_{z=l}=0 \tag{4.66}$$

将式(4.59)代入该边界条件，并考虑到 $E_0^-=-E_0^+$，可得

$$\cos kl=0 \tag{4.67}$$

则有

$$k=\frac{(2p-1)\pi}{2l}\quad(p=1,2,\cdots) \tag{4.68}$$

由此可得 $\lambda_0/4$ 型同轴谐振腔的谐振长度为

$$l=\frac{(2p-1)\lambda_0}{4} \tag{4.69}$$

谐振波长为

$$\lambda_0=\frac{4l}{2p-1} \tag{4.70}$$

可以看出，当 $p=1$ 时，$\lambda_0=4l$ 是最低振荡模式的谐振波长。所谓最低次模式，即基模，是指对于 $\lambda_0/4$ 型同轴谐振腔，在长度 l 一定的情况下，对应的无数个谐振波长中，最长就是 $4l$ 了，不能再长了，对应的无数个谐振频率中，最低就是 $v/4l$ 了，不能再低了，这里的 v 代表的是光速。

$\lambda_0/4$ 型同轴谐振腔中最低次振荡模式的场结构如图 4-12(b)所示，可见，此场结构恰好是 $\lambda_0/2$ 型同轴谐振腔中最低次振荡模式的场结构的一半。

$\lambda_0/4$ 型同轴谐振腔 Q_0 值的计算方法与 $\lambda_0/2$ 型同轴谐振腔的相同。由于 $\lambda_0/4$ 型同轴谐振腔只有一个短路端面，因此短路端面的损耗功率应比 $\lambda_0/2$ 型同轴谐振腔小 1 倍，由式(4.65)可得 $\lambda_0/4$ 型同轴谐振腔的 Q_0 的表示式为

$$Q_0=\frac{2}{\delta}\frac{\ln\left(\frac{b}{a}\right)}{\frac{1}{a}+\frac{1}{b}+\frac{2}{l}\ln\left(\frac{b}{a}\right)} \tag{4.71}$$

这里的 Q_0 同样只考虑了金属损耗，没有考虑介质损耗，甚至也没有考虑一端开路时的辐射损耗，因为这两个损耗都可以做到很小。对于辐射损耗，因 $\lambda_0/4$ 型同轴谐振腔的开路端的确会有电磁波的泄漏，微波工程师给出的解决方案是将同轴谐振腔的外导体延长一段而形成一段截止圆波导，以大大减少辐射损耗。为保证这种腔一端开路，同轴谐振腔的最短谐振波长应大于圆波导中 TE_{11} 模的截止波长，即

$$(\lambda_0)_{\min}>3.41b=(\lambda_c)_{TE_{11}} \tag{4.72}$$

此外，在同轴谐振腔中，要求单模谐振，即只存在 TEM 模，其他高次模式应截止，这就需要最短谐振波长满足下式

$$(\lambda_0)_{\min}>\pi(a+b) \tag{4.73}$$

需要再次指出的是，用“场”的方法和“路”的方法来分析同轴线谐振器(想叫谐振腔

也可以)一定是殊途同归的。图 4-11 和图 4-12 所示的两种类型的同轴谐振腔,终归可以等效为传输线谐振器。以两端短路的传输线为例,总长度为 l。

如图 4-13 所示,在传输线上任选一个参考面 A,那么在 A 处相当于把两个终端短路传输线的输入端并联了起来。从 A 看向左边和看向右边的输入导纳分别设为 $\mathrm{j}B_1$ 和 $\mathrm{j}B_2$,两边的长度分别为 l_1 和 l_2,通过式(2.21)可以求出 $\mathrm{j}B_1$ 和 $\mathrm{j}B_2$ 的值。

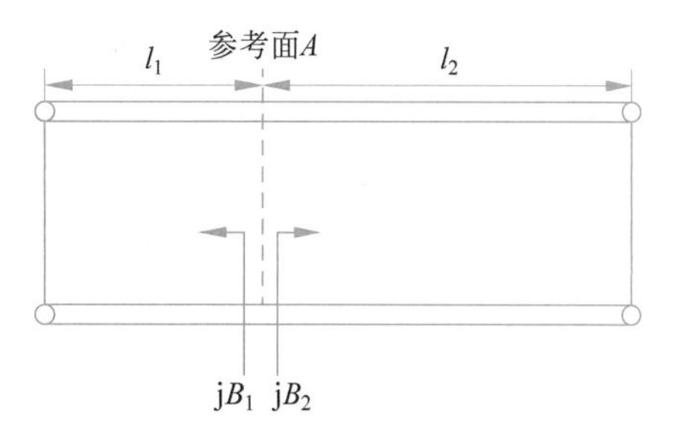

图 4-13 用“路”的方法分析两端短路的同轴谐振腔

$$Y_{\mathrm{in}}(z')=\frac{1}{Z_{\mathrm{in}}(z')}=\frac{1}{\mathrm{j}Z_{\mathrm{c}}\tan\beta z'} \tag{4.74}$$

可得

$$\left.\begin{aligned}\mathrm{j}B_1&=-\mathrm{j}\,\frac{1}{Z_{\mathrm{c}}}\cot\beta l_1\\ \mathrm{j}B_2&=-\mathrm{j}\,\frac{1}{Z_{\mathrm{c}}}\cot\beta l_2\end{aligned}\right\} \tag{4.75}$$

按照电路观点,如果需要在传输线上产生谐振,则有

$$\mathrm{j}B_1+\mathrm{j}B_2=-\mathrm{j}\,\frac{1}{Z_{\mathrm{c}}}(\cot\beta l_1+\cot\beta l_2)=0 \tag{4.76}$$

经过推导可得

$$l_1+l_2=\frac{p\lambda_0}{2},\quad p=1,2,3,\cdots \tag{4.77}$$

式(4.77)表明当两端短路的同轴线总长度为半波长的整数倍时,可产生对应频率的谐振,对比前面的式(4.64),可见分别从“路”与“场”的角度分析得到的关于 $\lambda_0/2$ 型同轴谐振腔的结论是一致的,验证了二者的殊途同归,同样分析方法可以用于验证 $\lambda_0/4$ 型同轴谐振腔。

4.5.3 电容加载型同轴谐振腔

人类总是不太容易满足的,有了相对较短的 $\lambda_0/4$ 型同轴谐振腔,还会想着是否可以再短一些,于是就有了电容加载型同轴谐振腔。一端短路,另一端的内导体末端与端面之间形成电容间隙的一段同轴线,就构成了电容加载型同轴谐振腔,如图 4-14(a)所示。

根据图 4-14(b)所示的等效电路,再结合之前学过的图 2-13 可知,从容性到短路之间最近的距离的确是小于 $\lambda_0/4$ 的。由于电容加载型同轴谐振腔的结构较为复杂,内导体末端和端面之间的间隙所形成的电容值并没有简洁的解析解,因此实际工程应用中,一般都是给定尺寸下直接用仪器进行谐振频率的标定,其谐振频率也有无穷多个,当然,绝大多数情况下用到的都是最低的那个。随着电容 C 的增加,腔长 l 会快速缩短,适合空间受限的场合。

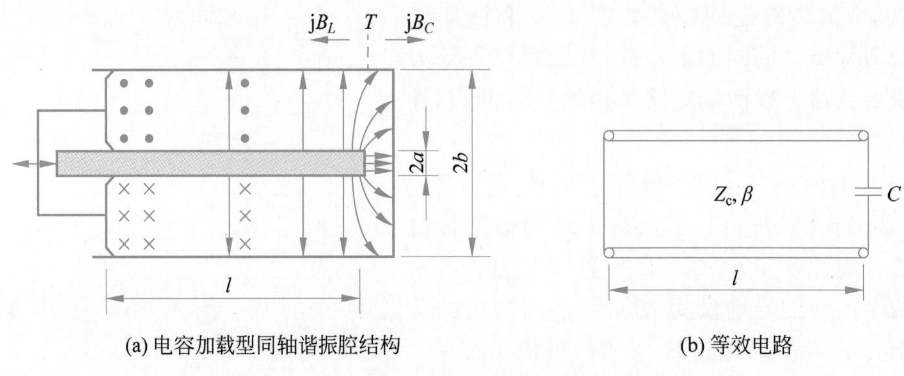

(a) 电容加载型同轴谐振腔结构　　　　(b) 等效电路

图 4-14　电容加载型同轴谐振腔结构及其等效电路

由于电容加载同轴谐振腔中电场主要集中在端电容附近，使流过腔壁的电流增加，进而导致损耗增加，这种腔体的 Q_0 值低于 $\lambda_0/4$ 型同轴谐振腔的 Q_0 值。但这种谐振腔的工作频带比 $\lambda_0/4$ 型同轴谐振腔频带要宽，因此适合制作宽带波长计。

既然说到波长计，那咱就说说波长计。作为谐振腔在微波中的一个重要的工程应用，波长计就是用来对未知信号进行波长测量的仪器，波长知道了，频率也就知道了，因此叫频率计也行。波长计的核心部件就是一个腔体长度可调并且已经标定好刻度的同轴谐振腔或圆柱谐振腔，分为通过式和吸收式两种类型，其结构如图 4-15(a)、(b)所示。

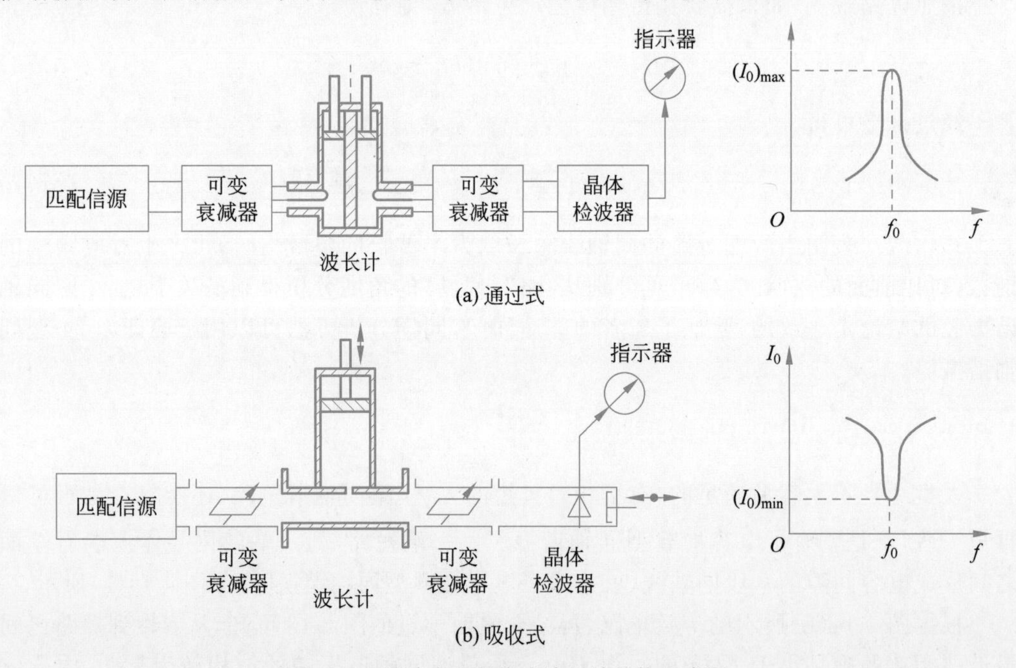

图 4-15　通过式和吸收式波长计结构示意图

通过式的波长计直接把谐振腔串接在整个链路中，当调节腔体长度时，如果发生谐振，腔体内的电磁场就会最强，可以通过检波器读出一个最大值，这时再去读腔体上的刻度就可以直接读出波长或者频率的数值。吸收式波长计则相当于把谐振腔并行接在链路的波导上，当调节腔体长度时，如果发生谐振，波导中的电磁场会大量馈入腔体中，导致通过的电磁波减少，这时可通过检波器读出一个最小值，进而通过腔体上对应的刻度就可以直接读出波长或者频率的数值。

4.6 微波谐振腔与啤酒瓶

前面学习了矩形谐振腔和同轴谐振腔等结构，但凡老实一点的同学都会承认已经彻底懵圈了，毕竟第一次接触这些，谁不懵圈谁虚伪。不过话说回来，也有可能是我们把微波谐振腔想得有点太高大上了。不可否认的是，其中包含的数学原理还是比较高大上的，但是单从这个物理现象来说，其实和我们平时经常见到的啤酒瓶子也没什么本质区别。

除了少部分上学特早的天才少年，大部分学这门课的同学也基本成年了，啤酒应该也喝过不少，喝完的啤酒瓶子能吹响这件事儿想必应该都知道。从这个意义上来说，微波谐振腔其实就是一个“可以用微波吹响的啤酒瓶子”。以矩形谐振腔为例，一般来说其激励方法如图 4-16(a)所示，其实就是用一个矩形波导通过小孔往谐振腔“吹”微波，当“吹”进去的微波频率和谐振腔的谐振频率相同时，就会在腔体内形成强烈的电磁振荡，也就是谐振。这和“吹”完啤酒接着吹酒瓶子其实是一回事儿，只不过后者发生谐振的不是电磁场，而是空气柱。这也就是为什么 600ml 的空瓶子吹起来发出的声音就是要比 330ml 的空瓶子发出的声音更低沉，微波谐振腔也是这样，尺寸越大，谐振频率越低。一个电磁场的振荡，一个空气柱的振荡，看着好像俩振荡，其实荡荡都一样。当然，上述现象都是针对最低次模式(主模)来说的，如果激励方法得当，无论是啤酒瓶子还是微波谐振腔都可以在更高的频率上谐振。这也并不神奇，玩过吉他的都知道泛音这种较为高阶的技巧，其实就是用不同的激励手法激励出琴弦振动的高次模式。(注：图 4-16(b)中的漫画人物纯属致敬，绝无冒犯之意)

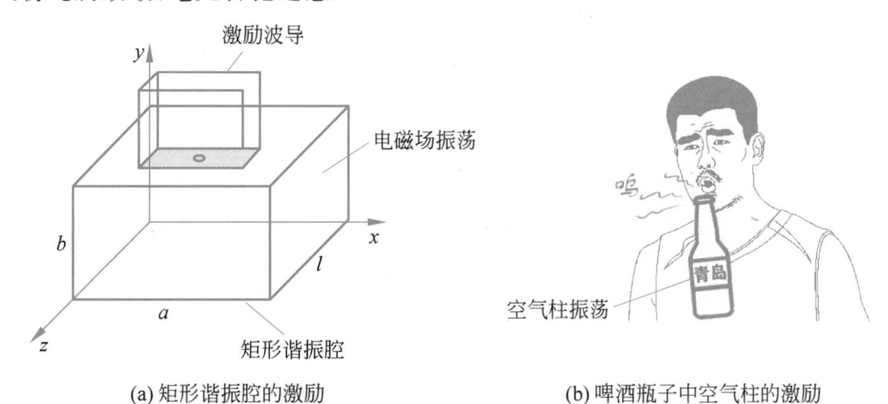

(a) 矩形谐振腔的激励　　(b) 啤酒瓶子中空气柱的激励

图 4-16　矩形谐振腔和啤酒瓶子的激励方法示意图

所以，本节并不是为了从数学上去讨论微波谐振腔和啤酒瓶子的建模分析，只是为了稍微消除一下大家对于微波谐振腔的陌生感或恐惧感，如果能再增加点亲切感那就更好了。还是那句话，很多看似毫无关联的事情其实都是一回事儿，恐惧只因为陌生。也许下次喝啤酒时，可以这么跟你的朋友说：你知道吗？我用微波也能吹啤酒瓶子。

第5章 微波网络

5.1 为什么要学这一章？

网络(network)这个词现在肯定是不炫酷了，甚至都有点儿烂大街了，但是在人类进入21世纪前后，这个词可太新潮了。那时的网络主要是指计算机互联网，一条条网线将全世界的电脑都给联通起来，构成了一张巨大的网，引领了当时科技界的时尚。当然，网络并不是为互联网专门创造的一个词，在人类诞生之后，网络作为一个重要的概念，已经遍布人类生活的各个角落。捕鱼时需要把绳子按照某种单元形状打结形成渔网；为了方便出行，邻近的城市之间用公路或者铁路相互连接起来，构成一个交通网；人脑中大量的神经元通过脑神经连接后，形成神经网络，这个网络的规模甚至大于互联网；人与人之间，因为各种奇奇怪怪的关系，也会形成关系网，虽然看不见也摸不着，但是时时刻刻都在影响着人们的生活，这点和微波还挺像，如图5-1所示。这些网络其实大家都不陌生，从数学上抽象地来看，网络就是由节点和连线构成的结构，把各个节点连接起来之后，相比于之前孤立分散的情况，更容易发生一些美妙的事情。微波系统中有没有用到网络的概念呢？答案必须是肯定的，毕竟明眼人都看得出来前面说这么多就是为这一章的内容进行铺垫。微波系统中会用到各种各样的微波元器件，这么多的元器件很多时候并不是一条直线依次排开的，经常会出现一个元器件有多个输入和多个输出端口的情况，这个就很像网络中的节点了，多个元器件平铺开来，相邻的输入和输出端口相互连接，就构成了网络状的微波系统。上面说过，网络主要由节点和连线两个要素组成，在此前的章节中，我们已经对于微波网络中的连线进行了学习，也就是传输线和波导，在此基础上，本章就要开始对微波网络中的节点下手了，也就是对于多端口微波元器件的建模分析。

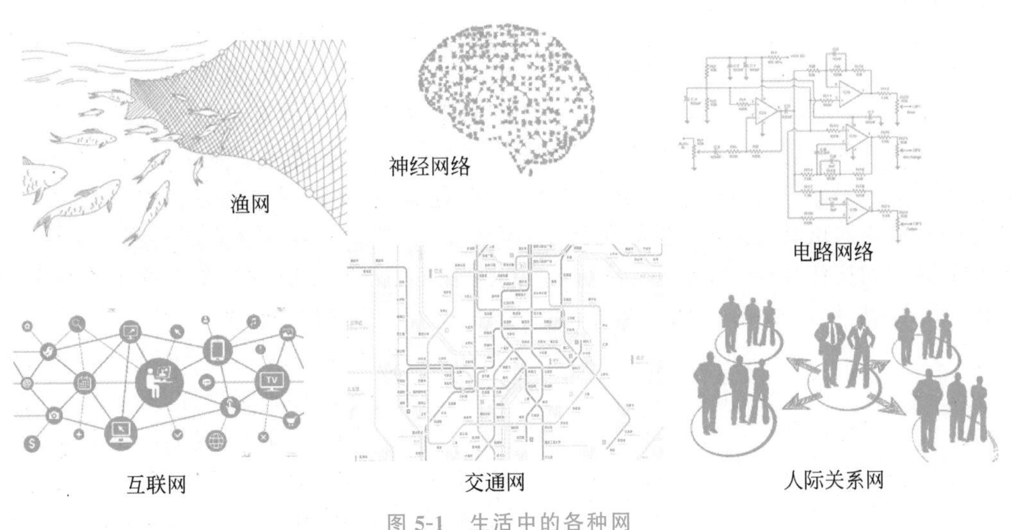

图5-1 生活中的各种网

5.2 如何建模一个多端口微波元器件?

5.2.1 从传输线到各种微波元器件

我们之前在学习传输线和波导时,分析得算是相当透彻了,毕竟结构简单且规则,不论用“路”的方法还是“场”的方法,都可以做到全方位无死角地拿捏。然而,面对一般微波元器件时,如滤波器、功分器、环形器等,情况就出现很大变化了,因为种类繁多、结构复杂,随便拎出来一个微波元器件都不太可能分析得像传输线那般透彻。这个时候,就又要回归工程师的本性了,俩字儿,认了。但还是那句话,认怂可以,但也有底线,就算不对其进行全方位无死角的分析,也要对某一方面的特征有所了解,也就是说既然实力不允许我们洞若观火,那就只能先做到管中窥豹了,先了解我们感兴趣的某一方面也行,这是一种“黑盒子”的思维。就好像面对一个人,其实大多数情况下我们没必要关心他的心脏好不好,血压高不高,或者肝功能咋样,也许我们只是关心他的颜值和身材,这时就没必要非得把人家开膛破肚,各种化验,直接看看五官,量量身高体重就足够了。面对各种微波元器件时也是这样,对这个元器件的哪方面感兴趣,想办法了解这一方面就行了,至于内部是什么样的结构,只有设计者才会去关心。有了这样一个认知,我们接下来再面对微波元器件时,就可以做到轻装上阵了。

5.2.2 从低频电路的多端口网络说起

还是秉持“图难于其易,图大于其细”的理念,先从低频电路说起,前面说过网络的两个要素是节点和连线,而在低频电路中并不涉及传输线的问题,所以“电路基础”那门课中直接就管一个节点叫多端口网络[9],这有点容易引起误解,严格来说,应该称为多端口网络节点。

电路元器件中最简单的就是单端口器件,单端口器件中最简单的莫过于一个电阻了。面对一个电阻,材料学院的同学会关心它是什么材料,设计学院的同学会关心它是什么颜色,机电学院的同学则关心它的尺寸或者重量,而我们电子信息学院的同学也许最关心的是它的电阻值,这个就是不同的人对于同一个事物的关注点不同。这个时候,就算把电阻用黑盒子(如图 5-2 中虚线框所示)装起来,也不妨碍我们在露出来的端口上加电压电流来测试其电阻值,因为我们只关心给这个黑盒子多少电流能得到多少电压,至于里面到底长什么样子,并不太感兴趣。也就是说,如果我们只是关心这个黑盒子的电阻,那么我们仅仅只用一个数字(6Ω)就可以描述出这个器件的特征。

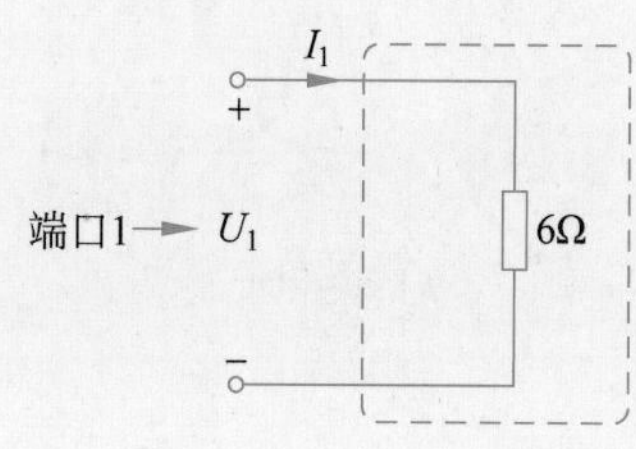

图 5-2　最简单的单端口网络

以图 5-3 所示的二端口网络为例,当电路结构逐渐复杂,有了电阻、电容以及电感等多种元器件,端口数目也逐渐增多时,作为电子信息学院的同学,我们还是会执着地关心在各个端口上加了一定量的电流后将会在包括这个端口在内的所有端口上分别产生多少电压,也就是器件的阻抗如何,因为电压、电流和阻抗在某种程度上已经成了我们的信仰,进而成为了我们评价一个器件最喜欢用的指

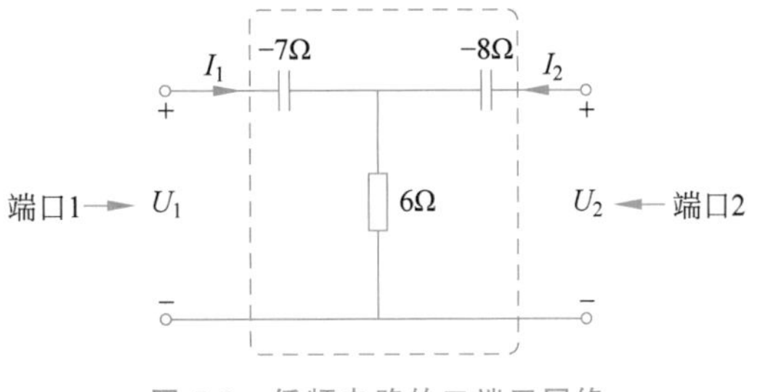

图 5-3　低频电路的二端口网络

标。由于端口变多，要想描述出这个器件的整体的阻抗，单靠一个阻抗值肯定是不够了，因为一个端口上的电流可能不只是因为自身端口上的电压造成的，也有可能是别的端口上加的电压和自己端口上加的电压共同造成的，这就有了自阻抗和互阻抗的概念，同一个端口的电压电流之比是自阻抗，不同端口的电压和电流之比就是互阻抗。这样一来，要描述一个多端口器件的阻抗特性，所需要的阻抗数值就呈几何倍地增长了，不过倒也好算，N 个端口需要 N^2 个阻抗值就可以。也就是说，到了 N 端口时，我们就需要通过一个 N 阶矩阵来向别人描述一个器件的阻抗是多少了，这个就是阻抗矩阵的概念。因为经常用大写字母 Z 来表示阻抗，因此阻抗矩阵又叫 $\boldsymbol{Z}$ 矩阵，矩阵中各个元素称为阻抗参量。相应地很容易理解导纳矩阵的概念，导纳矩阵又叫 $\boldsymbol{Y}$ 矩阵，不难看出，导纳矩阵和阻抗矩阵是互逆的。

显然，阻抗矩阵可以用来联系 N 个端口上的电压和电流，写成数学表达式就是

$$\left.\begin{aligned}U_1&=Z_{11}I_1+Z_{12}I_2+\cdots+Z_{1N}I_N\\U_2&=Z_{21}I_1+Z_{22}I_2+\cdots+Z_{2N}I_N\\&\vdots\\U_N&=Z_{N1}I_1+Z_{N2}I_2+\cdots+Z_{NN}I_N\end{aligned}\right\}\tag{5.1}$$

用矩阵形式表示则为

$$\boldsymbol{U}=\boldsymbol{ZI}\tag{5.2}$$

同理，可以写出矩阵形式的导纳矩阵

$$\boldsymbol{I}=\boldsymbol{YU}\tag{5.3}$$

当然，要想得到一个多端口网络的阻抗矩阵，电压和电流也不是随便加、随便测的，也要遵循一定的规矩。其实从式(5.1)就可以得到测量阻抗矩阵的任一参量 Z_{ij} 的方法，

$$Z_{ij}=\left.\frac{U_i}{I_j}\right|_{I_k=0,k\neq j}\tag{5.4}$$

式(5.4)翻译成人类语言就是：以理想电流源 I_j 来激励端口 j，测量端口 i 的开路电压 U_i，此过程中，保持其他端口开路($I_k=0,k\neq j$)，U_i 和 I_j 的比值即为 Z_{ij}。导纳矩阵的测量也可用类似的方法，不过要改成理想电压源激励某一端口并保持其他端口短路了。

根据这种方法，无论是分析内部电路结构，还是直接暴力测量黑盒子伸出来的两个端口，都很容易得到图 5-3 所示的二端口网络阻抗矩阵，

$$\boldsymbol{Z}=\begin{bmatrix}6-\mathrm{j}7 & 6\\6 & 6-\mathrm{j}8\end{bmatrix}\tag{5.5}$$

这个是在“电路基础”课上就应该掌握的技能。

至此，本专业的同学再看到图 5-3 时，看到的已经不只是一个具体的电路或者二端口

器件了，而是能将其抽象化成一组数字了，如式(5.5)所示，而这组数字就包含了关于这个多端口网络在阻抗方面的所有信息。

有了一个多端口网络的阻抗矩阵之后，我们就可以预判在 N 端口上加一组电流后，会相应产生一组什么样的电压。这里有个概念一定要清楚，多端口网络的阻抗矩阵是由其内部的结构所决定的，与我们加不加电压电流没关系。这就好像一个杯子的容量，是由其内部空间形状尺寸所决定的，与我们加不加水没关系。我们往杯子里加水只是为了测出这个容量或者使用这个杯子，同理，往 N 端口网络上加电压或者电流也只是为了测量这个网络的参数或者使用这个网络一些功能。

5.2.3 低频到微波

视频

其实微波网络的概念是从低频电路多端口网络的概念直接移植过来的，因此一个多端口微波元器件也可以看成黑盒子，用传输线或者波导从黑盒子中伸出来几个端口，大部分的情况下我们并不关心这个黑盒子中是什么构造，只是关心向输入端口输入信号，相应的输出端口能够输出什么信号，因此，理论上，我们也可以用阻抗矩阵的概念去描述一个多端口微波元器件的阻抗特性，从而将各个端口上的电压和电流信号联系起来[10]。然而，很快微波工程师就发现阻抗矩阵有点不太好用，主要是存在两方面的问题：

(1) 电压和电流都是入射波和反射波的叠加，用传输线做成端口从黑盒子中伸出来之后，端口处参考面的总电压和总电流居然与传输线长度有关，沿线的电压电流一直在变化，自然阻抗也在变化。这个情况在低频电路中是没见过的，要是没学第 2 章，我们也会被吓一跳。

(2) 每个端口用的传输线，保不齐有特性阻抗 50Ω 的，也有特性阻抗 75Ω 的，这样一来，就算是只有入射，没有反射，入射电压和电流的比值在不同端口也不相同。

有了问题，就要解决问题，这也是我们作为微波工程师分内的事儿。

针对第一个问题，到了微波这个频段，既然端口上的电压和电流都是入射和反射的叠加，那么我们干脆就想办法把反射和入射联合起来搞事情。以图 5-4 为例，假设端口 1、2 为输入端口，其他端口为输出端口，输入时，我们当然是希望电压、电流波可以从端口 1、2 全部都顺顺利利地进去，输出时，电压、电流波可以从其他端口全部都痛痛快快地出来，如图 5-4(a)所示。然而，学过第 2 章后我们就不会这么天真无邪了，现在的我们会明白：在端口 1、2 处向器件内部灌入射波，肯定有原地就反射出来的波；而在输出端口的位置，有向外的出射波，也肯定有在端口处又反射回器件内部的波。乱不乱？这时能比这信号流向更乱的也就是大家的脑子了。

我们再考虑第二个问题，各个端口的特性阻抗如果一样，会有一个很大的好处，那就是我们只管去和到处乱窜的电压波 U_N^+ 以及 U_N^- 硬刚就好，至于入射或者反射的电流波都可以通过同一个特性阻抗值利用式(2.9)直接求出来。基于这个原因，一般的设计者都会尽量做到各个端口特性阻抗的统一，然而，终归还是有不太一般的设计者，就是喜欢搞非主流，这时就需要我们想办法把入射电压和入射电流也都归一化一下，使其不再受

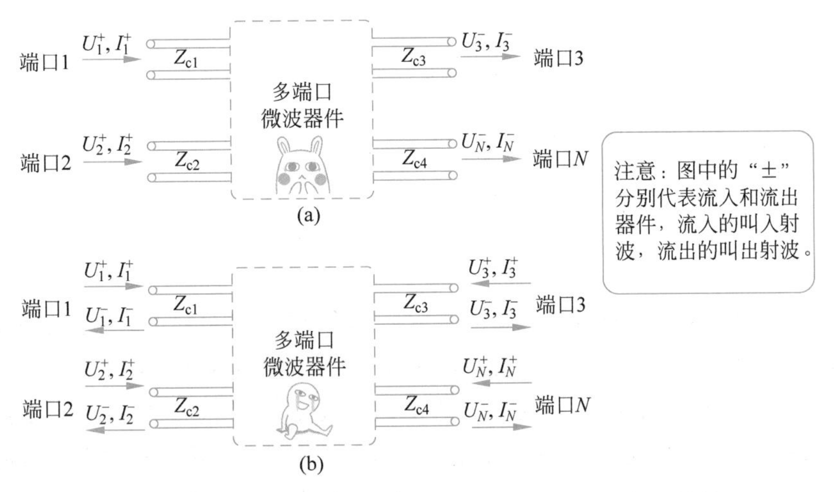

图 5-4　面对多端口微波器件我们希望的情况和实际发生的情况

不同特性阻抗的影响。类似的操作我们之前也做过，只不过那时是对输入阻抗或者负载阻抗的归一化。

听起来第二个问题比较好解决，那就先挑软柿子捏，等捏完之后发现那个硬柿子也变软了岂不是很开心。电压和电流的归一化还真不像阻抗的归一化那么简单，需要满足几个条件：

(1) 首先，入射电压电流归一化之后的比值应该是 1，也就是特性阻抗的归一化值，相应地，反射电压和电流的比值则是 -1；

(2) 电压和电流归一化之后，算出来的入射或者传输功率应该和归一化之前电压电流算出来的一样。

上面两个条件反映了微波工程师的良苦用心，既要消除特性阻抗的影响，又要继续真实反映传输功率的大小。

我们以大写的 U 和 I 来表示未归一化的电压和电流，以小写的 u 和 i 来表示归一化的电压和电流，结合上面两个条件，就可以得到电压和电流的归一化方法了。

$$u=\frac{U}{\sqrt{Z_{\mathrm{e}}}} \tag{5.6}$$

$$i=I\sqrt{Z_{\mathrm{e}}} \tag{5.7}$$

这种归一化方法是否符合上面两个条件，可以自行验证。

经过这个归一化的操作，情况突然有了比较大的转机，首先，再去看图 5-4 时，要操心的信号突然少了一半，我们只用关心入射和出射的电压波就可以了，因为归一化之后的电流波就等于电压波本身(入射)或者其相反数(反射)；其次，各个端口归一化总电压和总电流可以用归一化的入射和出射电压波通过式(5.8)很容易表示出来；再次，各个端口处功率流入和流出甚至都可以直接用归一化之后的入射及出射电压波得到，如式(5.9)所示。

$$\left.\begin{aligned} u &= u^{+} + u^{-} \\ i &= u^{+} - u^{-} \end{aligned}\right\} \tag{5.8}$$

$$\begin{aligned} P &= \frac{1}{2}\mathrm{Re}\left[U(z)I^{*}(z)\right] = \frac{1}{2}\mathrm{Re}\left[(u^{+}u^{+*} - u^{-}u^{-*}) + (u^{-}u^{+*} - u^{+}u^{-*})\right] \\ &= \frac{1}{2}(u^{+}u^{+*} - u^{-}u^{-*}) = \frac{1}{2}(|u^{+}|^{2} - |u^{-}|^{2}) \end{aligned} \tag{5.9}$$

这样一来，我们可就太喜欢归一化的电压波了，同时面对多端口的微波元器件，归一化的电压波可以分成两大类，第一类就是流入这个器件的，统称为入射波，用 u^{+} 表示，第二类是从这个器件流出来的，统称为出射波，用 u^{-} 表示，再加上一个数字脚标表示从哪个端口流入和流出的就齐活了。这里要重点强调一个事情：在第 2 章中也会出现上标的正负号情况，“＋”表示入射波，“－”表示反射波，这是相对于负载来说的；而在本章中，正负号是相对于多端口器件的，流入器件的叫入射波，用“＋”表示，流出的叫出射波，用“－”表示。强调这件事情主要是因为后面真有可能出现多端口器件端某一端口 k 接负载的情况，到时候有可能出现端口 k 的出射波 u_k^{-} 相对于接在该端口的负载反而是入射波的情况，因此一定要把“±”的问题搞清楚，不然太容易掉坑里了。

视频

5.2.4 散射矩阵的定义

聊完这些之后，图 5-4 的情况就可以简化一些了，如图 5-5 所示。

图 5-5 采用归一化电压波的多端口微波器件

相较于阻抗矩阵，虽然图 5-5 中多了一个出射的电压波，但是少了电流一项，因此总的来说每个端口还是有两个量，况且在微波频段，我们最关心的恰恰就是入射和反射，或者说入射和出射，而不是总电压、总电流。现在有了归一化的入射和出射电压波，可以完美包含功率流入、流出的信息，瞬间感觉之前的阻抗矩阵就不香了。接下来就可以考虑应该用一个什么样的矩阵把这些入射和出射的归一化电压波给联系起来了。

数学上是不难的，我们可以把出射的电压波（u_k^{-}）都放到一起，形成一个 $N\times1$ 的矩阵，然后把入射的电压波（u_k^{+}）也都放到一起，形成另一个 $N\times1$ 的矩阵，把二者联系起来的矩阵可以展现出一个多端口微波器件入射、出射电压波之间的关系。这个矩阵叫什么名字呢？其实名字也相当直观，叫散射（Scattering）矩阵，大概描述的就是好多的归一化电压波像天女散花那样在各个端口上到处乱窜的那种感觉，如图 5-6 所示。

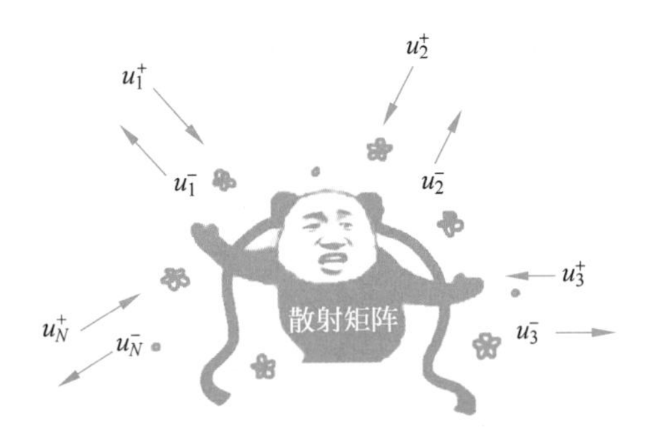

图 5-6　散射矩阵的内涵

数学表达式为

$$\boldsymbol{u}^- = \boldsymbol{S}\boldsymbol{u}^+ \tag{5.10}$$

展开后为

$$\left.\begin{aligned} u_1^- &= S_{11}u_1^+ + S_{12}u_2^+ + \cdots + S_{1N}u_N^+ \\ u_2^- &= S_{21}u_1^+ + S_{22}u_2^+ + \cdots + S_{2N}u_N^+ \\ &\vdots \\ u_N^- &= S_{N1}u_1^+ + S_{N2}u_2^+ + \cdots + S_{NN}u_N^+ \end{aligned}\right\} \tag{5.11}$$

或

$$\begin{bmatrix} u_1^- \\ u_2^- \\ \vdots \\ u_N^- \end{bmatrix} = \begin{bmatrix} S_{11} & S_{12} & \cdots & S_{1N} \\ S_{21} & S_{22} & \cdots & S_{2N} \\ \vdots & \vdots & \ddots & \vdots \\ S_{N1} & S_{N2} & \cdots & S_{NN} \end{bmatrix} \begin{bmatrix} u_1^+ \\ u_2^+ \\ \vdots \\ u_N^+ \end{bmatrix} \tag{5.12}$$

其中，矩阵 **S** 就是散射矩阵，又叫 **S** 矩阵，其包含的各个元素叫 S 参量。

这样一来，下次再面对一个多端口的微波元器件时，我们的第一反应就是要知道它的散射矩阵了，通过散射矩阵来揣摩该器件的各种脾气秉性更符合我们在微波频段的习惯。这也是为什么在微波圈，大家讨论各种元器件时，开口必称 **S** 矩阵或者 S 参量，比如这个器件的 S_{11} 是多少，S_{21} 是多少，等等。要是上去就说什么阻抗矩阵之类的胡话，肯定被人当成低阶非主流，切记这点，可保不露怯。

当然，需要强调的是，**S** 矩阵和阻抗矩阵之间肯定不是水火不容或者毫无联系的，二者反而是一一对应且可以相互转化的，毕竟根据式(5.6)～式(5.7)，归一化的入射、出射电压波和归一化的总电压、总电流之间就是一一对应且相互转化的关系。其实再往深了说，散射矩阵和阻抗矩阵本身就是看待同一个事情时两个不同的角度，只不过因为微波频段出现了反射的现象，所以 **S** 矩阵用起来更加趁手。**S** 矩阵和阻抗矩阵的相互转化只是一个数学推导的问题，这里直接通过表 5-1 给出二端口网络不同矩阵参量之间的关系。

表 5-1 二端口 Z、Y 和 S 矩阵不同参量之间的关系

网络参量	以 Z 参量表示	以 Y 参量表示	以 S 参量表示
Z_{11}	Z_{11}	$\frac{Y_{22}}{\lvert Y\rvert}$	$Z_c\frac{(1+S_{11})(1-S_{22})+S_{12}S_{21}}{(1-S_{11})(1-S_{22})-S_{12}S_{21}}$
Z_{12}	Z_{12}	$-\frac{Y_{21}}{\lvert Y\rvert}$	$Z_c\frac{2S_{12}}{(1-S_{11})(1-S_{22})-S_{12}S_{21}}$
Z_{21}	Z_{21}	$-\frac{Y_{21}}{\lvert Y\rvert}$	$Z_c\frac{2S_{21}}{(1-S_{11})(1-S_{22})-S_{12}S_{21}}$
Z_{22}	Z_{22}	$\frac{Y_{11}}{\lvert Y\rvert}$	$Z_c\frac{(1-S_{11})(1+S_{22})+S_{12}S_{21}}{(1-S_{11})(1-S_{22})-S_{12}S_{21}}$
Y_{11}	$\frac{Z_{22}}{\lvert Z\rvert}$	Y_{11}	$Y_c\frac{(1-S_{11})(1+S_{22})+S_{12}S_{21}}{(1+S_{11})(1+S_{22})-S_{12}S_{21}}$
Y_{12}	$-\frac{Z_{12}}{\lvert Z\rvert}$	Y_{12}	$-Y_c\frac{S_{12}}{(1+S_{11})(1+S_{22})-S_{12}S_{21}}$
Y_{21}	$-\frac{Z_{21}}{\lvert Z\rvert}$	Y_{21}	$-Y_c\frac{2S_{21}}{(1+S_{11})(1+S_{22})-S_{12}S_{21}}$
Y_{22}	$\frac{Z_{11}}{\lvert Z\rvert}$	Y_{22}	$Y_c\frac{(1+S_{11})(1-S_{22})+S_{12}S_{21}}{(1+S_{11})(1+S_{22})-S_{12}S_{21}}$

坦白地说,在微波频段多端口网络的各种矩阵中,散射矩阵 $\boldsymbol{S}$ 是人民群众最喜闻乐见的,没有之一,因为只要知道了一个器件的散射矩阵 $\boldsymbol{S}$,就可以清楚地获得各个端口上的流入、流出信号的幅度和相位关系,特别适合于微波频段这种信号到处乱窜(散射)的应用场景。那么该如何得到 $\boldsymbol{S}$ 矩阵呢？根据式(5.11),可知

$$S_{ij}=\left.\frac{u_i^-}{u_j^+}\right|_{u_1^+=u_2^+=\cdots=u_k^+=\cdots=0}\quad (i,j=1,2,\cdots,N;\ k\neq j) \tag{5.13}$$

$$S_{ii}=\left.\frac{u_i^-}{u_i^+}\right|_{u_1^+=u_2^+=\cdots=u_k^+=\cdots=0}=\Gamma_i\quad (i,j=1,2,\cdots,N;\ k\neq i) \tag{5.14}$$

其中,某一端口的入射波 $u_k^+=0$ 就是说这个端口需要接一个匹配负载。

因此,想要测得某一散射参量 $S_{ij}(i\neq j)$,只要在第 j 个端口处接上信号源,其他端口全接上匹配负载,然后测量 i 端口的出射电压 u_i^- 与 j 端口的入射电压 u_j^+ 之比即可,此时 S_{ij} 就是端口 j 到端口 i 的电压传输系数。而对于散射参量 S_{ii} 来说,就是在 i 端口接上信号源,其端口全接上匹配负载,测量 i 端口上的出射电压 u_i^- 与入射电压 u_i^+ 之比,此时 S_{ii} 就是端口 i 处的反射系数 Γ。

还是要再次强调一遍,散射矩阵和阻抗矩阵一样,都只是由器件本身的内部结构决定的,只与器件本身有关系,与端口上加不加匹配负载,或者加不加信号源没有关系。一个微波器件设计加工出来了,摆在那儿了,它的散射矩阵也就定下来了。

5.2.5 从散射矩阵看器件性质

5.2.4 节我们知道了散射矩阵的定义,也明白了它可以把流入、流出器件的归一化电压波给联系起来。既然是多端口微波元器件的重要参数,因此有经验的工程师只需要看

一下散射矩阵中的各个参量，就能大概明白这个器件有什么功能，有怎样的性质特点。接下来就教大家怎么才能装成很有经验的样子。

对于一个微波元器件，有几个基本的性质我们还是比较关心的，比如：这个器件是否互易？是否无耗？某两个端口是否对称？当然，我现在比较关心的是大家是否明白什么是互易，什么是无耗，或者什么是对称。

1. 互易性

互易性说白了就是互换，这里的“易”就是“以物易物”中的那个“易”。互易性表明端口不分输入、输出，比如一个二端口器件，用端口 1 输入、端口 2 输出可以，用端口 2 输入、端口 1 输出也行，端口 1 和 2，不分正反面。这个性质反映在器件的 S 参量上，就会呈现以下特点：

$$\boldsymbol{S}^{\mathrm{T}}=\boldsymbol{S} \tag{5.15}$$

即

$$S_{ij}=S_{ji} \quad (i,j=1,2,\cdots,N;\ i\neq j) \tag{5.16}$$

其中，$\boldsymbol{S}^{\mathrm{T}}$ 为 $\boldsymbol{S}$ 的转置矩阵。所以，下次看到一个器件的 $\boldsymbol{S}$ 矩阵的转置等于其本身，就可以判定，这个器件的任意两个端口都可以互为输入、输出端。如果看到 $\boldsymbol{S}$ 矩阵不满足这个条件，就需要警惕起来了，一定更要问清楚哪个是输入、哪个是输出，不然容易出问题。在实际中，大部分的微波元器件都是互易的，但有一些包含铁氧体材料的器件是非互易的。

2. 无耗性

无耗性比较容易理解，主要体现在能量上。比如从一个输入端口向另外一个输出端口传输微波信号，一般情况下都希望输进去的能量可以全部输出，不要损失在器件中，毕竟损失的能量除了让器件变得更热乎之外也没啥其他作用。而一个多端口微波器件是否无耗，可以通过分析其 S 参量来判断。如果一个微波器件是无耗的，那么反映在器件的 S 参量上，就会呈现以下特点：

$$\boldsymbol{S}^{*\mathrm{T}}\boldsymbol{S}=\boldsymbol{I} \tag{5.17}$$

式中，$\boldsymbol{S}^{*\mathrm{T}}$ 为 $\boldsymbol{S}$ 的共轭转置矩阵，$\boldsymbol{I}$ 为 N 阶单位阵，式(5.17)又叫无耗网络的幺正性。该性质的证明用到能量守恒定律，过程如下，可看可跳过，毕竟这点信任度还是有的。

证明：对 N 端口网络，有

$$\sum_{i=1}^{N}\frac{1}{2}u_i i_i^{*}=2\mathrm{j}\omega\left[(W_m)_{\mathrm{av}}-(W_e)_{\mathrm{av}}\right]+P_l \tag{5.18}$$

将 $u_i=u_i^{+}+u_i^{-}$，$i_i=u_i^{+}-u_i^{-}$ 代入上式，并将实、虚部分开，得

$$\frac{1}{2}\mathrm{Re}\left[\sum_{i=1}^{N}u_i i_i^{*}\right]=\frac{1}{2}\sum_{i=1}^{N}(u_i^{+*}u_i^{+}-u_i^{-}u_i^{-*})=P_l \tag{5.19}$$

$$\frac{1}{2}\mathrm{Im}\left[\sum_{i=1}^{N}u_i i_i^{*}\right]=\frac{1}{2}\sum_{i=1}^{N}(u_i^{+*}u_i^{-}+u_i^{+}u_i^{-*})=2\omega\left[(W_m)_{\mathrm{av}}-(W_e)_{\mathrm{av}}\right] \tag{5.20}$$

由于网络无耗，$P_l=0$，故有

$$\frac{1}{2}\sum_{i=1}^{N}(u_i^{+*}u_i^{+}-u_i^{-}u_i^{-*})=0 \tag{5.21}$$

上式可表示为

$$\frac{1}{2}\sum_{i=1}^{N}u_i^{+*}u_i^{+}=\frac{1}{2}\sum_{i=1}^{N}u_i^{-}u_i^{-*} \tag{5.22}$$

或

$$\sum_{i=1}^{N}P_i^{+}=\frac{1}{2}\sum_{i=1}^{N}|u_i^{+}|^2=\sum_{i=1}^{N}P_i^{-}=\frac{1}{2}\sum_{i=1}^{N}|u_i^{-}|^2 \tag{5.23}$$

由于网络无耗，因此进入 N 端口网络各端口参考面处的入射波功率之和应等于从网络各端口参考面输出的出射波功率之和。

根据矩阵乘法的运算规则，可分别用一个列矩阵和一个行矩阵的乘积来表示，即

$$\frac{1}{2}\sum_{i=1}^{N}|u_i^{+}|^2=\frac{1}{2}\sum_{i=1}^{N}u_i^{+}u_i^{+*}=\frac{1}{2}\begin{bmatrix}u_1^{+*} & u_2^{+*} & \cdots & u_N^{+*}\end{bmatrix}\begin{bmatrix}u_1^{+}\\ u_2^{+}\\ \vdots\\ u_N^{+}\end{bmatrix}=\frac{1}{2}[\boldsymbol{u}^{+*}]^{\mathrm{T}}\boldsymbol{u}^{+} \tag{5.24}$$

$$\frac{1}{2}\sum_{i=1}^{N}|u_i^{-}|^2=\frac{1}{2}\sum_{i=1}^{N}u_i^{-}u_i^{-*}=\frac{1}{2}\begin{bmatrix}u_1^{-*} & u_2^{-*} & \cdots & u_N^{-*}\end{bmatrix}\begin{bmatrix}u_1^{-}\\ u_2^{-}\\ \vdots\\ u_N^{-}\end{bmatrix}=\frac{1}{2}[\boldsymbol{u}^{-*}]^{\mathrm{T}}\boldsymbol{u}^{-} \tag{5.25}$$

又因

$$[\boldsymbol{u}^{-*}]=[\boldsymbol{S}^{*}][\boldsymbol{u}^{+*}] \tag{5.26}$$

故根据矩阵乘法性质，有

$$[\boldsymbol{u}^{-*}]^{\mathrm{T}}=[\boldsymbol{u}^{+*}]^{\mathrm{T}}[\boldsymbol{S}^{*}]^{\mathrm{T}} \tag{5.27}$$

令两式相等，可得

$$[\boldsymbol{u}^{+*}]^{\mathrm{T}}[\boldsymbol{u}^{+}]=[\boldsymbol{u}^{+*}]^{\mathrm{T}}[\boldsymbol{S}^{*}]^{\mathrm{T}}[\boldsymbol{S}][\boldsymbol{u}^{+}] \tag{5.28}$$

欲使上式成立，必有

$$[\boldsymbol{S}^{*}]^{\mathrm{T}}[\boldsymbol{S}]=[\boldsymbol{I}] \tag{5.29}$$

若网络互易，有

$$[\boldsymbol{S}^{*}]^{\mathrm{T}}=[\boldsymbol{S}^{*}] \tag{5.30}$$

故上式变为

$$[\boldsymbol{S}^{*}][\boldsymbol{S}]=[\boldsymbol{I}] \tag{5.31}$$

3. 对称性

对称性一般是指两个端口相比较而言，假如从端口 i 看进去和端口 j 看进去，看到的结构是一模一样的，那么就可以断定，端口 i 和 j 是相互对称的，反映在 S 参量上，就是

$$S_{ii}=S_{jj} \tag{5.32}$$

一旦看到某两个端口的 S 参量相等，就说明这两端口是一致的，用哪个都可以。

学完本节，应该能够掌握“通过 S 矩阵判定多端口网络基本性质”这一技能了，也就是说，拿眼睛一瞥散射矩阵，就应该知道这个多端口器件是否互易、无耗以及对称了。

5.2.6 工程实际中散射矩阵的测量

对于一个微波器件,无论是二端口还是多端口,甚至是一端口,对其进行评估的最重要的参数都是散射矩阵 $\boldsymbol{S}$,因此很有必要了解一下在工程实际中如何对一个微波器件进行 S 参量的测量[11]。

测量 S 参量的设备学名是矢量网络分析仪(Vector Network Analyzer,VNA),简称矢网,想洋气点直接叫 VNA 也行。这个东西可以看作一个微波实验室用来撑门面的重要工具,一是因为重要,二是因为贵。可以这么说,一个实验室如果连台矢网都没有,那肯定不好意思说自己是做微波的,更别提跟同行打招呼了,同行压根不承认你是同行。这里倒不是嫌贫爱富,关键是这个东西太重要了,当然也从另一个方面反映出散射矩阵太重要了。

矢网的内部结构示意图如图 5-7 所示。

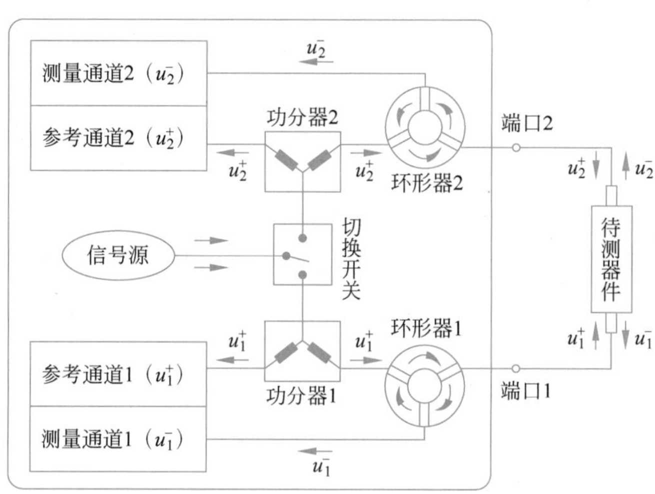

图 5-7 矢网的内部结构示意图

以二端口器件的测量为例,矢网测量 S 参量的整个流程为(该流程需配合图 5-7 一起理解):①矢网的两个端口通过同轴线缆连接到待测器件的两个端口上;②切换开关先连接到通道 1,此时信号源发出一个微波信号,通过功分器 1 分成两路信号,均为 u_1^+,一路进入参考通道 1 测得幅度相位作为参考信号 u_1^+ 备用,另一路通过环形器 1 从端口 1 出来之后进入待测器件的端口 1,此时一部分信号进入待测器件,另一部分则在待测器件的端口 1 处发生反射,成为出射波 u_1^-,u_1^- 在原路返回时经过环形器 1 直接进入测量通道 1 并被测得幅度和相位;③切换开关连接到通道 2,将上述步骤重新走一遍,可以得到参考信号 u_2^+ 以及测量信号 u_2^-;④至此,获得二端口网络 S 参量的 4 个重要角色已经就位,直接进行除法运算就完事儿了。

$$S_{11}=\frac{u_1^-}{u_1^+},\quad S_{12}=\frac{u_1^-}{u_2^+},\quad S_{21}=\frac{u_2^-}{u_1^+},\quad S_{22}=\frac{u_2^-}{u_2^+} \tag{5.33}$$

为了增加直观印象,将矢网的实物照片也一并献上,特别精选国货之光,来自青岛思仪公司,如图 5-8 所示。

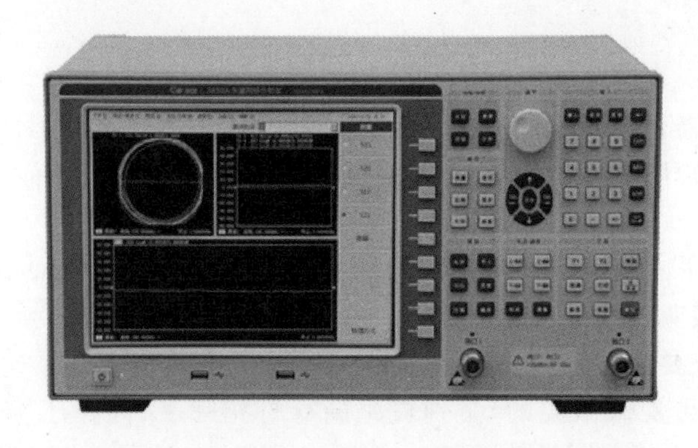

图 5-8　矢量网络分析仪实物(来自思仪公司)

说到这里,有几个问题还是需要再说明一下,就采用自问自答的方式吧,

(1) 矢网一共就两个端口,如果待测器件有更多端口怎么办?

答:不管有多少个端口,都可以测,只不过端口多了麻烦点,比如:一个三端口器件,需要先把器件的端口 1、2 连上矢网,端口 3 接匹配负载,测端口 1、2 的 4 个 S 参量;接着把器件的端口 1、3 连上矢网,端口 2 接匹配负载,测端口 1、3 的 4 个 S 参量;接着把器件的端口 2、3 连上矢网,端口 1 接匹配负载,测端口 2、3 的 4 个 S 参量。至此一共 12 个 S 参量到手,不过其中 S_{11}、S_{22} 以及 S_{33} 我们都测了两遍,因此实际只得到 9 个 S 参量,对应三端口网络散射矩阵的三阶方阵。这里的匹配负载在某宝上就可以买得到,根据工作频段不同价格不同,本质上是一个负载电阻,与端口传输线的特性阻抗相同,可以让某个端口流入器件的入射波变成零。

(2) 功分器和环形器是干啥的?

答:功分器顾名思义就是搞功率分配的,一路信号分成多路,可以等分,也可以按照比例分,图 5-7 中的功分器就是把信号源出来的信号一分为二,一路进参考通道作为备份,一路进测试通道后续用来跟参考信号作比较。图 5-7 中环形器就是一个三口的微波大转盘,不过通过通行规则更严格,一般来说从第一个口进去,必须从第二个口出来,从第二个口进去,必须从第三个口出来,以此类推,可以实现不同方向信号间的隔离。环形器内部采用铁氧体结构,是一种典型的非互易器件。

(3) 整个测量过程时长如何?

答:得益于强大的电路控制及信号处理技术,整个测量过程快如闪电,电光石火之间,几百上千个频点下的某 S 参量都能测出来,形成一条曲线。这里需要提醒一下,以后大家在矢网看到的那些 S 参量,比如 S_{21},每个频点下都有一个对应的值,然后形成一条随频率变化的曲线,也就是说,一个微波器件的 S 参量是随着频率的变化而变化的,而绝大部分微波器件都要工作在一个频段上,因此我们选取的工作频段区间上的 S 参量是一条曲线,且满足某个标准,这与之前学过的带宽的概念一致。

(4) 为什么实际工程中 S 参量都喜欢转换成分贝?直接用实际的数值不好吗?

答:喜欢使用分贝,并不是微波工程师特有的习惯,对于一些参数值变化范围很大的指标,大家都喜欢用分贝。就拿 S 参量来说,实际中的 S 参量变化范围可能从零点零零几到几百万，这种情况其实挺让人讨厌的，无论是记录还是传达，都比较麻烦。这里举个更容易理解的例子，曾经有部很火的电视剧，叫《三生三世十里桃花》，剧中一众神仙颜值着实可以，可就是这参差不齐的年纪对于神界掌管档案的工作人员很不友好，小的几百岁，大的几十万岁，这要再加上虫族的什么朝菌、蟪蛄之类的，可能只有零点零零几岁，好家伙，直接横跨七八个数量级。哪天神界真要搞一个年龄摸底表，大概会是表5-2这样的，要么就行不能整齐，要么就列不能整齐，不仅给制表工作者带来很大的不便，"父神"看了也迷糊。

表 5-2 神界人物年龄表(岁)

姓名	朝菌	蟪蛄	白辰	素锦	凤九	夜华	白浅	折颜
年龄/岁	0.00 1	0.01	300	500	4000 0	9000 0	1400 00	3600 00

对于这种变化范围很大的量，假如用上分贝，那情况就会好很多了，我们可以将每个人的年龄都取对数乘以10，此时可以得到新的表格如表5-3所示。

表 5-3 神界人物年龄表(dB)

姓名	朝菌	蟪蛄	白辰	素锦	凤九	夜华	白浅	折颜
年龄/dB	−30	−20	25	27	46	50	51	56

这么一对比，是不是瞬间清爽多了，横跨八个数量级的年龄全部转换成两位数了，所以说，分贝在遇到变化范围很大的参数时还是很实用的，这下大概就能明白为什么 S 参量都喜欢用分贝了吧。此外，分贝还有一个好处，可以把原来的乘除算法转换为加减算法，比如 A 是 B 的2倍，转换为分贝数之后，就可以直接说 A 比 B 多3dB。当然，如果一件事儿全都是好处也不科学，分贝的缺点在于肯定不能像实际数值那样精确，存在一定程度的近似，这对于精确度要求不高的场合是适用的。

还有一点需要指出，S 参量本质上是电压的比值，因此以10为底取对数之后，乘以20可以得到分贝；而对于功率来说，则是以10为底取对数之后乘以10得到分贝，因为电压和功率之间有一个平方关系。

顺便再提一下声音的分贝，这个应该是大家最熟悉的，与 S 参量一样，声音强度也是一个比值，是某一音量和人类能够刚刚听到的1kHz的音量相比得到的值，这个比值的变化范围也很大，可以横跨好几个数量级，因此一般也用分贝(dB)表示，人类可以承受的最大音量大概是80dB，这个声音的声压大概是人类能够刚刚听到的1kHz声音声压的一万倍。

(5) 感觉内部结构还挺简单的，为什么会很贵？

答：年轻真好。首先，我们用矢网要测量的不是一个频点下的 S 参量，而是一定频率范围内的 S 参量。主流的矢网，其测试范围可以从几百兆赫兹(MHz)一直到几十吉赫兹(GHz)，这就要求两个通道中的各种器件都要能够工作在这么宽的频带范围，以信号源为例，单个不够，需要好多个信号源分段覆盖不同的频段，其他器件亦是如此，这样就又需要不同的开关进行快速切换，进而需要一个复杂的自动控制和信号处理系统，如此一来不但科技含量急剧上升，造价也几何倍增长。因此，此前国产矢网缺位的情况下，国外的进口品牌漫天要价，我们却不能就地还钱。

(6) 目前这种仪器国产的和进口的差距大吗?

答:矢网目前在国产化方面已经取得了很大的进展,在中低端领域已经基本可满足需求,但是测量频段达到上百甚至几百吉赫兹的矢网还跟国外的技术有着较大的差距。这是咱们国家在科研仪器领域的一个缩影,在其他领域也有很多被“卡脖子”的技术,还需要同学们一起使劲儿。

视频

5.2.7 工程实际中几个来自散射参量的参数

在实际的微波工程应用中,有一些用来描述器件性能的常用参数本质上就来自散射参量,只不过换了一个听起来更专业的名字而已,这里面给大家介绍一下,顺便也沾染点微波江湖的习气[12]。

1. 电压传输系数

微波器件的电压传输系数定义为网络输出端口参考面接匹配负载时,网络输出端口处的归一化出射波与输入端参考面处的归一化入射波之比,反映了从一个端口向另一个端口传输电压波时的效率。以二端口网络为例,即

$$T=\left.\frac{u_2^-}{u_1^+}\right|_{u_2^+=0}=S_{21} \tag{5.34}$$

对二端口互易网络,

$$T=S_{21}=S_{12} \tag{5.35}$$

对于多端口网络,需要特别指明是哪两个端口之间的电压传输系数[13]。

2. 插入衰减

插入衰减定义为网络插入前、后负载吸收功率 P_{l0} 和 P_l 之比的分贝数,反映了因为器件的插入所造成的功率损耗大小,即

$$L_i=10\lg\frac{P_{l0}}{P_l}(\mathrm{dB}) \tag{5.36}$$

为了导出二端口网络的插入衰减与网络参量之间的关系,考虑如图 5-9 的二端口微波系统,当网络未插入时,参考面 T_1 和 T_2 重合,有

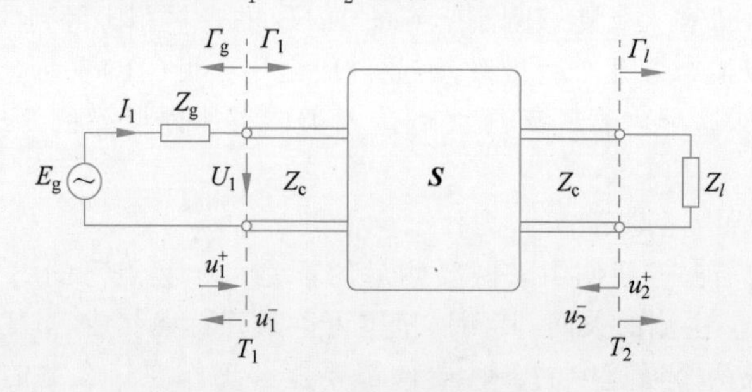

图 5-9 二端口微波网络示意图

$$P_{l0}=\frac{1}{2}(|u_1^+|^2-|u_1^-|^2)=\frac{1}{2}|u_1^+|^2(1-|\Gamma_l|^2) \tag{5.37}$$

而参考面 T_1 处电压和电流的关系为

$$U_1 = E_g - I_1 Z_g \tag{5.38}$$

将上式进行归一化，可得

$$\sqrt{Z_c} u_1 = E_g - \frac{i_1}{\sqrt{Z_c}} Z_g \tag{5.39}$$

即

$$\sqrt{Z_c}(u_1^+ + u_1^-) = E_g - \frac{1}{\sqrt{Z_c}}(u_1^+ - u_1^-) Z_g \tag{5.40}$$

令

$$\Gamma_g = \frac{Z_g - Z_c}{Z_g + Z_c} \quad 或 \quad \frac{Z_g}{Z_c} = \frac{1+\Gamma_g}{1-\Gamma_g} \tag{5.41}$$

再将上式代入式(5.40)，并注意到

$$u_1^- / u_1^+ = u_2^+ / u_2^- = \Gamma_l \tag{5.42}$$

于是

$$u_1^+ = \frac{E_g}{2\sqrt{Z_c}} \frac{1-\Gamma_g}{1+\Gamma_g \Gamma_l} = \frac{u_g^-}{1-\Gamma_g \Gamma_l} \tag{5.43}$$

其中，

$$u_g^- = u_1^+ \big|_{\Gamma_l = 0} = u_g(1-\Gamma_g)/2 \tag{5.44}$$

这样，式(5.43)代入式(5.37)可得

$$P_{l0} = \frac{|u_g^-|^2}{2|1-\Gamma_g \Gamma_l|^2}(1-|\Gamma_l|^2) \tag{5.45}$$

插入网络后，有

$$P_l = \frac{1}{2}(|u_2^-|^2 - |u_2^+|^2) = \frac{1}{2}|u_2^-|^2(1-|\Gamma_l|^2) \tag{5.46}$$

式(5.45)代入式(5.46)可得

$$P_l = \frac{1}{2} \frac{|S_{21}|^2(1-|\Gamma_l|^2)|u_g^-|^2}{|(1-S_{11}\Gamma_g)(1-S_{22}\Gamma_l) - S_{12}S_{21}\Gamma_l\Gamma_g|^2} \tag{5.47}$$

最后，式(5.45)和式(5.47)代入式(5.36)即得插入衰减为

$$L_i = 20\lg \frac{|(1-S_{11}\Gamma_g)(1-S_{22}\Gamma_l) - S_{12}S_{21}\Gamma_l\Gamma_g|}{|S_{21}||1-\Gamma_g\Gamma_l|} \tag{5.48}$$

特别地，当信号源处和负载处都阻抗匹配时，即

$$\Gamma_g = \Gamma_l = 0 \tag{5.49}$$

有

$$L_i \big|_{\Gamma_g = \Gamma_l = 0} = 20\lg \frac{1}{|S_{21}|} \tag{5.50}$$

可以看出，此时的插入衰减就是电压传输系数模值倒数的分贝数。

3. 相移

任何二端口器件接入微波系统都可能引起相移，若二端口网络接入信号源和负载之间，如图5-10(a)所示。

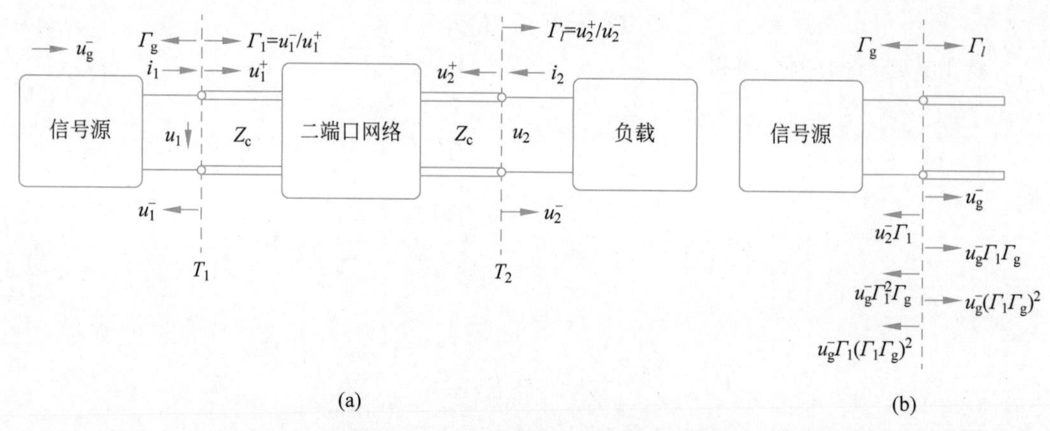

图 5-10　二端口网络接入微波系统示意图

则信号源的归一化出射波和网络输出端参考面处的归一化出射波之间的相位差,定义为二端口网络的相移,即

$$\theta=\arg\left(\frac{u_2^-}{u_g^-}\right) \tag{5.51}$$

由于信号源与二端口网络输入端连接处有反射波,如图 5-10(b)所示,因此在参考面 T_1 处的归一化入射波 u_1^+ 为

$$u_1^+=u_g^-+u_g^-\Gamma_1\Gamma_g+u_g^-(\Gamma_1\Gamma_g)^2+\cdots=\frac{u_g}{1-\Gamma_1\Gamma_g} \tag{5.52}$$

根据网络的散射方程及终端条件,有

$$u_1^-=S_{11}u_1^++S_{12}\Gamma_l u_2^- \tag{5.53}$$

$$u_2^-=S_{21}u_1^++S_{22}\Gamma_l u_2^-=\frac{S_{21}}{1-S_{22}\Gamma_l}u_1^+ \tag{5.54}$$

于是可得

$$\Gamma_1=\frac{u_1^-}{u_1^+}=S_{11}+\frac{S_{12}S_{21}\Gamma_l}{1-S_{22}\Gamma_l} \tag{5.55}$$

代入式(5.52)可得

$$u_1^+=\frac{u_g^-}{1-S_{11}\Gamma_g-\dfrac{S_{12}S_{21}\Gamma_l\Gamma_g}{1-S_{22}\Gamma_l}} \tag{5.56}$$

式(5.56)代入式(5.54)可得

$$u_2^-=\frac{S_{21}u_g^-}{(1-S_{22}\Gamma_l)(1-S_{11}\Gamma_g)-S_{12}S_{21}\Gamma_l\Gamma_g} \tag{5.57}$$

所以,二端口网络的相移为

$$\theta=\arg\left[\frac{S_{21}}{(1-S_{22}\Gamma_l)(1-S_{11}\Gamma_g)-S_{12}S_{21}\Gamma_l\Gamma_g}\right] \tag{5.58}$$

显然,相移 θ 是一个与 Γ_l、Γ_g 和 $\boldsymbol{S}$ 矩阵均有关的特性参量。

特别地，当信号源与负载处都阻抗匹配时，相移可简化为

$$\theta = \arg S_{21} = \arg T = \varphi_{21} \tag{5.59}$$

式中，φ_{21} 为 S_{21} 的幅角。显然，此时的 θ 就是电压传输系数的幅角[14]。

5.3 一些典型微波元器件

前面介绍了散射矩阵的内涵、性质以及测量方式等，微波器件则都被抽象成有若干端口的黑盒子，本节会介绍一些实际中经常用到的微波器件，大概了解一下它们的功能和原理，算是理论照进现实的一个转变。鉴于现实中微波器件种类繁多，这里还是本着一贯的风格，按照一端口、二端口、三端口的分类，简单介绍几种典型的微波器件，算是稍微入个门，以后就算遇到课本中没见过的微波元器件，也能做到纵使内心慌得很、表面依然笑嘻嘻的状态[15]。

5.3.1 一端口器件

匹配负载是一种几乎能无反射地全部吸收传输功率的一端口元件，说白了就是只要入射波碰上它，基本上是有去无回，之前讲散射矩阵参量的测量方法时提到过它。作为一种典型的一端口器件，匹配负载的散射参量就一个，即 S_{11}。图 5-11(a)展示了一种常见的同轴型匹配负载结构示意图，在某宝几块钱就能买到它。这种同轴型匹配负载的工作频带非常宽，一般的可以从直流(DC)一直工作到 18GHz，好点的甚至可达到 40GHz。在工作频带内，驻波比(ρ)可以做到 1.2 以下，此时对应的 $|S_{11}|=0.09=-21\text{dB}$，好点的匹配负载，驻波比甚至可以做到 1.1 或者 1.05 以内，当然性能越好，价格就越高。这里的驻波比和散射参量 S_{11} 的模值成正比，即

$$|S_{11}| = \frac{\rho - 1}{\rho + 1} \tag{5.60}$$

图 5-11(b)和(c)则分别为波导型和微带型的匹配负载结构示意图。

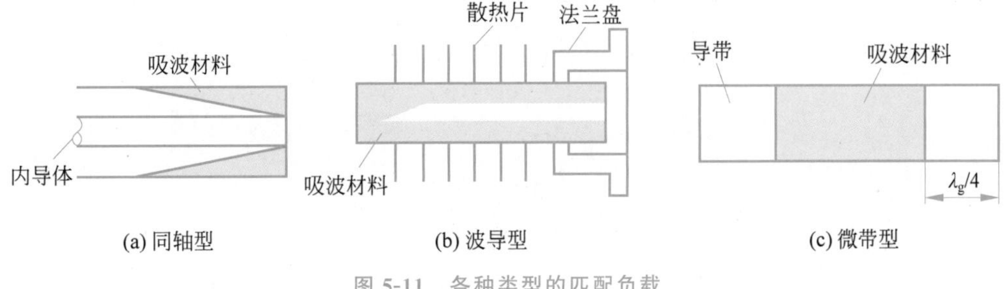

图 5-11 各种类型的匹配负载

匹配负载的工作原理并不难理解，无论是同轴型的、微带型的还是波导型的，都是在传输线或者波导内部填充吸波材料，吸波材料通常由介质片(如陶瓷、玻璃、胶木等)表面涂上金属碎末或炭木制成，其形状有圆锥、尖劈、梯形以及薄膜等。由于吸收的微波通常都转换成了热量，对于大功率的匹配负载还有散热的需求，有用散热片的，也有用水的，其中水也可以做吸波材料。

终端可以接匹配负载，也可以接短路或者开路元件，这三种都是典型的终端元件，前面提到的矢网，一般都会附带性能非常好的一套终端元器件，用于矢网校准或者微波器件测量。高端一点的甚至直接把短路、开路以及匹配负载做成一个可控电子器件，在不同状态下随意切换。

5.3.2 二端口器件

衰减器和移相器是常用的二端口微波器件，分别用于控制微波信号的幅度和相位，在微波电路中应用非常广泛，比如第6章要讲到的相控阵天线，每个阵列单元的激励或接收信号的幅相控制就需要用到衰减器和移相器。

1. 衰减器

衰减器(Attenuator)用来控制微波信号的幅度，可以把微波功率衰减到所需的电平，主要可分为吸收式、截止式以及旋转极化式三种类型。按照散射矩阵的观点来看，衰减器是一个二端口的互易网络，理想情况下其散射矩阵为

$$\boldsymbol{S}=\begin{bmatrix}0 & \mathrm{e}^{-al}\\ \mathrm{e}^{-al} & 0\end{bmatrix} \tag{5.61}$$

吸收式衰减器通过在波导结构中放置尖劈形吸波片对波进行吸收，达到衰减的效果，而信号衰减的程度可以通过横向移动吸收片的位置来控制。吸收式衰减器是微波系统中应用最多也最简单的一种衰减器，如图5-12(a)所示。

截止式衰减器则利用工作于截止状态的波导，通过调节截止波导段的长度来调节衰减程度，如图5-12(b)所示，截止波导通常采用圆波导，两边用同轴结构引出两个端口，因为波并没有被吸收，而是被反射了，因此这种类型的衰减器匹配较为困难，一般都是与吸收式衰减器配合使用；旋转极化式衰减器由一段中间放置吸波片的圆波导所构成，在使用过程中，通过旋转吸波片来调节其与电磁波极化方向的夹角，从而达到控制衰减程度的目的，该夹角越小，衰减量越大，如图5-12(c)中的第②段所示。

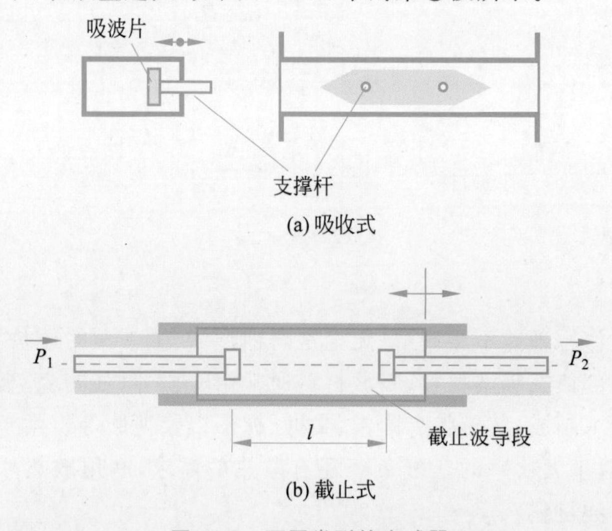

图5-12 不同类型的衰减器

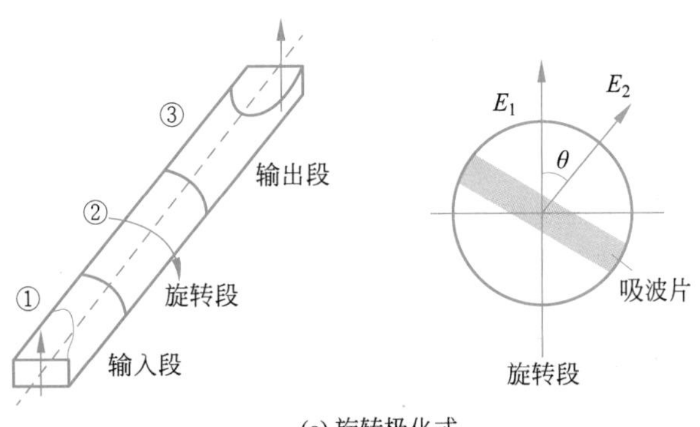

(c) 旋转极化式

图 5-12 （续）

2. 移相器

移相器(Phase Shifter)用来控制微波信号的相位，在微波系统中的应用范围也相当广泛，比如大名鼎鼎的相控阵天线，每个单元都必须配备一个移相器。理想移相器的散射矩阵为

$$\boldsymbol{S}=\begin{bmatrix}0 & \mathrm{e}^{-\mathrm{j}\varphi}\\ \mathrm{e}^{-\mathrm{j}\varphi} & 0\end{bmatrix} \tag{5.62}$$

根据传输线理论，导行波通过一段长度为 l 的传输系统后，相位变化为

$$\varphi=\beta l=\frac{2\pi}{\lambda_{\mathrm{g}}}l \tag{5.63}$$

可见，要想移相，要么改变相移常数 β，要么改变传输线长度 l，相比之下，改变前者的可行性还是要高一些，最简单直接的做法就是在波导中插入介电常数为 ε_{r} 的无耗介质片，通过介质片的横向位移来改变相移。介质片在波导边上时相移量最小，在波导中央时相移量最大，如图 5-13 所示，其结构与上面所提到的衰减器很像，只不过高损耗的吸波片变成了无损耗的介质片。

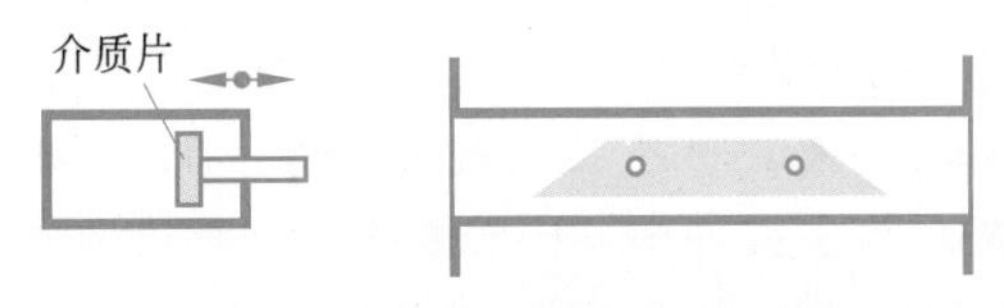

图 5-13 横向移动的介质片移相器

需要指出的是，上面介绍的衰减器和移相器都是采用较为传统的做法，结构简单，性能稳定，缺点是体积较大，不利于大规模集成，且衰减量或者相移量的变化需要机械控制，调节速度慢。得益于电子半导体技术的发展，利用二极管以及微带线等器件，如今的衰减器和移相器已经实现了模块化和数字化，体积很小，且可以通过写入电压控制信号快速精确地控制衰减量或相移量。有兴趣的同学可以去西安恒达微波等公司官网上看一看，可谓琳琅满目，做工精良，在这些领域国产器件的水平还是很不错的。

除了衰减器和移相器之外，典型的二端口器件还有不同类型传输线的转接器、调配器以及滤波器等，这里不详细展开介绍，有兴趣的同学可以去知网等网站搜关键词，一搜一大堆，看都看不完。

视频

5.3.3 三端口器件

在微波系统中，三端口器件一般用作功率分配或者合成，有点像水管中的三通，一般是具有三个端口的波导、同轴线或者微带线构成的接头。以矩形波导中的三端口器件为例，一段波导本来是二端口器件，但是如果在其中间位置再接上一段波导，就会构成一个“T”字形三端口器件，称为波导T形接头。当然，新接上的这段波导（分支波导）可以选择接在宽边上，也可以选择接在窄边上，由此会产生两种不同的结构，接在宽边上的称为E-T接头，接在短边上的称为H-T接头，结构分别如图5-14(a)和(b)所示。

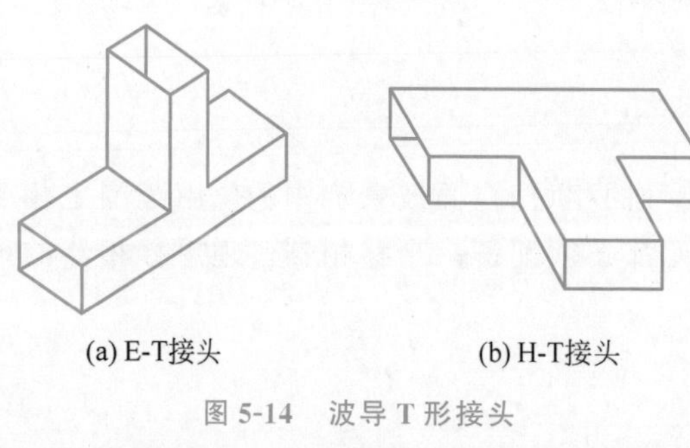

图 5-14　波导T形接头

首先从E-T接头说起，E-T接头的分支波导宽面与矩形波导中主模TE模的电力线所在平面平行，如图5-14(a)所示。假设波导中传输的是TE_{10}模，且当导波从某一端口输入时，其余两端口均接匹配负载，则E-T接头具有以下特性：当导波从端口③输入时，则端口①和②有等幅反相输出，其电力线分布如图5-15(a)所示。当导波从端口①输入时，②和③两端口均有输出。当导波从端口②输入时，①和③两端口均有输出，其电力线分布分别如图5-15(b)和(c)所示。而当导波从①和②两端口等幅反相输入时，在端口③处电场叠加增强，端口③有最大输出；当导波从①和②两端口等幅同相输入时，在端口③处电场相消，端口③无输出，其电力线分布分别如图5-15(d)和(e)所示。

若从波导宽边中心附近纵向电流的方向看，E-T接头的端口③的分支波导与主波导是串联的关系。因此，可用如图5-15(f)所示的串联分支传输线来等效。此等效电路并未考虑接头处不连续性的影响。实际上，在三个臂的接头处不仅有TE模存在，而且有高次模式出现，这些高次模式的场的作用相当于在接头处引入了电抗性元件。

有了E-T接头的铺垫，再来说H-T接头就很好办了，H-T接头是指分支波导在主波导的窄边上，分支波导宽面与主波导中TE模的磁力线所在平面平行，如图5-14(b)所示。假定各端口波导中只传输TE_{10}模，且导波从某一端口输入时，其余两个端口均接匹配负载，则H-T接头具有以下特性：当导波从端口③输入时，端口①和②有等幅同相输出；当导波从端口①和②等幅同相输入时，端口③处电场叠加，有最大输出；当导波从端口①和②等幅反相输入时，端口③处电场相消，无输出。其电场分布如图5-16所示，图中黑点代表电场线，其方向出纸面。

由于分支波导相当于并联在主波导上，故其简化等效电路如图5-16(c)所示。

接下来简单介绍一个应用实例，一来可以更加了解一下这种接头，二来可以体会一下工程师的奇妙构思。这个实例是关于H-T接头实现雷达收发开关装置的。雷达的大体工作流程大家都很清楚了，就是发射机把信号送到天线里，然后天线接收到回波信号

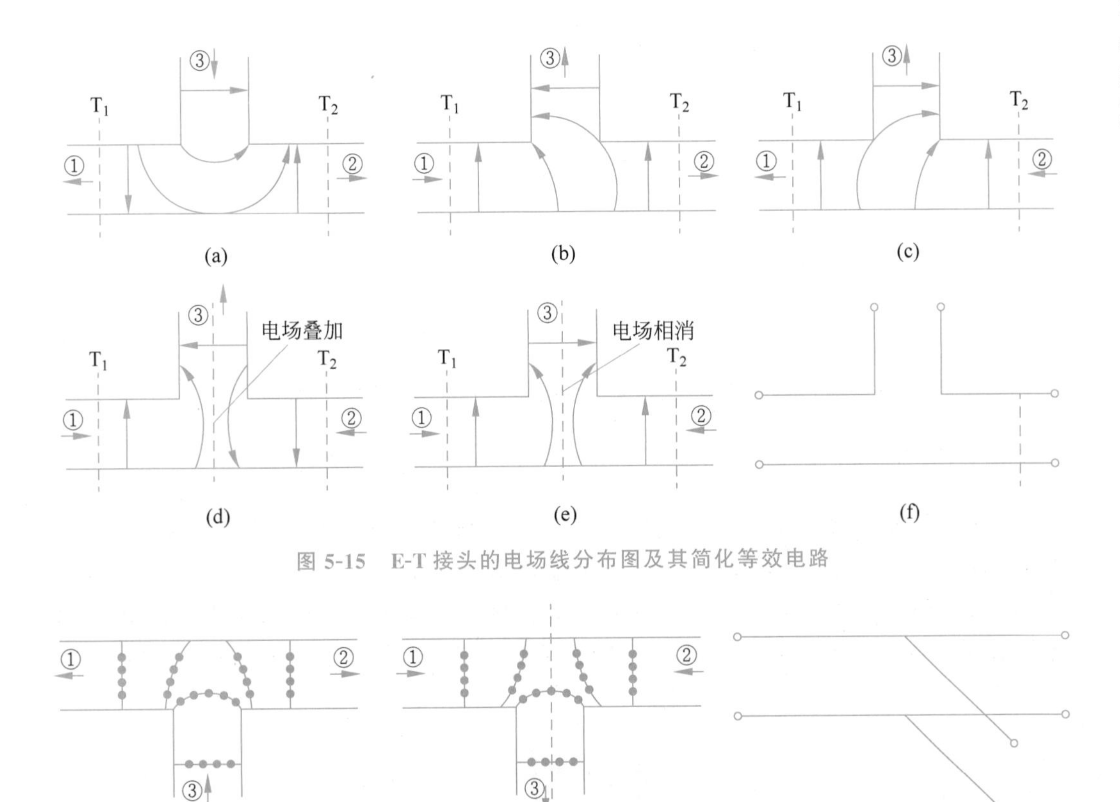

图 5-15 E-T 接头的电场线分布图及其简化等效电路

图 5-16 H-T 接头的电场线分布图及其简化等效电路

再送入到接收机里，很多情况下发射和接收共用同一副天线，因此工作时发射机和接收机要交替和天线连通，要完成这种交替，肯定不能派个接线员蹲那儿，一会儿把天线连到发射机上，一会儿把天线连到接收机，毕竟电磁波从发射到返回可能也就几毫秒的时间，因此就需要用到收发开关了，以实现天线与发射机和接收机之间连接的快速切换，其工作原理如图 5-17 所示，发射机连在 H-T 接头的端口①上，接收机连在端口②上，天线连在端口③上，其中 T_1 和 T_2 是气体放电管，平时是开路状态，遇到大功率电磁波时会击穿而变成短路状态，T_1 串联在端口①，距离端口③半个波导波长，T_2 则并联在端口②，距离端口③四分之一个波导波长。发射时，强大的发射信号功率会将 T_1 和 T_2 变成短路状态，此时，端口①导通，端口②则因并联了 T_2 而短路。端口①的输入功率记为 P_{1in}，遇到被短路的端口②，相位突变 180°后掉头变成端口②的输入功率 P_{2in}，不难得出，P_{1in} 和 P_{2in} 到达 AA′时正好是等幅同相的，这样端口③有最大的输出，强功率信号被天线发射了出去。接收时，信号功率很弱，T_1 和 T_2 变成了开路状态，此时端口①相当于被开路了，端口②则相当于被导通了，从天线下来的信号不会经过端口①进入发射机，而是会经过端口②进一步到达接收机中。这样一个雷达收发开关就实现了。上述过程其实不难理解，只要搞清楚 T_1 和 T_2 的短路、开路状态与端口①和②的短路开路的对应关系就可以了。

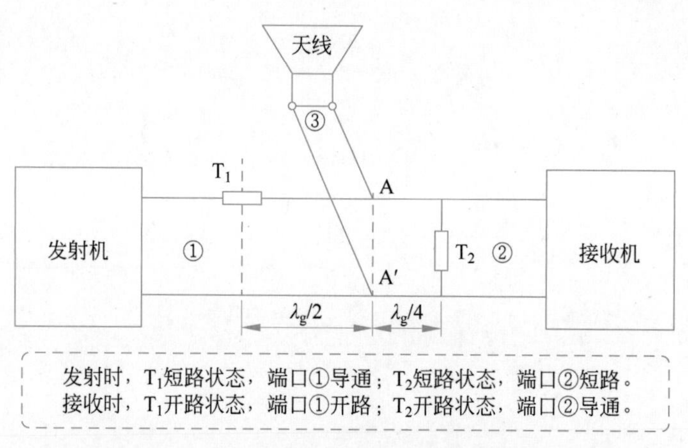

图 5-17 H-T 接头实现的雷达收发开关示意图

工程实际中，主波导上可能长边或者短边同时都接上分支波导，形成四端口器件波导双 T，在双 T 的各端口内部放置销钉或者膜片等匹配元件，就会形成魔 T，有兴趣的读者可以去知网等网站搜，也是一搜一大把。其他比较常见的三端口器件还有环形器、耦合器等，有了本章学到的知识护体，以后真正需要使用时再临时抱佛脚也完全来得及。

第6章 天线

6.1 为什么要学天线?

6.1.1 导行波的觉醒

在前几章里,微波其实一直都过得都挺憋屈,因为不是在线上(传输线)传,就是在管子(波导)里传,或者在器件不同的端口进进出出,都是沿着人类事先设计好的路径进行传播,称为导行波。

直到有一天,导行的微波到了东北,还跟别人显摆自己有多牛,结果直接被迎面怒怼:瞅把你能的,你咋不上天呢!听完这话,微波当时就有点悟了:对啊,我怎么就不上天呢?导行波走来走去,终归还是像陆地交通工具那样,必须得有公路或者铁路等,这要是能像飞机一样上了天,直接在空中传来传去,不就可以摆脱"线"的束缚,自由地飞翔了。人一旦有了梦想,就会努力去实现,而导行波一旦有了梦想,人类就会努力帮它实现。能够不依赖传输线而在空中自由传播的微波称为空间波,也就是大家常说的无线电波(图 6-1)。这种从有线到无线的转变,从方方面面彻底改变了人类的生活。最显著的一个例子就是,有线的情况下,家家户户都得靠着固定电话进行通信,在哪打电话就老老实实地在哪蹲着,然而到了无线普及时,大家就可以拿着手机一边通话一边到处乱窜了,相当自由。类似的例子太多太多,与大家的生活联系太紧,不需要多费口舌去列举。

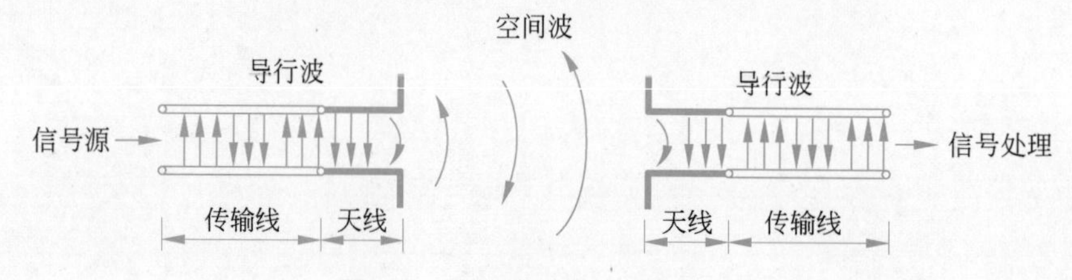

图 6-1 导行波到空间波的转换

6.1.2 导行波到空间波的转换

既然空间波这么好,那把导行波变成空间波,需要什么样的器件呢?当然是天线,不然这章的名字都起好了,不讲天线还能讲啥。严格地说,天线是实现导行波和空间波相互转换的器件,也就是说,天线不仅可以把导行波撒到空中成为空间波,还可以将空间中的波给接收下来,形成导行波[16]。天线的英文名字叫 antenna,本意是蚂蚁头上的那个触角,因为西方学者研究蚂蚁时,对其利用触角进行隔空相互沟通的方式印象非常深刻,这与人类拿天线发射和接收电磁波很类似,因此直接把天线就称为人类的触角(antenna)。这种命名方式简单粗暴,而中国人对于 antenna 的翻译显然是意译,架设在天上的无形之线,听着就很美妙,可谓是信雅达了。顺带提一句,日语里的天线叫"空中線",较之于天线,还是差点儿意思。

视频

6.1.3 你真的懂天线吗?

天线这个词对于大家来说并不陌生,而人类经常有一个错觉,就是总爱错误地认为自己非常了解经常听到的事情。在这一点上,天线跟爱情特别像,好多人为了爱孤军奋斗，早就吃够了爱情的苦，然后感觉自己看透了爱情，开始各种布道：想当年哥在情场拼杀时如何如何，其实说这话时可能连姑娘的手都没有牵过。类似的情况也经常发生在天线这个领域，天线工程师跟刚认识的朋友聊天，当说到自己的专业方向是天线时，可能就会有人发出“突然明白”的“哦”声了，然后开始很激动地说：知道知道，天线嘛，就是收发信号用的，这玩意儿有啥好研究的。天线工程师此时一般都会表面笑嘻嘻，内心嘀嘀嘀，就像看到了一个从没牵过女孩子手的哥们儿在大谈爱情时可爱的样子。不过话说回来，爱情终归是个哲学问题，天线充其量算是个科学问题，在咱们这章也就是个工程问题，因此，过完这一生，我们可能还是不懂爱情，但是学完这门课，最起码能稍微懂点天线，如果后续真的要在这个方向深入研究，这就算启蒙了。不研究这个方向的同学，懂点天线更好，因为天线是所有无线电子系统中不可或缺的重要组成部分。

6.1.4 广阔天地，大有作为

从 1894 年，俄罗斯的亚历山大·波波夫(图 6-2)发明了现代意义上的天线后，100 多年以来，天线技术取得了长足的进步，种类也是多种多样。然而，人类的欲求终归是没有穷尽的，对于无线系统性能的要求越来越高，相应的天线性能也需要与之匹配。不夸张地说，现在天线的性能已经成为很多无线探测或通信系统的瓶颈，制约着系统整体性能的进一步提升。如果觉得“瓶颈”不好听，也可以换成“机遇”，因为天线的研究和设计仍然是广阔天地、大有可为。只要能深入地研究，随便攻克一个瓶颈，那就是为社会做了贡献，“升职加薪”这种小事情简直不在话下，“登上人生巅峰”也是指日可待。

图 6-2 亚历山大·波波夫(俄罗斯，1859—1906)

6.1.5 这一章讲点啥

本章相当于天线的入门，可以引导读者从一个懵懂无知的门外汉转变为一只呆萌的天线小菜鸟。主要包含几方面的内容：天线是怎么工作的？如何评价一个天线的性能？如何分析建模一个天线？实际的天线分成哪几种类型？构成天线的微元是什么？天线有哪些比较高阶的玩法？上面的问题基本上涵盖了天线入门的框架性内容，学完本章，基本上也能回答个七七八八了。

6.2 天线的工作机理和评价指标

6.2.1 天线的辐射和接收机理

想象一下,有两个少年,一个叫小西,一个叫小工,两人准备用一根线完成相互之间的信息传递。小西捏住线的一端抖动,小工在线另一端观察,二人约定好了每隔一秒小工就观察一次,抖得快代表 1,抖得慢代表 0,这样,一个非常简易的通信装置就实现了,可以完成从一点到另一点的信息传输。这种方式虽然简陋,却包含着通信过程最基本的原理。当然,小西和小工的做法槽点还是很多的,更像是一种行为艺术(图 6-3)。首先要在两点之间架设一根连接线,又耗材料又占空间,两点之间还不能有任何的障碍物；其次,抖动波在线上的传播速度很慢,这边抖完那边可能需要好久后才能看到,延迟太严重。在这个过程中,导致这些槽点的原因就在这条线上,好像无论这根线是用什么材料做成的,无论粗细,用它来传信息都显得非常笨拙。

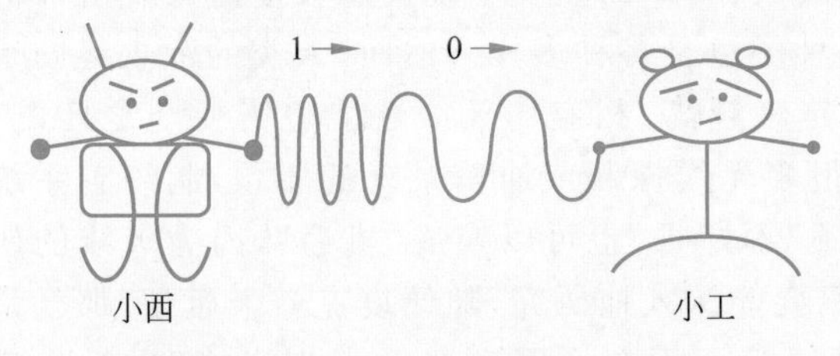

图 6-3　小西和小工的通信行为艺术

然而,人类为了快速的信息传递一直都在寻一根合适的线,通过这根线,可以把两个点连起来,而信息则可以通过振动的方式从线的一头快速传递到另一头。直到 19 世纪,事情发生了重大的转机,人们震惊地发现,这条线不但找到了,而且不止一条,有好多好多条。优点不止一个,有好多好多个：这些线不用制造,不用架设,没有质量,浑然天成；线的一头抖动起来,传播速度奇快,直逼光速；还可以穿墙越户,来去无痕……感觉越说越玄乎了,再不揭晓答案就成《走近科学》了,这根线的名字是电场线,小西和小工用过都说好,直到他俩长大了,还在用。

取出一个电子,它的身边就会遍布无数条电场线,这里为了清楚起见,只画出其中比较有代表意义的 8 条线。由图 6-4 可见,电场线的一头固定在电子上,另一头则指向远方。此时,我们让该电子进行上下振动,电场线 1 和 5 跟着振动得最起劲,电场线 2、4、6、

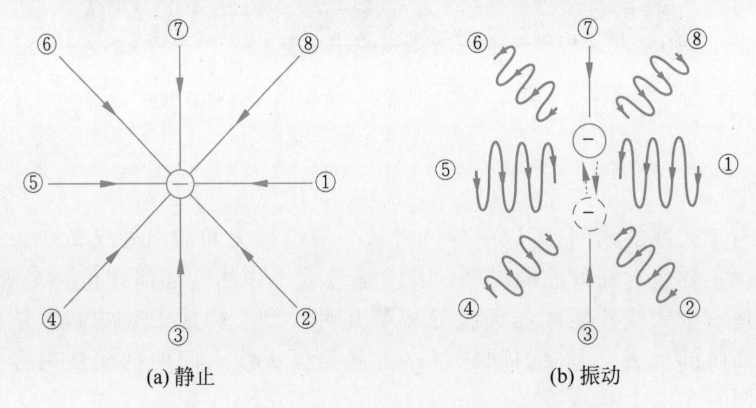

图 6-4　单个电子静止与振动时的电场线示意图

8 也跟着振动，只不过没有 1 和 5 那么起劲，而电场线 3 和 7 由于指向和电子振动的方向相同，并没有办法产生和电子一样的振动。显然，如果要用来进行信息传递，电场线 1 和 5 都是更好的选择。

这里选择电场线 1。可以说，电子怎么抖，电场线 1 也就怎么抖，这种振动就沿着电场线 1 以光速向右传播，也就是电磁波，这其实就是电磁波辐射的微观原理。

当然，也不是电子随便抖一抖，电磁波就马上有了，在健身房里玩过战绳（图 6-5）的同学都知道，要想在战绳上抖出一串漂亮的大波浪，双臂甩动的幅度和频率那是要配合起来的，如果频率够快，那么小幅甩动也可以，甩出的波浪横向周期（波长）比较短；但是如果频率有点慢，就需要大幅度地甩动，甩出的波浪横向周期（波长）比较长。还有一个很有意思的现象，下次再去健身房玩战绳时可以留意一下，当双臂甩动的幅度和甩出来的波长差不多时，甩出来的波浪会非常漂亮。再说回电场线，这个本质上和战绳很像，要想高效地甩出电磁波，甩动电子的幅度要和波长是可以比拟的，这里先简单埋个伏笔，后面再详聊。总之，不管怎样吧，我们现在已经知道电磁波是怎么产生并且被“甩”到空中去的，这个“甩”过程可以叫发射，也可以叫辐射。

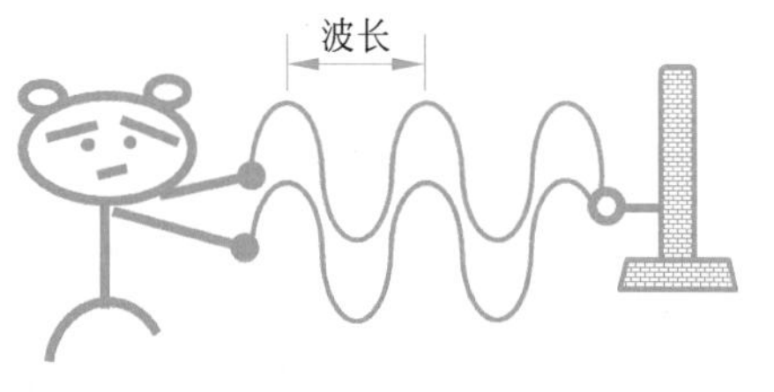

图 6-5　小工玩战绳

电磁波进入空中之后，就可以自由地飞翔了，但终归我们还是要再把它从空中接收下来，怎么做？所谓解铃还须系铃人，既然发射是由电子抖出来的，那么接收工作也还是要靠电子。假如在远方，有另外一个电子，正在做一个安安静静的美电子，突然之间，它感受到了一股强大的力量，然后被控制着上下振动。这个力量就是电场线造成的，毕竟电场线又叫电力线，是对电子有力量的。一阵眩晕之后，不管这个电子舒不舒服，愿不愿意，电磁波的接收工作已经完成了，电磁波又重新转换为电子的振动，如图 6-6 所示。在这个过程中，除了振幅变小点之外，可以说负责接收的电子在相位和频率方面完全复制了负责发射的电子的振动，信息就这样被传递了。

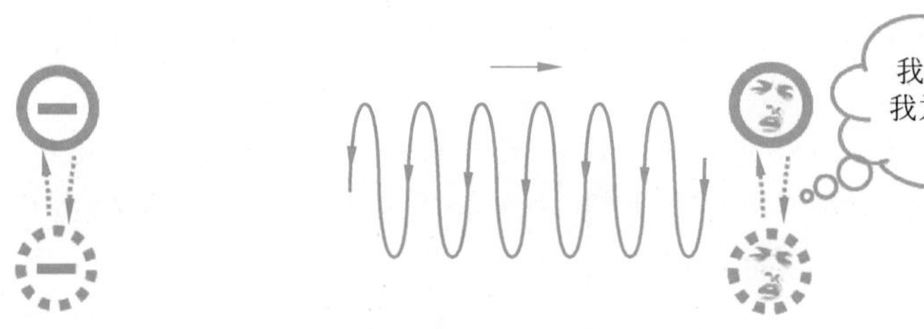
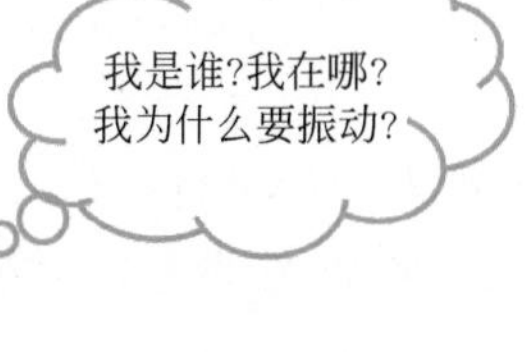

图 6-6　一个电子振动，远处另一个电子被迫振动

上面就是从一个电子的层面来理解电磁波的辐射和接收，当然，这只是为了有更直观的认知，在实际工程中肯定不是这样玩的，因为想要控制单个电子一来很难，二来很弱，一般来说，在实际操作中都是一次性控制一大群电子集体振荡，说白了就是电流和电压，这样马上就回到了我们的宏观认知范畴。

通过高频电压或者电流可以驱动一大群电子疯狂往返“蹦迪”，每个电子身上都有无数条电场线，这样一来，强烈的电磁波就可以被辐射出去了。年轻人蹦迪会去操房，中老年更多会选择广场，而电子们“蹦迪”的场所就叫天线（图 6-7），这也就是天线用来辐射时的本质角色。要问哪里电子最多最自由，当然是金属中，因此天线一般都是用高导电率的金属材料制成的。

图 6-7　自由电子的“蹦迪”场所——天线

至于电磁波的接收，其实用来接收和发射的天线在结构上没什么区别，只不过接收天线上面不加载高频电压和电流，而是让一帮自由电子静静地等着，等空中的电磁波过来时带动着接收天线上的自由电子进行集体振荡，形成和发射天线上变化规律相同的电压和电流，进而被后端的信号处理单元进行分析处理，还原出电磁波中包含的信息。所以不要把发射天线和接收天线当成两回事，所有的天线都可以既用来发射又用来接收，就看我们把天线的端口当成高频电压电流的输入端还是输出端。举个典型的例子，其实很多雷达系统的发射天线和接收天线是同一个天线，自己发完自己收，当电磁波回来时，里面已经包含了被探测目标的一些信息。

上面是天线辐射和接收机理的一个定性描述，可以作为我们后续从数学上定量建模分析天线的铺垫。

视频

6.2.2　天线的评价指标参数

知道了天线是如何工作的，还得知道它工作得怎么样，这就涉及如何对不同的天线进行统一的评价。见到一个天线，就算嘴上不说，心里也会对其性能指标指指点点一番，但前提是得知道用什么参数去评价，总不能说这个天线很漂亮，那个天线很调皮之类的。天线的参数很多，这里介绍比较常用的几种，供大家以后在天线圈里和各路人马谈笑风生。

既然要对天线进行评价，最好能有个实际的天线来充当被指指点点的角色，不然总感觉有点太抽象，这里我们就用对称振子天线，一来简单易于理解，二来后续我们还要将其作为线天线的典型代表进行更加深入的剖析。

对称振子天线说白了就是终端开路且被迫一字马的平行双导线传输线。之前第 2 章、第 4 章中都说过，对于平行双导线这样的微波传输线来说，如果终端开路，就会有少量的信号泄漏，这种信号的泄漏对于天线来说就是辐射，大有点“彼之砒霜，吾之蜜糖”的感觉。因此我们如果想得到一个天线，巴不得这种信号泄漏得更多，这样的话，开路部分当然是敞得越开越好，那就只好委曲平行双导线终端的部分下个叉了，劈成一字马之后，最经典的天线——对称振子天线（图 6-8）就诞生了。

虽然对称振子天线是从平行双导线末端“劈叉”得到的，但是我们还是习惯于将其主体部分称为双臂，毕竟叫双腿总感觉有点别扭。“劈叉”的另一个好处在于，本来平行双导线的两根导线上电流流向是相反的，通过“劈叉”居然把双臂上的电流的流向劈成一致的了，正好给臂上的电子们提供了一个理想的线形“蹦迪”场所，可以随着高频电压的节奏，从臂的一端呼啦啦涌向另一端，然后再呼啦啦涌回来，又因为双臂的长度一般为半个波长（半波对称振子）或者一个波长（全波振子），所以可以非常有效地辐射电磁波。这里以最常用的半波对称振子为例，讲述天线的几个重要的参数。

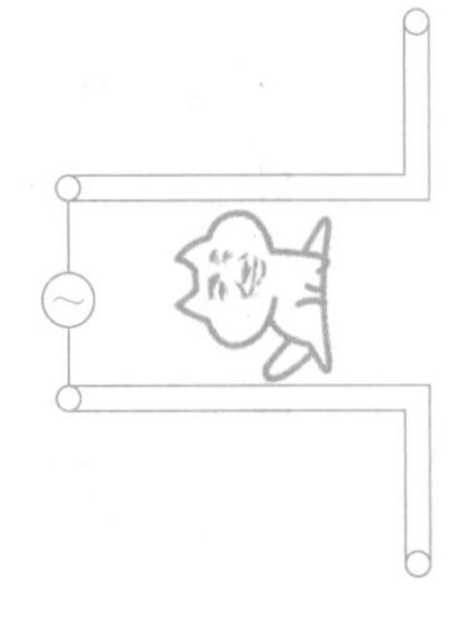

图 6-8　平行双导线终端开路“一字马”成为对称振子天线

1. 阻抗带宽及天线效率

在理解天线的阻抗带宽及效率之前，我们先来了解一下微波信号从传输线上的导行波到自由飞翔的空间波所经历的辛酸过程。天线的高频电压、电流信号也是通过传输线馈入的，因此天线的输入端口都会连接一段传输线。① 微波被信号源送上传输线之后快乐地前行，很快到达了天线的输入端口，这时对于传输线来说，天线就是一个终端负载，遇到了负载大概率是要发生反射的，所谓“出师未捷身先死”，一部分微波功率还没来得及进入天线内部就被无情地反射回来了。②幸存的微波功率继续前行，进入到天线内部，然而，天线虽说是金属材料制成的，但终归导电率不是无穷大，还是会有一定的金属损耗，此外，如果天线内部有介质填充的话，还会存在一定的介质损耗，这样一来，一部分微波功率又要悲催地被金属和介质损耗掉，变成热量给天线送来一丝丝的温暖。③剩下的功率继续前行，正要奔向广阔的天空，发现还是会有一部分功率被天线内部的电容、电感效应束缚在天线周围，像钟摆似的陷入“电能转磁能-磁能转电能”的无限循环，最后剩下的微波功率才算是真真正正地逃出生天。不学这章是真的不知道，原来微波信号从远方赶来为我们传递信息居然经历了如此多的磨难，就这还没算再次进入接收天线之后到达信号处理单元的过程，差不多的辛酸还需要再经历一遍[17]。

首先说说进入天线端口时的反射，这是对于微波功率的第一轮考验。可以把天线看成一个单端口的负载阻抗，在端口处归一化的反射电压波 u_1^- 与入射电压波 u_1^+ 的比值就是反射系数 Γ，也就是天线这个微波网络的散射参量 S_{11}。不同频率的微波进入天线时，天线的输入阻抗是不同的，即 $Z_{in}(f)$，因此散射参量 S_{11} 也是随着频率的不同而变化的，即 $S_{11}(f)$，反映了传输线的特性阻抗 Z_c 和天线输入阻抗 $Z_{in}(f)$ 的匹配程度[18]。S_{11} 越小，说明反射回来的能量越少，阻抗匹配的程度也就越好。比如经常以 $S_{11} < -10\text{dB}$ 作为标准，就可以确定出一个频带的范围，而这个范围内所有频点的微波信号都可以保证超过 90%的能量进入到天线内部。所确定的这个频带范围就称为天线的阻抗带宽。当然，阻抗带宽也有绝对带宽和相对带宽的概念，具体计算方法可参考 2.3.8 节以及图 2-21。以半波对称振子为例，如果我们想让其工作在 1GHz 附近，那么双臂的总长度约为 15cm，这时在 1GHz 附近就会有一个 S_{11} 的最小值出现，经过测量，如果在 0.9～1.1GHz 的频带范围内 S_{11} 都能保持在 −10dB 以下，那么天线的阻抗带宽为 200MHz，相对带宽为 20%，如图 6-9 所示。

假设进入天线之前总的微波信号功率为 P_0，在端口被反射回去的功率为 P_1。进入

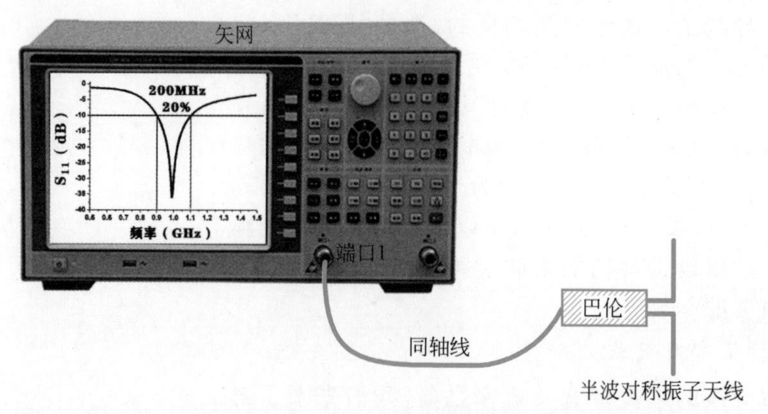

图 6-9　矢网测得的半波对称振子天线散射参量 S_{11} 曲线

天线之后，剩下的微波功率又被分成三部分：一部分被金属和介质损耗为热量，记为 P_2；一部分进入空中，记为 P_3；一部分被天线结构产生的电容、电感效应给束缚住了，记为 E_x。其中真正有实功率的是 P_2 和 P_3。因此从实功率的角度来看，

$$P_0 = P_1 + P_2 + P_3 \tag{6.1}$$

不难看出，对于一个天线来说，本职工作就是要把更多的输入功率转换为空间波，因此 P_3 的占比就反映出了天线的效率。通常来说，天线的效率有两种，分别称为辐射效率 η_r 和总效率 η_A，二者的计算式分别为

辐射效率：

$$\eta_r = \frac{P_3}{P_2 + P_3} \tag{6.2}$$

总效率：

$$\eta_A = \frac{P_3}{P_0} = \frac{P_3}{(P_2 + P_3)/(1 - |S_{11}|^2)} = \eta_r \times (1 - |S_{11}|^2) \tag{6.3}$$

显然，总效率还考虑了天线的输入端口处反射回去的功率，而辐射效率只考虑进入到天线内部的功率有多大比例被辐射出去，因此辐射效率高于总效率，二者之间的差别源于天线的 S_{11}。

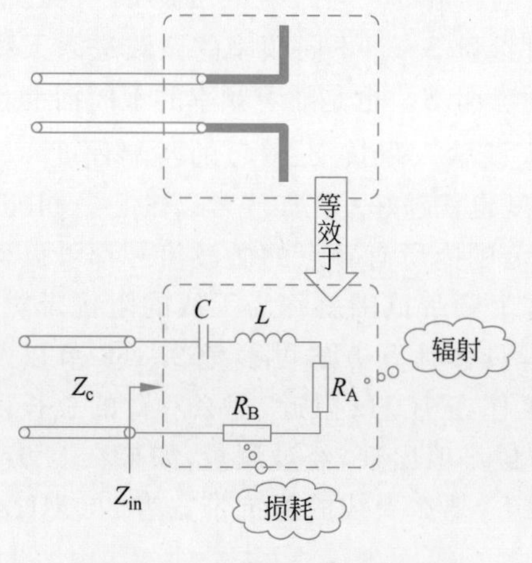

图 6-10　以"路"的角度看天线

把天线看成一个负载阻抗就更加直观了，如图 6-10 所示，我们将微波功率的去处都通过阻抗来反映出来，天线就可以看成由损耗电阻、辐射电阻和电抗三部分所组成的一个负载。

此时，如果想计算一个天线的总效率，就可以采用下面的公式了，

$$\eta_0 = \frac{P_3}{P_0} = \frac{R_A}{(R_B + R_A)} \times \left(1 - \left|\frac{Z_{in} - Z_c}{Z_{in} + Z_c}\right|^2\right) \tag{6.4}$$

需要再次强调的是，图 6-10 中的两个电阻并不是看得见摸得着的两个小疙瘩放在那里，而是我们为了从“路”的角度解释微波功率的去处而等效出来的两个电阻效应，因此，天线的辐射电阻越大越好，而天线的辐射电阻的大小主要是由天线的尺寸结构所决定的，电尺寸较小的天线辐射电阻也会很小，辐射效率很难提高，这也是设计电小尺寸天线时所面临的难题。为什么电小尺寸的天线辐射效率不高呢？这个就跟前面讲过的“小工玩战绳”的情景有点类似了，必须为自由电子来回振荡提供和波长能够比拟的充足空间，才会辐射出更多的电磁波，就像上下舞动战绳的幅度要和“甩”出来的波长可以相比拟，才能出现明显的大波浪。

2. 方向图函数和方向图

前面介绍天线阻抗带宽及效率时，是从“路”的角度来说明的，到了方向图时，就要开始用“场”的方法了，不过倒也不必惊慌，因为慌也没用，天线毕竟是要在三维的空间播撒或者接收电磁波的，只能用“场”的方法，正好也锻炼一下空间想象能力。

说练就练，想象一下一群自由电子在半波对称振子的双臂上来回往复运动的情景，其实和单个电子的振荡还是有点类似的。在与双臂垂直的方向上，甩出的电磁波场强应该是最强的，也就是图 6-11 中箭头 3 和 7 的方向，而沿着双臂的方向则甩不出电磁波，也就是箭头 1 和 5 的方向，其他的方向上发出的场强则是介于 0 和最强之间。因此下次看到一个半波对称振子天线在辐射电磁波，想要接收到的信号最强，就站在③号和⑦号小

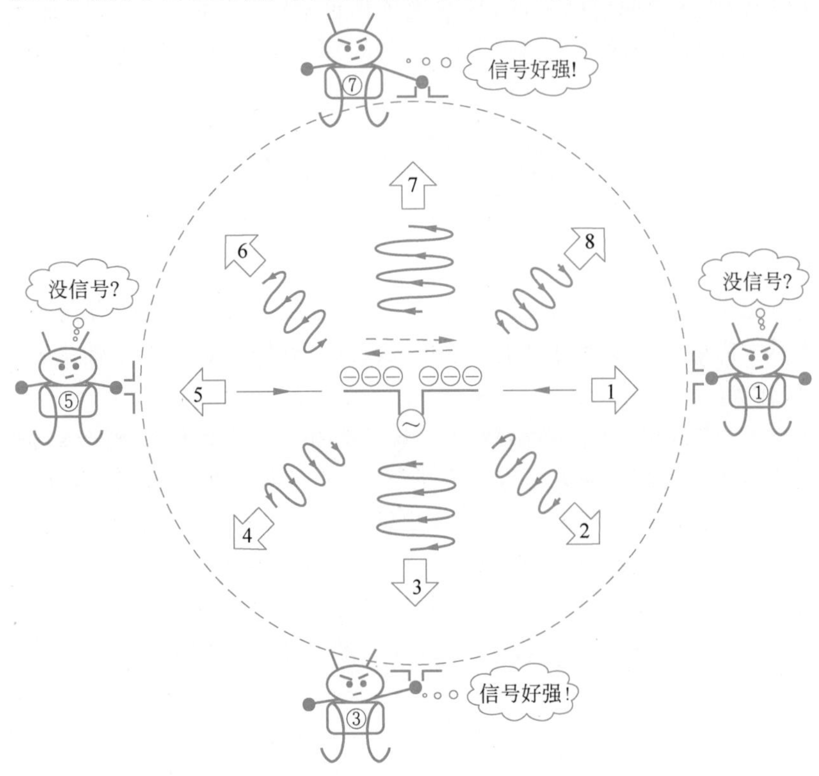

图 6-11　天线辐射的方向性示意图

人儿的位置，想要完全不受电磁辐射，则可以站在①号和⑤号小人儿的位置。需要指出的是，这里在比较信号的强弱时，所有小人儿都处于和半波振子天线距离相同的球面上，而这个距离远大于信号的波长。

上面描述的这个现象对于所有天线都是存在的，也就是说，天线在辐射信号时有一定的方向性，与天线距离相同的情况下，在不同的方向所辐射信号的强度是不同的。我们可以用函数和图两种方式来描述这种现象，分别称为天线的方向图函数和方向图，一般情况下采用球坐标系，天线的方向图就是根据方向图函数画出来的。

通过天线的方向图函数，我们可以知道天线在辐射电磁波时朝着某个方向上辐射的场强有多大，这个场强一般就是指电场强度，至于磁场强度，也就和电场强度差一个波阻抗而已。需要指出的是，即使是实际中常用的结构非常简单的天线，其方向图函数的形式也是相对复杂的，因此我们更习惯于根据方向图函数去画出方向图，然后通过观察该方向图的形状直观地感受天线在辐射能量时朝着哪个方向更强，哪个方向很弱。方向图函数本身是三维的，但是由于人类目前三维立体显示技术还比较弱，最起码还没有普及，因此很多时候我们经常画出其典型的二维剖面，然后加上自身的想象能力脑补出三维的模样，没办法，当你手里只有二维的纸张时，想要处理三维的问题就必须具备一定的空间想象能力。

还是以半波对称振子为例，这里先直接给出其在远区场(到天线的距离远大于波长)的辐射场表达式，先不要问怎么来的，现在说了你也不懂，憋住好奇心，后面会细讲。要注意这里天线在坐标系中的放置方式：天线双臂的中点与坐标原点重合，双臂沿着 z 轴的方向。

$$E_\theta = \mathrm{j}\,\frac{60 I_\mathrm{m}}{R}\,\frac{\cos\left[(\pi\cos\theta)/2\right]}{\sin\theta}\mathrm{e}^{-\mathrm{j}kR} \tag{6.5}$$

式(6.5)中，I_m 是半波对称振子双臂上来回振荡的电流的最大幅值，R 表示场点到天线中心的距离[19]。

半波对称振子的方向图函数可以从式(6.5)中提取出来。既然叫方向图函数，变量就只需要表示方向的 θ 和 φ 就可以了。这里天线的双臂结构是关于 z 轴旋转对称的，因此没有 φ，只有 θ。

至于表示距离的 R，在方向图函数中是不需要的。对于所有的空间辐射来说，其功率强度的变化与距离都是呈倒数平方关系的，这是由能量守恒所决定的，毕竟空间的辐射就相当于把能量摊到越来越大的球面上，能量密度与球面的表面积(即半径的平方)呈反比。此外，方向图函数表示的是向某一个方向辐射的场的强度，因此，一般都取其模值，此外，为了不同的天线之间对比方便，还要根据函数的最大值进行归一化，这样一来，归一化之后方向图函数最大值就是 1。由此，可得出半波对称振子的归一化方向图函数为

$$|f(\theta,\varphi)| = \left|\frac{\cos\left[(\pi\cos\theta)/2\right]}{\sin\theta}\right| \tag{6.6}$$

式(6.6)单靠空间想象力还是挺难脑补大概是什么样子的，毕竟正弦上面有余弦，余弦里

面包余弦，不过借助一些绘图软件，可以很直观地把式(6.6)给画出来。这里我们画出来的应该是一个三维图，不过一般大家更习惯于将三维图的典型切面画成二维图，以便更准确地观察细节。从三维切片成二维，或者从二维反向还原三维，需要一定的空间想象能力，稍微有点儿烧脑，但是也挺好玩。式(6.6)画出来如图6-12所示。注意，对于本章中所有的二维极坐标归一化方向图，如无特殊说明，绘图时极坐标 R 的取值范围都是 0～1。

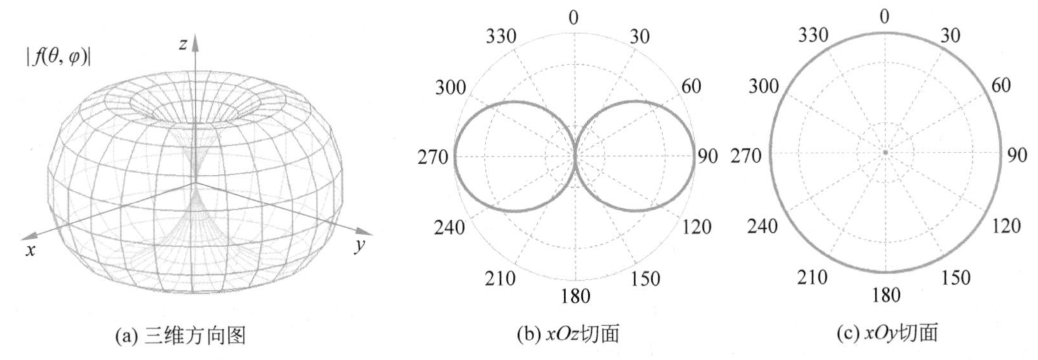

(a) 三维方向图 (b) xOz切面 (c) xOy切面

图 6-12 半波振子的三维和二维方向图

图6-12还是挺直观的。对于三维方向图(图6-12(a))来说，方向图函数的值通过方向(θ,φ)上与坐标原点相应距离的点来展示出来。比如在方向$(\theta=90°,\varphi=0°)$上，即沿着$+x$轴的方向，$|f(90°,0°)=1|$，那么在方向图上就是该方向上与坐标原点距离为1的一个点。这样，所有的方向上对应的点最终会连成一个曲面，越往外鼓的区域，说明该方向上辐射的强度越强，越往内陷的区域，说明在方向上辐射强度越弱。具体地，对于半波对称振子来说，$\theta=0°$和180°时，$|f(\theta,\varphi)|_{\min}=0$；当$\theta=90°$时，$|f(\theta,\varphi)|_{\max}=1$，整个三维方向图形成一个类似于苹果"四周鼓，中间凹"的形状。对于半波对称振子的二维方向图来说，只要沿着z轴去切三维的方向图，切出来的都是躺平的"8"字形，如图6-12(b)所示；沿着xOy面切的话，切出来的是一个圆形，如图6-12(c)所示。通过这两个典型的切面，也可以大概想象出三维的方向图是什么样子的，同时，二维的方向图不但可以看出更多的细节，也更容易在纸张、屏幕等二维平面上进行展示。因此，要想成为一个天线方面的小能手，三维和二维的方向图都要会看，而且要学会在脑海中进行相互转换。可以说，无论是阅读文献，还是进行天线模型的仿真，看天线的三维和二维方向图都是基本功，就像医生看片子一样，有经验的天线工程师甚至可以直接通过天线的方向图判断出天线的大概形式及结构特点。

根据上面的内容，我们知道了如何通过天线的方向图函数以及对应的方向图来描述一个天线辐射的方向性，这里一直都是从发射天线的角度进行叙述的，好像忽略了接收天线的感受。既然发射天线对于不同方向上的辐射强度是不同的，那么接收天线是不是也有方向性呢？答案是：当然有。这里就涉及一个非常美妙的事实：天线的发射方向图和接收方向图是同一个方向图！如何理解这个问题呢？还是以半波对称振子为例，它的方向图无论发射或者接收都像一个苹果一样，那么，如果面对空间中的一个来波，我们的直觉告诉我们，不能拿着半波对称振子的双臂对着来波的方向，而应该用与双臂垂直的那个方向对准来波的方向，这样才可能接收到最大的信号幅度。这就好像我们的耳朵，想要听清楚一个声音，下意识地就要"侧耳倾听"，其实说白了就是作为接收声波的一个器件，耳朵也是有方向性的，我们"侧耳"就是为了让耳朵的"方向图"最凸出来的区域对准声波的来向。当然耳朵只能接收声波，不能发射声波，而天线既可以接收电磁波，又可以发射电磁波。同一个天线，如果用来发射，我们想让波往某方向传播得更强，就用方向图最凸的部分对准该方向；如果用来接收，我们想要更好地接收来自于某个方向的来波，也用方向图最凸的部分对准该方向即可。因此，下次见到一个天线，完全不用纠结它的发射方向图和接收方向图，二者是同一个方向图。这时，再回到图 6-11，就可以知道，如果③号或⑦号小人儿手里也拿了一个半波对称振子天线想进行接收，那么他应该将与接收天线双臂相垂直的方向对着来波，才可能接收到最强的信号，如图 6-13 所示。注意，这里说"可能"两个字并不是谦虚，因为除了方向图之外，还需要考虑到极化，要是极化没搞对，还是会接收不到信号，极化的概念后面会马上讲到。看到了吧，别说设计天线了，要是不学这门课，可能连使用天线都不会，这里面还是有点儿技术含量的。（注：图 6-13 中所有小人儿与发射天线的距离都相等）

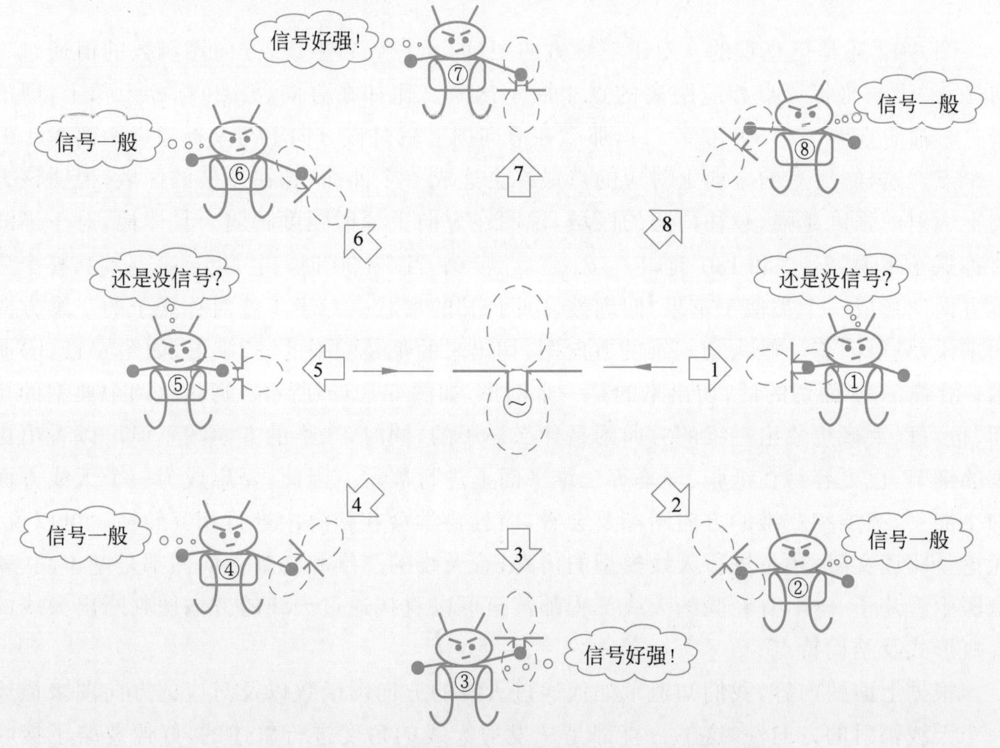

图 6-13　发射和接收天线的方向图共同决定信号的强度

所谓外行热闹，内行看门道，通过图 6-13 可以知道，就在门外汉还只是纠结于"看得见摸得着"的天线结构时，内行人早已脑补出其"看不见摸不着"方向图形状。对于熟悉的天线，以后也要达到如此的境界，这样无论用作发射还是接收，都可以第一时间知道这个天线该摆出怎样的姿势。

了解了天线方向图函数和方向图的概念，还要再多了解由方向图所衍生出来的几个参数。毕竟和别人聊起天线的方向图时，总不能每次都口若悬河地把方向图的形状给说一遍吧，什么这个是苹果形，那个是梨形之类的，搞得跟进了果园似的。更多的时候，我们一般会通过几个与方向图有关的参数值来非常精练地和别人交流天线的方向图特点，比如下面要说的方向性系数和增益。

3. *方向性系数和增益*

方向性系数的官方定义：天线在远区场最大辐射方向上的平均辐射功率密度 S_{max} 与平均辐射功率相同的无方向性天线（各向同性天线）在同一点的辐射功率密度 S_0 之比，记为 D_0，其中 D 就是英文 directivity 的首字母[20]。

$$D_0 = \left.\frac{(S_{av})_{max}}{(S_0)_{av}}\right|_{P_r\text{相同},R\text{相同}} = \left.\frac{|E|^2_{max}}{|E_0|^2}\right|_{P_r\text{相同},R\text{相同}} \tag{6.7}$$

其中，

$$(S_{av})_{max} = |E|^2_{max}/(2\eta_0),\quad (S_0)_{av} = |E_0|^2/(2\eta_0) \tag{6.8}$$

官方定义嘛，多少有点不太接地气，所谓的方向性系数，说白了就是只用一个比值就能体现出某个天线辐射能量的集中程度。实际中如何确定方向性系数呢，如图 6-14 所示，小西拿着一个半波对称振子，想知道它的方向性系数是多少，可以这么做：首先，将 1W 的功率馈入半波对称振子，假如 1W 的功率都被辐射到空中了，此时，小工在辐射最强方向上的某个位置迎着来波接收到了 0.164W 功率；随后，小西又不知道从哪里搞来了一个各向同性天线（又叫全向天线，或者无方向性天线，其三维方向图是一个球，朝所有方向辐射强度都一样，现实中没有这样的天线），再次输入 1W 的功率且全部被辐射到空中去了，此时，小工在相同的位置继续迎着来波，接收到了 0.1W 的功率，这是正常的，毕竟是全方位无差别的辐射，怎么也比不过有差别的最强辐射方向。小工经过两次辐射的洗礼，终于确定出小西手里的那个半波对称振子的方向性系数是 $D_0 = 0.164\text{W}/0.1\text{W} = 1.64$。至于小工手里拿的接收天线是什么形式并不重要，只要保证两次测量过程接收天线是同一个，且位置和姿势都是一样的即可，毕竟我们需要的只是一个比值。实际中所有天线方向性系数的测量都与上述过程大同小异，只不过这里忽略了各个环节的损耗而

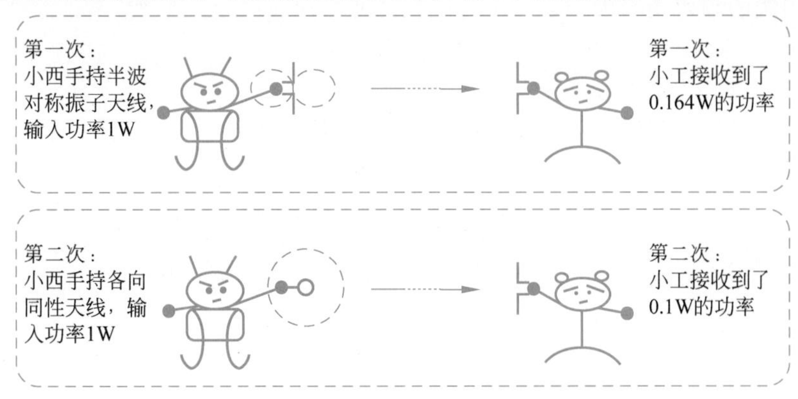

图 6-14 确定一个天线方向性系数的流程示意图

已。整个过程中，各向同性天线为标准天线，但由于现实中不存在理想的各向同性天线，因此一般都用一些其他的方向性系数已知的标准天线来代替，反正就是个比值，只要分母上的标准天线方向性系数足够准确，和谁比都一样。实际中用作标准天线的主要有喇叭天线、对称偶极子天线等。至于这些标准天线的方向性系数，则可通过精确的仿真计算及高精度的加工来获得。

上面说过，方向性系数就是一个比值，因此没有单位，实际中一般都喜欢换算成分贝(dB)，其原因和之前讲散射矩阵时的原因是一样的，就是因为变化范围有点大。因为是功率密度的比值，因此取完以10为底的对数之后，乘以的系数是10。比如上面说的D_0为1.64，换算成分贝数就是$10\times\log_{10}(1.64)=2.15\text{dB}$。

当然，对于一些结构简单，可以写出其方向图函数表达式的天线，方向性系数D_0也可以通过数学推导得到。

对各向同性天线，由于

$$(S_0)_{\text{av}}=P_{\text{r}}/(4\pi R^2) \tag{6.9}$$

故式(6.7)可变为

$$D_0=\frac{|E|_{\max}^2 R^2}{60P_{\text{r}}} \tag{6.10}$$

所以

$$|E|_{\max}=\frac{\sqrt{60P_{\text{r}}D_0}}{R} \tag{6.11}$$

由此可见，在辐射功率相同的情况下，有方向性天线在最大辐射方向上的场强是无方向性天线辐射场强的$\sqrt{D_0}$倍，即最大辐射方向上的辐射功率增大到D_0倍。这表明，天线在其他方向辐射的部分功率集中到其最大辐射方向上，且主瓣越窄，集中到最大辐射方向上的功率就越多，方向性系数也越大。

若已知天线的归一化方向图函数为$|f(\theta,\varphi)|$，则天线在空间任意方向上远区场的电场强度的模和辐射功率密度分别为

$$|E(\theta,\varphi)|=|E|_{\max}|f(\theta,\varphi)|,\quad S_{\text{av}}(\theta,\varphi)=\frac{|E(\theta,\varphi)|^2}{2\eta_0}=\frac{|E|_{\max}^2|f(\theta,\varphi)|^2}{240\pi} \tag{6.12}$$

因此天线的辐射功率为

$$P_{\text{r}}=\oint_S S_{\text{av}}(\theta,\varphi)\,\text{d}S=\frac{|E|_{\max}^2R^2}{240\pi}\int_0^{2\pi}\text{d}\varphi\int_0^{\pi}|f(\theta,\varphi)|^2\sin\theta\,\text{d}\theta \tag{6.13}$$

将式(6.13)代入式(6.10)，即得方向性系数的计算式为

$$D_0=\frac{4\pi}{\int_0^{2\pi}\int_0^{\pi}|f(\theta,\varphi)|^2\sin\theta\,\text{d}\theta\,\text{d}\varphi} \tag{6.14}$$

特别地，若$|f(\theta,\varphi)|=|f(\theta)|$，即方向图函数与$\varphi$无关，则有

$$D_0=\frac{2}{\int_0^{\pi}|f(\theta)|^2\sin\theta\,\text{d}\theta} \tag{6.15}$$

式(6.14)表明，方向性系数完全是由方向图函数所决定的，用一个数字就可以体现出天线方向图的整体集中程度。此外，方向性系数 D_0 的含义还可以进一步推广，广义的方向性系数 D 一般是指任意方向上的集中程度，和 D_0 之间相差一个归一化方向图函数的平方，即

$$D = D_0 \mid f(\theta,\varphi) \mid^2 = \frac{4\pi \mid f(\theta,\varphi) \mid^2}{\int_0^{2\pi}\int_0^{\pi} \mid f(\theta,\varphi) \mid^2 \sin\theta \mathrm{d}\theta \mathrm{d}\varphi} \tag{6.16}$$

因此，我们可以说天线的方向性系数 D_0 是多少，也可以具体地说天线在某个方向(θ,φ)上的方向性系数 D 是多少。

与方向性系数 D_0 密切相关的还有一个参数，称为增益，这里的增益就是“增益其所不能”中的增益，记为 G_0，是英文 Gain 的首字母，这就很直白了，方向性系数是理论值，增益是能够得到(Gain)的值。只要理解了方向性系数和此前天线效率，增益还是容易理解的，简单地说，增益就是考虑了天线辐射效率的方向性系数。因此，增益一般都略小于方向性系数，毕竟辐射效率很难达到 100%；此外，还有一个更小一些的增益，称为实际增益，即为 $G_{0\mathrm{R}}$，其中 R 是单词 realized gain 的首字母，这个实际增益等于方向性系数乘以天线的总效率，因此比增益 G_0 还要再小一些。之所以叫实际增益，是因为它最符合实际，毕竟天线的端口会有反射，天线的内部会有损耗，这些都是实打实的功率衰减。如图 6-15 所示，方向性系数 D_0，增益 G_0 以及实际增益 $G_{0\mathrm{R}}$ 三者的关系为

$$G_0 = D_0 \times \eta_{\mathrm{r}} \tag{6.17}$$

$$G_{0\mathrm{R}} = D_0 \times \eta_{\mathrm{A}} \tag{6.18}$$

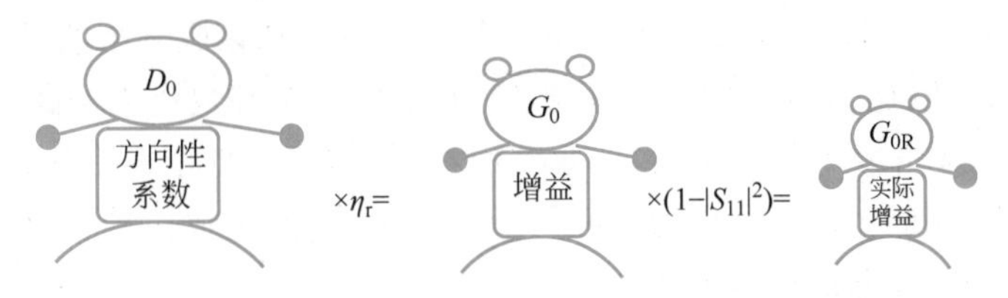

图 6-15　方向性系数、增益以及实际增益三者关系

如果看过很多实际天线的方向图，就会发现，大部分的方向图都会有一个或多个像花瓣(lobe)一样的部分，代表了朝着对应的方向辐射很强，我们把其中最大的那一瓣称为主瓣(main lobe)，也可以叫主波束(main beam)，旁边一些较小的称为旁瓣(side lobe)。我们之所以重视主瓣，是因为这个主瓣的区域集中了天线辐射出来的大部分能量。图 6-16 给出了几种天线的二维极坐标方向图，可以看出来喇叭天线有一个主瓣、若干旁瓣；半波对称振子天线，有两个主瓣、没有旁瓣；1.5 倍波长天线，有四个主瓣、2 个旁瓣。

不难理解，如果主瓣越宽越胖，说明能量辐射得越不集中；如果主瓣又窄又长，说明辐射时能量相对集中在一个很窄的方向上。因此，就有了主瓣宽度的概念，主瓣宽度一般是对某一个切面的二维方向图而言的，其定义也挺有意思，从功率最强的那个点开始往两边走，走到功率强度变成最强点的二分之一，也就是场强变为最强点的 0.707 倍时，把这个宽度就定义为主瓣的波束宽度，又叫半功率波束宽度(half power beam width,

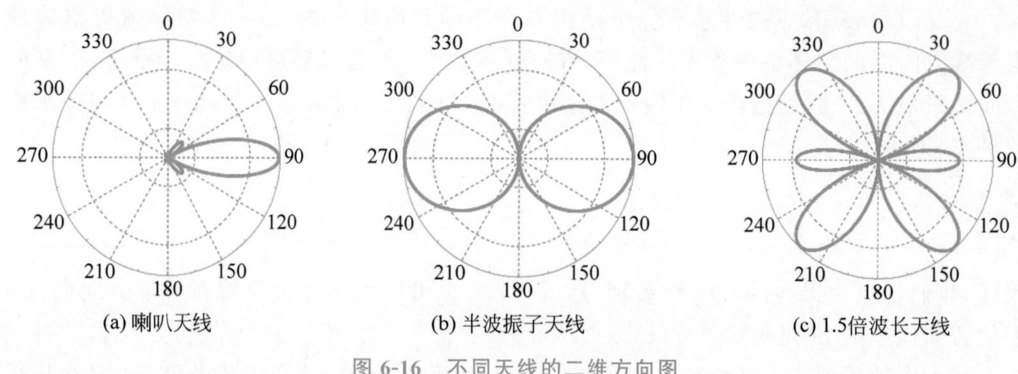

(a) 喇叭天线　(b) 半波振子天线　(c) 1.5倍波长天线

图 6-16　不同天线的二维方向图

HPBW)。工程实际中一般把这个宽度认定成天线发射或者接收时可以覆盖的范围。一个非常典型的例子就是基站天线(图 6-17),一般来说,基站天线都是单个主瓣,然后背靠背围成一个圈。假如一共有 5 个天线,那么在方位维度,每个天线的主瓣需要覆盖的范围就是 360°÷5=72°,这时就要求天线在这个方向上的切面的主瓣宽度为 72°左右;在俯仰维度,也可以根据天线本身的倾角和需要覆盖的面积确定出所需的主瓣宽度。此外,在雷达探测时,天线的主瓣宽度也是一个非常重要的参数。

既然有主瓣,就会有旁瓣,也可以叫副瓣。实际中的天线大部分都是有旁瓣的,就是也往外鼓但是没有主瓣那么鼓的一些区域。旁瓣听着好像不重要,但反而经常让天线工程师很头疼,因为旁瓣过高的话,往往会造成"功高震主"的不利影响,当然这里是指"功率太高震主瓣"。举个雷达的例子:一般来说,雷达探测一个目标,所用的波束默认是从主瓣的方向发出来的,当雷达天线的主瓣指向某个方向时,如果收到来波,那自然会认为在该方向上有目标。但是,如果天线设计师不给力,搞得旁瓣都快比主瓣高了,如图 6-18 所示,那么一旦旁瓣的方向上有目标,也会收到回波,但信号处理单元不知道这个波是从旁瓣的方向回来的,肯定会认为是主瓣的方向上出现了目标,造成误判,这要是一颗导弹沿着主瓣方向打过去,肯定是打不中的。

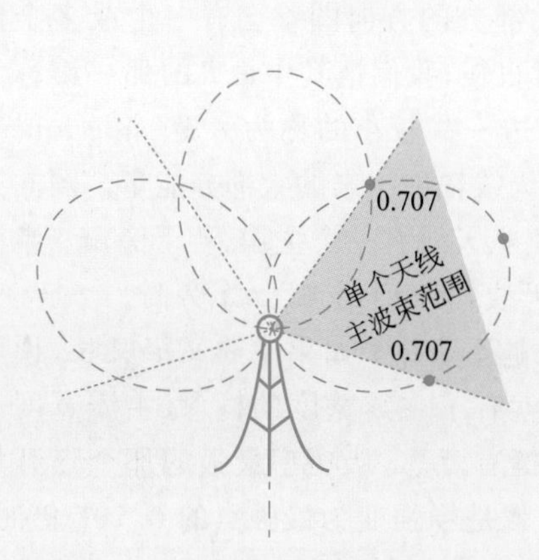

图 6-17　基站天线波束覆盖范围示意图

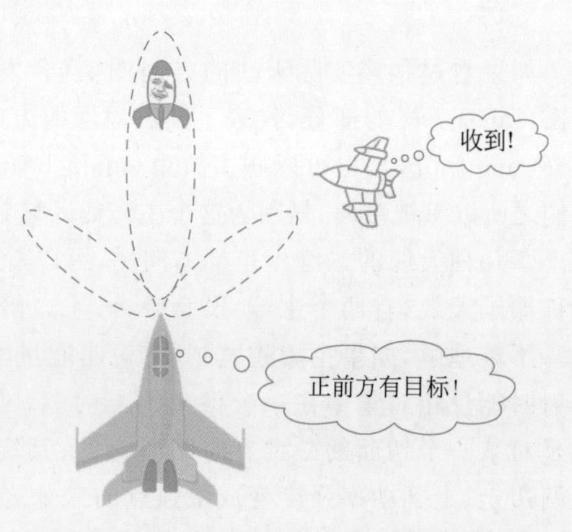

图 6-18　雷达天线副瓣过高造成误判示意图

因此，对于旁瓣，天线工程师肯定是要想尽一切办法进行打压的，也就有了旁瓣电平(side lobe level，SLL)的概念，指的就是最大旁瓣和主瓣方向上的增益之比，一般用分贝(dB)表示。下次再听到别人说某个天线的旁瓣电平是－10dB，一定要明白，说的就是和主瓣相比，最大旁瓣的方向上，增益低了10dB，也就是功率密度要低10倍。一般来说，好多雷达天线的旁瓣都要求是－20dB甚至－30dB，因此，“打压旁瓣”的能力也是天线工程师的基本功之一。

4. 极化

接着说一下极化，这个概念其实在学电磁场和电磁波时已经接触过了，在天线的设计和使用中也非常地重要。一般来说，极化主要分为线极化和圆极化两大类，什么是线极化和圆极化呢？建议可以去搜一些艺术体操中带操的视频。运动员拿着一根末端系了彩带的棍子翩翩起舞，时不时地抖动这条彩带，就会呈现一些很美丽的效果。

运动员抖动彩带的手法一般有两种，一种是线性抖动，这样如果盯着彩带的末端去看，画出的轨迹是一条线；另一种是旋转着抖动，这样如果盯着彩带的末端去看，画出的轨迹是一个圆。这两种抖动方法其实抖出来的都是波，第一种叫线极化波，第二种就叫圆极化波(图6-19)。抖动彩带是这样，抖动电场线也是同样的情况。接收时，如果你是一粒电子，面对线极化的来波，就会被来波拽着做线性运动，面对圆极化的来波，则会被拽着做圆周运动。

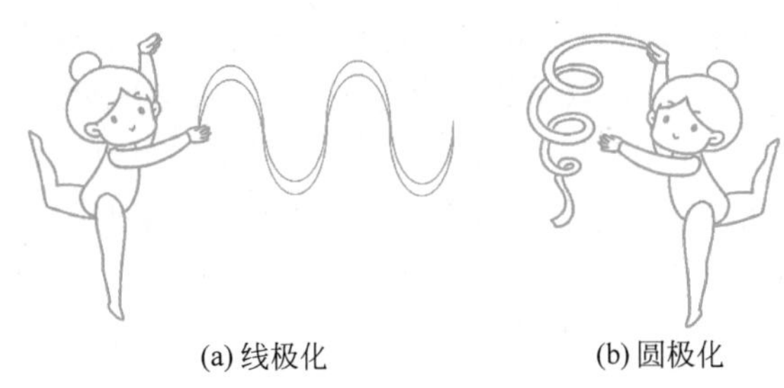

图6-19 带操中的两种抖动方法的示意图

波的极化概念又可以延伸到天线上，如果一个天线发出的波是线极化的，就称其为线极化天线，当然该天线作为接收天线时，也只对同样的线极化来波有最大的接收能力。

这个仔细想一下，其实不难理解的。还是以半波对称振子为例，这就是非常典型的线极化天线，一群电子在半波对称振子的双臂上来回做线性运动，甩出来的波也是线极化的，这时如果波传到了另外一个半波对称振子(接收天线)处，假如接收天线的双臂正好也是沿着这个波的极化方向摆放的，那么双臂上的自由电子就可以很顺利地被来波拽着来回运动，从而形成高频电流或者电压，也就是接收到的信号。但是如果这个接收天线的双臂和来波的线极化方向正好是垂直的，那么就尴尬了，比如波想要拽着电子垂直抖动，但是半波对称振子的双臂是水平放置的，双臂上的电子们想垂直抖，奈何场地不给力啊，抖不起来，也就形成不了高频的电流或者电压，也就形成不了接收到的信号，这就是极化隔离的现象了。虽然来波也是线极化，接收天线也是线极化，但是一个是垂直线极化，一个是水平线极化，二者正交，称为交叉极化，就会形成极化隔离，造成接收不到信

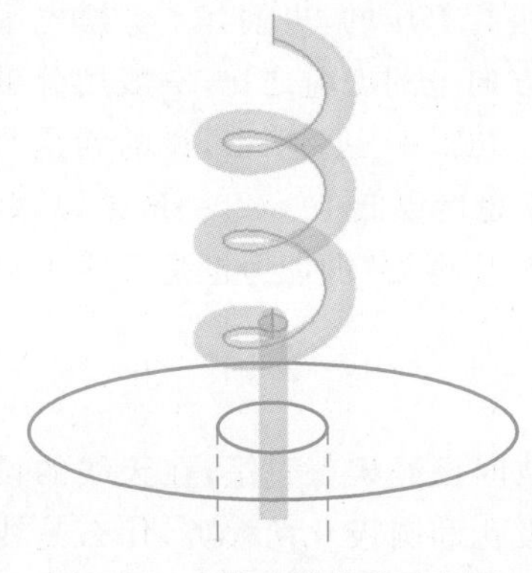

图 6-20 螺旋天线结构示意图

号。因此，了解一下极化的概念对于使用天线是非常重要的。

说完线极化，再说圆极化，圆极化是怎么形成的呢？最直接的办法就是把金属导线做成螺旋状，也就是螺旋天线，这样就能形成圆极化波了。螺旋天线一般直接接在同轴线的内导体上，连接处的外导体则外延成一个反射板，如图 6-20 所示。当然，根据旋转的方向和波的传播方向之间的关系，通过左手或者右手定则，圆极化可分为左旋圆极化和右旋圆极化，二者互为交叉极化。因此，面对一个左旋圆极化的来波，我们也必须让接收天线的双臂相应地右旋起来，以带动臂上的电子做圆周运动，进而形成接收信号。这里稍微有点绕，因为默认发射和接收天线的指向是面对面的，而天线的极化都是根据自身的指向来定的，因此，左旋圆极化的来波，要用右旋圆极化的天线来接收。如果我们非要拿着右旋的螺旋天线去接收右旋圆极化的入射波，同样会出现尴尬的情况，接收天线上一群电子被右旋的入射波拽着正想要好好地圆周舞动一下，结果场地太不给力，偏偏是反方向的，怎么也转不起来，也就形成不了高频电流或电压的接收信号了。这个正是圆极化中左旋和右旋的交叉极化所造成的极化隔离了。

说完圆极化，接下来把线极化和圆极化放在一起说一下，二者的关系相当微妙，这句话主要有两层意思：①圆极化可以由线极化合成；②线极化的天线可以接收任意旋转方向的圆极化来波。先说第一层意思，这个很好理解，就是一个数学的矢量叠加问题，两个交叉线极化，只要相位相差$\pm 90°$，就可以合成一个圆极化，而且左旋右旋都可以；接着说第二层意思，这个就比较微妙了，面对一个圆极化来波，如果是一个线极化的接收天线，比如半波对称振子，不管双臂水平放置还是垂直放置，还是沿着别的方向放置，只要对准来波方向，双臂上的电子都可以感应出高频的电流，只不过接收到的功率要比来波功率小一半，毕竟来波是圆极化，而可供电子们“蹦迪”的场地只是一条线，因此只有一半的功率能够加在电子的身上。不过话说回来，有就比没有强，少一半就少一半，至少还换来接收天线的姿势自由。一个典型的例子就是 GPS 信号，天上的卫星，地上的你，就是用圆极化信号来沟通的，这样不管你手里的天线是什么形式、什么姿势，都能最大程度地保证信号畅通。

说了这么多线极化和圆极化，再来说一个晴天霹雳一样的事实：实际中理想的线极化和圆极化都不存在。倒也不必难过，毕竟现实中甚至连理想的直线和圆都是画不出来的，人类本来就生活在一个凑合着过的世界。现实中的电磁波的极化严格来说，都是椭圆极化，只有比较圆和比较扁的区别。圆到一定程度我们就说它是圆极化，扁到一定程度我们就说它是线极化，衡量圆扁程度的标准就是椭圆的长轴和短轴之比，简称轴比(axial ratio，AR)。一般来说，只要轴比小于 2(即 3dB)，我们就认为是圆极化了，因此实际中圆极化的电磁波并没有我们想象的那么圆。如果轴比达到几十上百，当成线极化也是没啥太大问题的。由此可见，当工程师就得没有强迫症，不然会很难受的。

了解了天线的阻抗带宽、效率、方向图函数和方向图、方向性系数和增益、极化等一系列的概念之后，我们将来无论是设计天线还是使用天线，心里就很有底了，最起码知道如何去评价一个天线的性能了。同时，我们也应该深深地体会到，原来一个电磁波信号，从进入发射天线开始，到最终被接收天线接收下来并送入信号处理单元，居然要经历这么多的磨难(图 6-21)。发射天线输入端口要阻抗匹配保证大部分信号进入天线，发射天线还要损耗小辐射效率高，还要知道发射天线的主瓣指向以保证大部分能量发射到预期的区域，也要知道接收天线的主瓣指向保证最大程度地接收到信号，同时还要调整好接收天线的姿势保证极化匹配，接收天线也要与后续的传输线保证阻抗匹配。每个环节都有电磁波功率被牺牲掉，说成是“九死一生”也不夸张。

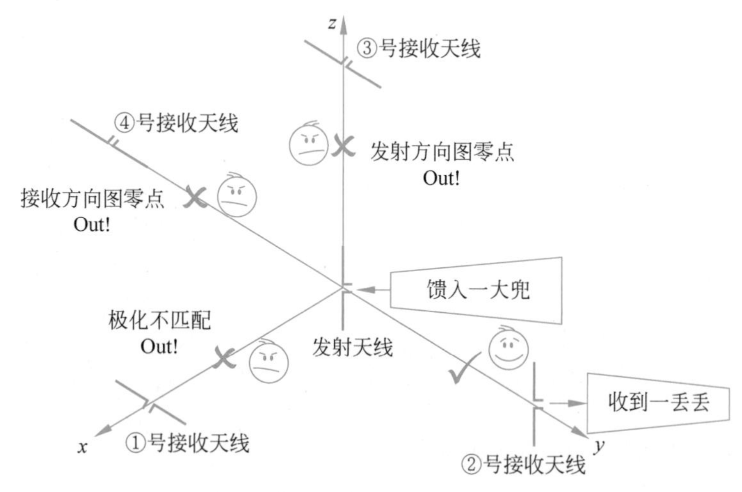

图 6-21　电磁波发射和接收的心路历程

6.3 天线的分析手法：百试不爽微积分

6.3.1 天线种类：线、面

到目前为止，天线的种类可以说已经相当多了，甚至连分类方法都五花八门，就算是一个天线工程师也不太可能对每种天线都了如指掌，因此如果直接扔一大堆各种各样的天线过来，对于初学者来说是非常不友好的一件事情。我们还是秉承“弱水三千，只取一瓢”的原则，只不过这里呢，稍微贪心一点点，取上“两瓢”，即最基本的两种天线：线天线和面天线。

线天线比较好理解，就是一根或者多根导线，发射时，电子在高频电压或电流信号的驱动下沿着导线来回振荡，从而甩出很多的电磁波，接收时则是导线上的电子被来波拽着来回振荡，然后形成高频的电流或电压信号。我们前面提到的半波对称振子天线就是一种既典型又流行的线天线。

面天线则稍微有点不太好理解，比如喇叭天线，这就是非常典型的面天线，也叫口径天线。喇叭天线是怎么回事呢？其形成过程跟半波对称振子天线还有点儿像。我们知道，半波对称振子是平行双导线的终端开路并且向外劈叉所形成的，而喇叭天线则是波导终端开路并且也向外撇所形成的，如图 6-22 所示。

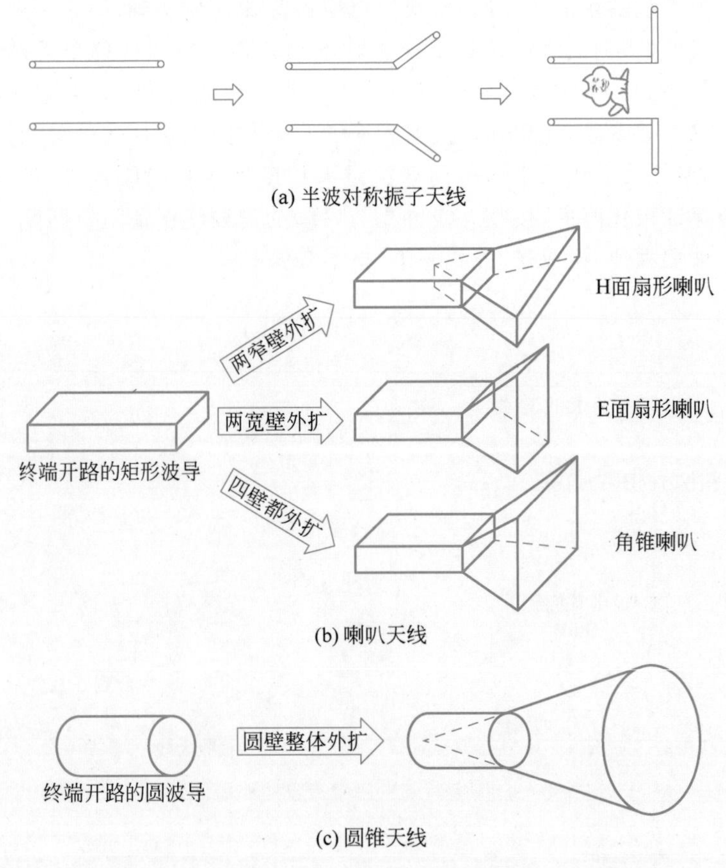

图 6-22 对称振子天线和喇叭天线的形成过程示意图

说面天线不太好理解，并不是说它的形成过程，而是天线的辐射体和辐射过程。线天线的辐射体很明确，就是金属导线，这也是辐射发生的地点，一群电子被高频信号驱动着来回振荡，形成辐射；而对于面天线来说，一般是把它的口径部分作为辐射体，然而口径上是空的，没有电子，就是一个面，怎么能当成辐射的源头呢？这就要用到荷兰物理学家克里斯蒂安·惠更斯的思想了，不要总想着电子的振荡才是源头，如果一个面上有时变的电磁场分布，即便没有电子在这个面上，它也可以等效成一个电磁波的“源头”。至于这个面上的时变电磁场是怎么产生的，归根结底当然还是由电子的振荡产生的，只不过对于波导形成的喇叭天线这种面天线来说，电子“蹦迪”时场地是由好多金属壁构成的，结构实在是太复杂了，不像线天线那么简单，因此我们索性把口径上的时变电磁场分布当成源头，也可以称为“二次辐射源”，反正所有的电磁波都从这儿往外出，把这个面分析明白了，也不影响得到其远区场的方向图等参数。

6.3.2 构成天线的五种微元

根据 6.3.1 节的叙述，我们可以把天线大体归结为线天线和面天线两种，接下来就要对这两种天线开展深入的分析了，用什么方法呢？必须是百试不爽的微积分啊，再次致敬一下牛顿和莱布尼茨，这方法简直太好用了。

相对于波长来说，实际的天线是一个宏观的结构，因此可以先微分，再积分，这点和我们在第 2 章分析传输线时的思路如出一辙。

1. 几种微元的逻辑关系

对于线天线，我们可以将其分解成一个个长度远小于波长的时变电流微元，简称电流元，将电流元的辐射特性搞清楚之后，就可以再将其按照天线的形状进行积分(图 6-23)，最终得到线天线整体结构的辐射特性。

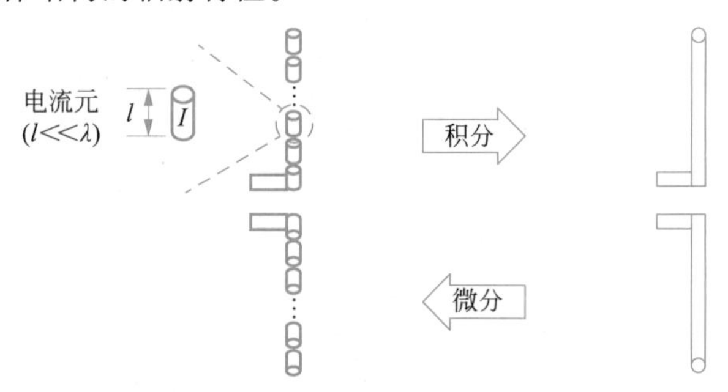

图 6-23 电流元与线天线的微积分

电流元的电长度非常非常小，接近于 0，因此电流元上的电流可以认为是均匀分布的，这是组成线天线的最小微元。除了电流元之外，其实还有磁流元、小电流环、缝隙元以及面元等组成不同天线的基本微元，也就是我们所说的构成天线的五种微元。其中，磁流元是指电长度非常小的磁流微元，是磁单极子的流动，因为目前还没发现真正的磁单极子，因此磁流元只是理论上的一个模型。小电流环是指周长远小于波长的电流环，理论上与磁流元周围的电磁场分布非常相似，因此可以用来等效成一个磁流元。缝隙元是指在无限大的金属平面上镂空出的电长度非常小的缝隙微元，可以在缝隙两边加电压进行激励，从而产生电磁场辐射，是组成缝隙天线的微元。面元则是尺寸远小于波长的方形微元，上面有时变的电场和磁场，可以继续向外辐射电磁波，是组成面天线口径部分的微元。

听起来构成天线的微元居然有这么多种，好像很吓人的样子，但其实只要集中精力把电流元分析明白，剩下的几种微元就很容易理解了，因为几种微元并不是完全独立的，它们之间的关系(图 6-24)大概是这样的：磁流元、小电流环以及缝隙元可以当成一回事儿，三者的电磁场分布及辐射特性是非常类似的，与电流元的关系则是电磁互耦的，也就是说得到电流元的辐射特性之后，将式子中的电场和磁场互换一下，就可以得到磁流元、小电流环以及缝隙元相应的辐射特性；至于面元，相当于将电流元和磁流元交叉放置组合在一起。

搞清楚几种微元的关系之后，我们将针对电流元展开大篇幅的详细分析，至于磁流

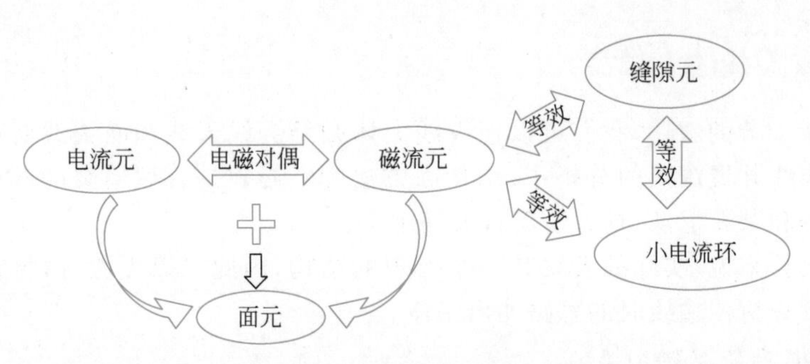

图 6-24　五种微元的相互关系

元、小电流环以及缝隙元三种微元则通过电磁对偶关系得出，而面元则通过电流源和磁流元的组合关系得出，整套流程下来还算清爽，只有电流元是硬骨头，下面来展示。

2. 电流元的分析

电流元本质上是一小段时谐变化的电流，可以作为辐射电磁波的源头，而我们本节分析的目标就是要得到该源头在三维空间中形成的电场 $\boldsymbol{E}$ 和磁场 $\boldsymbol{H}$ 的空间分布表达式。天线发射时，时变电流是因，远区场电磁场分布 $\boldsymbol{E}$、$\boldsymbol{H}$ 是果；天线接收时，场是因，时变的电流是果，可谓因果循环，报应不爽。

从电流到电磁场 $\boldsymbol{E}$ 和 $\boldsymbol{H}$，可以采用直接解法和间接解法(图 6-25)。直接解法比较头铁，就是根据电磁场复矢量 $\boldsymbol{E}$ 和 $\boldsymbol{H}$ 满足的非齐次矢量波动方程，由电流分布直接求解 $\boldsymbol{E}$ 和 $\boldsymbol{H}$，这种解法思路简单，但是运算十分复杂；间接解法则比较柔和，先由电流分布求解矢量磁位 $\boldsymbol{A}$，再由电磁场 $\boldsymbol{E}$ 和 $\boldsymbol{H}$ 与 $\boldsymbol{A}$ 之间的微分关系求得 $\boldsymbol{E}$ 和 $\boldsymbol{H}$，这种解法找了一个中间商 $\boldsymbol{A}$，虽然程序上看着多了一步，但是运算量通常要比间接解法少了很多。

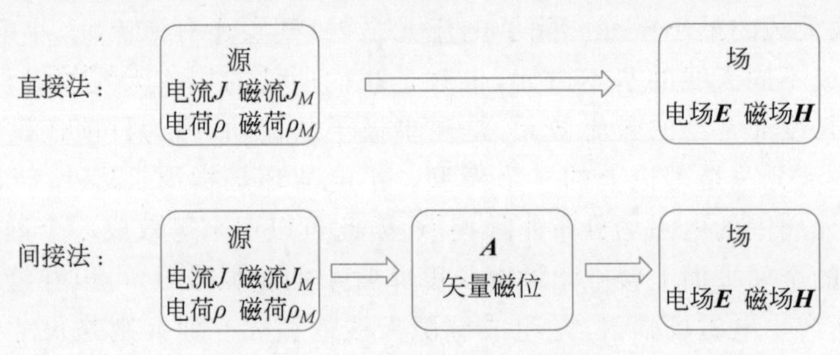

图 6-25　直接法和间接法示意图

什么是矢量磁位 $\boldsymbol{A}$ 呢？这是人为选择的一个位函数，又叫磁矢势，实际的物理意义不大，但是的确可以减少很多计算量。当然，也不是什么阿猫阿狗都可以随随便便当中间商的，矢量磁位 $\boldsymbol{A}$ 正是满足了以下几个条件才给自己争取了一个露脸的机会：

$$\nabla\cdot\boldsymbol{A}=0 \tag{6.19}$$

$$\boldsymbol{B}=\mu_0\boldsymbol{H}=\nabla\times\boldsymbol{A} \tag{6.20}$$

$$\nabla^2\boldsymbol{A}-\mu_0\varepsilon_0\frac{\partial^2\boldsymbol{A}}{\partial t^2}=-\mu_0\boldsymbol{J} \tag{6.21}$$

也就是说，矢量磁位 $\boldsymbol{A}$ 是无散场且旋度等于磁通量密度 $\boldsymbol{B}$，同时还满足非齐次矢量波动方程，其中式(6.21)中的 $\boldsymbol{J}$ 是体电流密度，式(6.21)的解为

$$\boldsymbol{A}(\boldsymbol{r},t)=\frac{\mu_0}{4\pi}\int_{V'}\frac{\boldsymbol{J}(\boldsymbol{r}',t-|\boldsymbol{r}-\boldsymbol{r}'|/v)}{|\boldsymbol{r}-\boldsymbol{r}'|}\mathrm{d}V'=\frac{\mu_0}{4\pi}\int_{V}\frac{\boldsymbol{J}(\boldsymbol{r}',t-R_1/v)}{R_1}\mathrm{d}V \tag{6.22}$$

式中，r'表示体电流分布的位置矢量，$R_1=|\boldsymbol{R}_1|=|\boldsymbol{r}-\boldsymbol{r}'|$，表示场点到体电流的距离，$v$为电磁波的传播速度。同时从式(6.22)的时间变量部分可以看出，作为源头的电流元，其时变信息传递给矢量磁位 **A** 时，时间已经过去了 R_1/v，即矢量磁位相较于波的源头，存在滞后现象，因此这里也将其称为滞后位。这种滞后现象也会反映在相应的电场和磁场的时变信息中。

对于时谐的电磁场来说，式(6.21)可进一步化简为

$$\nabla^2\boldsymbol{A}+k^2\boldsymbol{A}=-\mu_0\boldsymbol{J} \tag{6.23}$$

而式(6.23)的解为

$$\boldsymbol{A}(\boldsymbol{r})=\frac{\mu_0}{4\pi}\int_{V}\frac{\boldsymbol{J}(\boldsymbol{r}')\mathrm{e}^{-\mathrm{j}kR_1}}{R_1}\mathrm{d}V \tag{6.24}$$

这样一来，通过式(6.20)和式(6.24)，矢量磁位 **A** 就可以一头连着源(**J**)，一头连着场(**H**)了，如图 6-26 所示。

说回电流元，因为其向外辐射时整个等相位面呈球形，因此通常用球坐标系来建模分析，这对于其他微元和宏观的天线都是适用的。坐标系中怎么摆放电流元也很重要，毕竟它的位置和摆放姿势直接决定了方向图函数的表达式。一般情况下，习惯于把电流元放在坐标原点处，并沿着 z 轴摆放，如图 6-27 所示，后续会知道，这样摆放可以得到形式最为简单的远区场表达式以及方向图函数。

图 6-26　源和场的“中间商”——矢量磁位 A

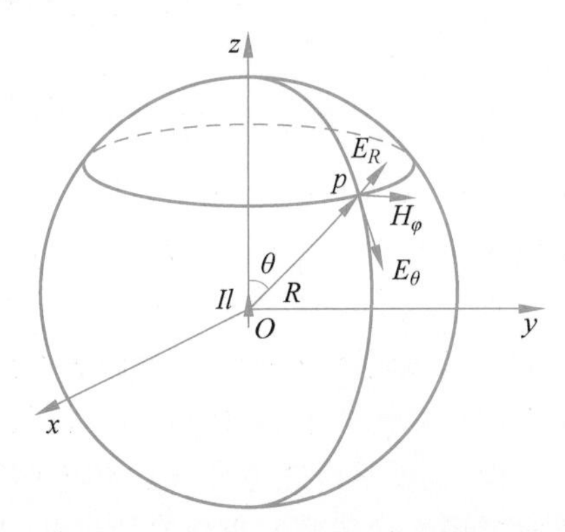

图 6-27　电流元在球坐标系中的位置

因为电流元的电流分布均匀，且尺寸非常小，因此式(6.24)可以化简为一个非常简单的形式。

$$\boldsymbol{A}=\frac{\mu_0}{4\pi}\int_{-l/2}^{l/2}\frac{I\mathrm{e}^{-\mathrm{j}kR}}{R}\mathrm{d}z\boldsymbol{a}_z=\frac{\mu_0 Il}{4\pi R}\mathrm{e}^{-\mathrm{j}kR}\boldsymbol{a}_z=A_z\boldsymbol{a}_z \tag{6.25}$$

式中，由于电流元是线状的，$\boldsymbol{J}\mathrm{d}V'=\boldsymbol{J}\mathrm{d}S\mathrm{d}z=I\mathrm{d}z\boldsymbol{a}_z$，体积分简化成了线积分，此外，因为电流元特别小，其电流分布都近似集中在坐标原点上，因此 $R_1\approx R$。

根据式(6.25)我们得到了电流元的矢量磁位 **A**，接着将其代入式(6.20)就可以得到磁场的表达式了。

$$\boldsymbol{H}=\frac{1}{\mu_0}\nabla\times(A_z\boldsymbol{a}_z)=\frac{1}{\mu_0}(\nabla A_z)\times\boldsymbol{a}_z+\frac{1}{\mu_0}A_z(\nabla\times\boldsymbol{a}_z)=\frac{1}{\mu_0}(\nabla A_z)\times\boldsymbol{a}_z \tag{6.26}$$

式(6.26)的推导中用了场论恒等式，将其在球坐标系中展开可得

$$\boldsymbol{H}=\nabla\left(\frac{Il\,\mathrm{e}^{-\mathrm{j}kR}}{4\pi R}\right)\times\boldsymbol{a}_z=\frac{Il}{4\pi}\frac{\partial}{\partial R}\left(\frac{\mathrm{e}^{-\mathrm{j}kR}}{R}\right)(\boldsymbol{a}_R\times\boldsymbol{a}_z)=\frac{Il}{4\pi}\left(\frac{-\mathrm{j}k\,\mathrm{e}^{-\mathrm{j}kR}}{R}-\frac{\mathrm{e}^{-\mathrm{j}kR}}{R^2}\right)(\boldsymbol{a}_R\times\boldsymbol{a}_z) \tag{6.27}$$

由于

$$\boldsymbol{a}_R\times\boldsymbol{a}_z=\boldsymbol{a}_R\times(\cos\theta\boldsymbol{a}_R-\sin\theta\boldsymbol{a}_\theta)=-\sin\theta\boldsymbol{a}_\varphi \tag{6.28}$$

故式(6.27)可化为

$$\boldsymbol{H}=\frac{Il}{4\pi}\sin\theta\left(\frac{\mathrm{j}k}{R}+\frac{1}{R^2}\right)\mathrm{e}^{-\mathrm{j}kR}\boldsymbol{a}_\varphi \tag{6.29}$$

自由空间里有了磁场 $\boldsymbol{H}$ 的表达式，电场 $\boldsymbol{E}$ 的表达式也就有了，

$$\begin{aligned}\boldsymbol{E}&=\frac{1}{\mathrm{j}\omega\varepsilon_0}\nabla\times\boldsymbol{H}\\&=\frac{1}{\mathrm{j}\omega\varepsilon_0}\left[\frac{1}{R\sin\theta}\frac{\partial}{\partial\theta}(H_\varphi\sin\theta)\boldsymbol{a}_R-\frac{1}{R}\frac{\partial}{\partial R}(RH_\varphi)\boldsymbol{a}_\theta\right]=E_R\boldsymbol{a}_R+E_\theta\boldsymbol{a}_\theta\end{aligned} \tag{6.30}$$

其中，

$$E_R=\frac{\eta_0 Il}{2\pi R^2}\cos\theta\left(1+\frac{1}{\mathrm{j}kR}\right)\mathrm{e}^{-\mathrm{j}kR} \tag{6.31}$$

$$E_\theta=\mathrm{j}\,\frac{\eta_0 kIl}{4\pi R}\sin\theta\left(1+\frac{1}{\mathrm{j}kR}-\frac{1}{k^2R^2}\right)\mathrm{e}^{-\mathrm{j}kR} \tag{6.32}$$

至此，一个电流元在空间中形成的电磁场的分布就得到了，观察式(6.29)～式(6.32)，可以看出电流元形成的磁场只有沿着 φ 方向的分量 H_φ；电场则只有沿着 R 方向的 E_R 和沿着 θ 方向的 E_θ，电场、磁场相互垂直。鉴于人类最熟悉的球可能就是地球了，因此把图 6-27 中的球坐标系想象成一个地球更有助于理解：北极方向沿着 z 轴正方向，电流元沿着南北方向摆在地球中心，磁场 H_φ 就沿着纬线方向，也就是东西方向，电场分量 E_θ 沿着经线方向，也就是南北方向，E_R 的方向则“指天指地”。

单看电磁场好像还看不出功率的流动，利用式(6.29)和式(6.30)求一下电流元的复坡印廷矢量就一目了然了。

$$\begin{aligned}\boldsymbol{S}=\frac{1}{2}(\boldsymbol{E}\times\boldsymbol{H}^*)=&\left[\frac{\eta_0}{2}\left(\frac{Il}{4\pi}\right)^2k^4\sin^2\theta\left(\frac{1}{k^2R^2}-\frac{\mathrm{j}}{k^5R^5}\right)\right]\boldsymbol{a}_R-\\&\left[\frac{\eta_0}{2}\left(\frac{Il}{4\pi}\right)^2k^4\sin^2\theta\left(\frac{\mathrm{j}}{k^3R^3}-\frac{j}{k^5R^5}\right)\right]\boldsymbol{a}_\theta\end{aligned} \tag{6.33}$$

通过式(6.33)可以非常清楚地看到，功率一部分是沿着 $\boldsymbol{a}_R$ 的方向“指天指地”，一部分则是沿着 $\boldsymbol{a}_\theta$ 的方向南北摇摆，而其中，真正的实功率只有一项，

$$\boldsymbol{S}_{\mathrm{av}}=\boldsymbol{Re}\left[\frac{1}{2}(\boldsymbol{E}\times\boldsymbol{H}^*)\right]=\left[\frac{\eta_0}{2}\left(\frac{kIl}{4\pi R}\right)^2\sin^2\theta\right]\boldsymbol{a}_R \tag{6.34}$$

可以看出，实功率直接“指天”不“指地”，说明辐射场是以坐标原点为中心，向外扩散的。

接着我们再看回式(6.29)和式(6.30)，电流元形成的三个场分量都是随着距离 R 的增加而减小的，这符合我们的客观认知。然而，如果仔细观察，不同的场分量随着距离 R 增加而减小的速度是不一样的，这样会带来一个后果：对于不同的距离 R，不同场分量所占的比重是不同的，因此，通常按照距离 R 的大小将电流元的电磁场分为三个区域：近区场、远区场和中间区场(图6-28)。这里区分远近的标准还是电长度，即 $kR=1$，按照这个标准，如果 $R \ll 1/k$，则认为是近区场，要注意的是，近区场中 R 虽然小，但是还是远大于电流元的长度 l 的；如果 $R \gg 1/k$，则认为是远区场。实际工程中，天线的工作区域一般都是在远区场，也就是发射和接收天线之间的距离会远大于 $\lambda/(2\pi)$ 个波长。

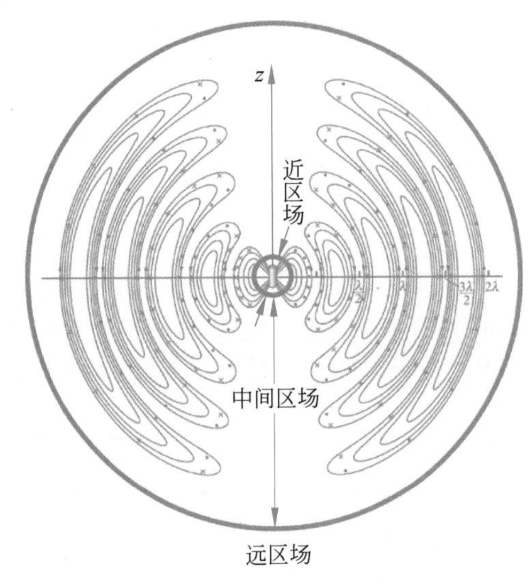

图 6-28　不同区场示意图

根据远区场和近区场的划分标准，我们可以看一下近区场和远区场的场分布有什么不同。

1）近区场

在近区场中，$kR \ll 1$，即 $R \ll \lambda/(2\pi)$，此时有

$$
\begin{aligned}
&1 \ll 1/(kR) \ll 1/(kR)^2 \\
&e^{-jkR} \approx 1
\end{aligned}
\tag{6.35}
$$

由此，式(6.29)和式(6.30)可以近似为

$$
\left.
\begin{aligned}
H_\varphi &= \frac{Il}{4\pi R^2}\sin\theta \\
E_R &= -j\frac{Il}{2\pi R^3}\frac{1}{\omega\varepsilon_0}\cos\theta \\
E_\theta &= -j\frac{Il}{4\pi R^3}\frac{1}{\omega\varepsilon_0}\sin\theta
\end{aligned}
\right\}
\tag{6.36}
$$

在近区场中,此前提到的滞后现象并不明显,因此电场的表达式与静电场中电偶极子的电场表达式是相同的,而磁场表达式也与恒定电流元的磁场表达式相同,所以近区场的场分布也称为似稳场或感应场。还有一个比较有趣的现象就是,在近区场如果拿磁场共轭和任何一个电场分量叉乘求坡印廷矢量,得到的实功率都为0,这从数学上表明了近区场中的电磁场能量都被束缚在电流元附近,就像钟摆一样,只是电场和磁场的相互转化,并没有能量传输,对应于之前将天线当成一个负载阻抗时的电抗部分。当然,这是近似的结果,事实上近区场也存在少量的能量传输,只是小到可以忽略。

2) 远区场

在远区场中,$kR >> 1$,即 $R >> \lambda/(2\pi)$,此时有

$$1 \gg 1/(kR) \gg 1/(kR)^2 \tag{6.37}$$

此时,$1/R$ 的项占据主体地位,高次项 $1/R^2$ 以及 $1/R^3$ 可以忽略不计,这样得到的远区场的电场和磁场分量为

$$\left.\begin{aligned} E_\theta &= \mathrm{j}\,\frac{\eta_0 Il}{2\lambda R}\sin\theta\,\mathrm{e}^{-\mathrm{j}kR} \\ H_\varphi &= \mathrm{j}\,\frac{Il}{2\lambda R}\sin\theta\,\mathrm{e}^{-\mathrm{j}kR} \end{aligned}\right\} \tag{6.38}$$

从式(6.38)可以看出远区场的电场和磁场就非常简洁了,场强和电流的强度 I 以及电长度 l/λ 成正比,与距离 R 成反比,同时还有一个非常简单的滞后相位 $\mathrm{e}^{-\mathrm{j}kR}$,最妙的是电场和磁场二者是同相的,意味着劲儿可以使到一起去,叉乘之后求出来的坡印廷矢量为

$$\boldsymbol{S} = \frac{1}{2}(\boldsymbol{E} \times \boldsymbol{H}^*) = |E_\theta|^2/(2\eta_0)\,\boldsymbol{a}_R = \boldsymbol{S}_{\mathrm{av}} \tag{6.39}$$

式(6.39)简直不要太美妙,叉乘出来的功率全是实的,而且就是电场的平方除以波阻抗的形式,简洁程度等同于电路中对于功率的计算,同时方向也很明确,就是径向传播,向外扩散。这表明电磁能量一旦脱离电流元进入远区场,就没有回头路了,只能硬着头皮一路向周围空间扩散了。此外,式(6.39)还揭示了几个信息:①电流元的远区场辐射场中,电场、磁场以及传播方向两两垂直,是一个沿径向传播的 TEM 波;②因为空间相移因子是 $\mathrm{e}^{-\mathrm{j}kR}$,因此远区场辐射场的等相位面是球面,对应的 TEM 波为球面波,当然,如果 R 非常大时,球面上的很小区域的波也可以近似为平面波,这个现象可以类比我们的地球,虽然是个球,但是我们从来都认为自己生活在一个平地上,毕竟地球的半径太大了;③场的强度与极角 θ 有关,与方位角 φ 无关,这主要是因为电流元的自身形状及姿势是关于 z 轴对称的。

3) 中间区场

这个区域介于远区场和近区场之间,两个区域的特点都沾染一些,其他的真没啥好说的。

有了远区场的表达式(6.38),马上能做的一件事儿就是求电流元的方向图函数了,难度倒也不大,直接把电场表达式中与方向有关的项挑出来,求模值然后归一化就行了。由此可得电流元的归一化方向图函数为

$$|f(\theta,\varphi)| = |f(\theta)| = |\sin\theta| \tag{6.40}$$

珍惜式(6.40)吧，这应该是能见到的最简单的方向图函数了，简单到就算让你背下来，你也不会有任何怨言的程度。通过方向图函数，就可以画出方向图，因为实在太简单，所以就算硬想也能大概想象出三维图和二维图的样子，按照图 6-27 中的坐标系和电流元的摆放方式，电流元的归一化方向图如图 6-29 所示。

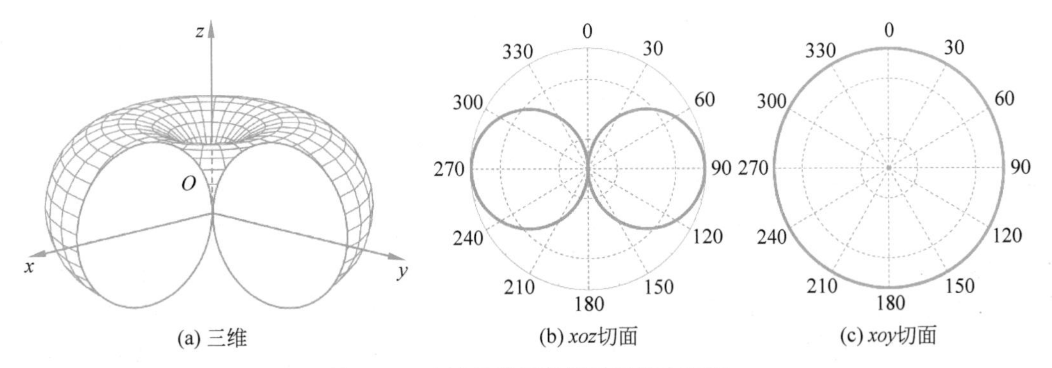

图 6-29　电流元的三维以及二维方向图

方向图的整体形状和半波对称振子有点像，也是像一个被 z 轴串着的甜甜圈的形状，这并不奇怪，后面会讲，半波对称振子就有由无数个电流元线积分出来的，同样的原因，后面还可以看到矩形波导天线和面元二者的方向图也有点儿像。

电流元沿着 xoy 平面向周围辐射最强，沿着 z 轴的±方向没有辐射。沿着 z 轴切一刀，可以切出二维的方向图，整体呈躺平的“8”形状，如图 6-29(b)所示；沿着 xoy 平面切一刀，切出来的是一个圆，如图 6-29(c)所示。这里涉及两个典型的平面，图 6-29(b)中的平面称为 E 面，因为这是电场线不会穿透的面；图 6-29(c)中的平面称为 H 面，这是磁场线不会穿透的面。以后很多天线都会涉及 E 面和 H 面这两个比较典型的二维方向图切面，只要记住前述的判断规则，就能很快判断出切出来的是 E 面还是 H 面。

有了电流元的电场和磁场分布，还能做另外一件事儿，那就是计算它的辐射功率 P_r 和辐射电阻 R_r(也就是图 6-10 中的 R_A)。辐射功率的计算可以通过“场”和“路”两个途径：①通过电场和磁场的叉乘可以算出坡印廷矢量，其物理意义就是功率流密度，然后找个闭合曲面把电流元一包，顺势整一个面积分，辐射功率就有了；②通过电流和辐射电阻来计算。两个途径算出来的辐射功率组成一个等式，分分钟就把辐射电阻求出来了。

根据这个思路，直接可以把下面几个式子列出来。

用场的方法求辐射功率：

$$\begin{aligned}P_r &= \oint_S \boldsymbol{S}_{\text{av}} \mathrm{d}S \\ &= \oint_S \mathrm{Re}\left[\frac{1}{2}\boldsymbol{E}\times\boldsymbol{H}^*\right]\mathrm{d}S = \oint_S \frac{|E_\theta|^2}{2\eta_0}\boldsymbol{a}_R \mathrm{d}S = \oint_S \frac{\eta_0}{2}\left(\frac{Il}{2\lambda R}\sin\theta\right)^2 \boldsymbol{a}_R \mathrm{d}S \\ &= \int_0^{2\pi}\mathrm{d}\varphi\int_0^{\pi}\frac{\eta_0}{2}\left(\frac{Il}{2\lambda R}\sin\theta\right)^2 R^2\sin\theta\mathrm{d}\theta = 40\pi^2\left(\frac{Il}{\lambda}\right)^2\end{aligned} \tag{6.41}$$

用路的方法求辐射功率：

$$P_r = \frac{1}{2} I_m^2 R_r \tag{6.42}$$

式中，I_m 是激励电流的振幅，因为电流元上的电流是均匀的，即 $I_m = I$，联立式(6.41)和式(6.42)，可得电流源的辐射电阻为

$$R_r = 80\pi^2 \left(\frac{l}{\lambda}\right)^2 \tag{6.43}$$

式(6.43)乍一看感觉好像辐射电阻还很大的样子，但其实算上右边括号里的电长度之后，那就相当可怜了，假设电长度为百分之一个波长，那么最终算出来的辐射电阻 $R_r \approx 0.079\Omega$，这就小得有点可怜了，甚至与损耗电阻相比都很难占优势，更别提和电抗部分对比了，这也是设计电小尺寸的天线难度很大的原因，一般来说，电尺寸越小，辐射阻抗越小，阻抗匹配以及辐射效率都很难提升。当然，话说回来，有难度的地方就有饭吃，电小天线也是天线领域的一个研究热点，很多天线工程师都挤在这块儿混饭吃，谁要真能做出一个电尺寸特别小、效率特别高同时带宽又特别宽的天线，基本可以保证原地就能登上一个人生小巅峰了。

至此，我们已经对电流元的定义、电磁场分布、方向图以及辐射电阻等方面的性能都有了比较全面的了解，需要注意的是，我们前面所有关于电磁场分布和方向图的结果都是基于“电流元轴向沿着 z 轴摆放在坐标原点”这一前提所得到的，一旦摆放姿势沿着其他坐标轴，那么方向图函数和方向图都会随之改变。当然，这只是数学上的坐标变换问题，本来不想提，但后续偏偏又要用到，因此我们只能先被迫营业，学习一下坐标变换的技能，为的就是后续能够让电流元或者其他天线可以换个摆放姿势。

首先球坐标系的单位矢量和直角坐标系单位矢量之间的关系如下：

$$\boldsymbol{a}_\varphi = \frac{\boldsymbol{a}_z \times \boldsymbol{a}_R}{|\boldsymbol{a}_z \times \boldsymbol{a}_R|}, \quad \boldsymbol{a}_\theta = \boldsymbol{a}_\varphi \times \boldsymbol{a}_R = \frac{(\boldsymbol{a}_z \times \boldsymbol{a}_R) \times \boldsymbol{a}_R}{|\boldsymbol{a}_z \times \boldsymbol{a}_R|} \tag{6.44}$$

将式(6.44)代入电流元的远区场辐射电磁场表达式(6.38)可以得到

$$\boldsymbol{E} = E_\theta \boldsymbol{a}_\theta = \frac{\mathrm{j}Il\eta_0 \mathrm{e}^{-\mathrm{j}kR}}{2\lambda R} \sin\theta \frac{(\boldsymbol{a}_z \times \boldsymbol{a}_R) \times \boldsymbol{a}_R}{|\boldsymbol{a}_z \times \boldsymbol{a}_R|} = \frac{\mathrm{j}Il\eta_0 \mathrm{e}^{-\mathrm{j}kR}}{2\lambda R} (\boldsymbol{a}_z \times \boldsymbol{a}_R) \times \boldsymbol{a}_R \tag{6.45}$$

$$\boldsymbol{H} = H_\varphi \boldsymbol{a}_\varphi = \frac{\mathrm{j}Il \mathrm{e}^{-\mathrm{j}kR}}{2\lambda R} \sin\theta \frac{(\boldsymbol{a}_z \times \boldsymbol{a}_R)}{|\boldsymbol{a}_z \times \boldsymbol{a}_R|} = \frac{\mathrm{j}Il \mathrm{e}^{-\mathrm{j}kR}}{2\lambda R} (\boldsymbol{a}_z \times \boldsymbol{a}_R) \tag{6.46}$$

这是电流元轴向沿着 z 轴摆放在坐标原点时用单位矢量表示的电场和磁场表达式。如果沿着 x 轴或者 y 轴摆放在原点，只需要把 $\boldsymbol{a}_z$ 换成 $\boldsymbol{a}_x$ 或者 $\boldsymbol{a}_y$ 就可以了。当然，电流元轴向沿着任意方向 $\boldsymbol{a}_l$ 摆放的结果也可以按照这个思路进一步求出来。电流元姿势改变技能 get，这里把式(6.45)和式(6.46)留着备用，后面分析面元时用得着。

视频

3. *磁流元、小电流圆环以及缝隙元的简介*

说完电流元，再说一下磁流元和缝隙元。磁流元电长度也非常非常小，是一小段时变的磁单极子的流动，当然，大家也都知道，目前还是没找到磁单极子，因此磁流元的概念只存在于理论模型中。虽然地球上没发现真正意义上的磁流元，但谁叫咱地大物博、

人杰地灵呢，硬生生找出了可以用来模仿磁流元辐射特性的替代品，那就是小电流圆环和缝隙元。这两种结构虽然本质上不是磁荷的流动，但是发出的电磁场分布和磁流元很像，几乎可以乱真，因此哪天要是真的被入侵地球的外星人拿枪顶着脑袋逼着交出磁流元，拿这俩东西糊弄一下说不定还真能保住一条小命。

如果单看方向图形状，磁流元、小电流圆环以及缝隙元和电流元是一样的，只不过电场和磁场互换了一下，也就是说，电流元和磁流元是电磁对偶的，因此，磁流元、小电流圆环以及缝隙元的推导过程也都是通过矢量磁位 **A** 用间接解法完成，这里不再重复，直接给结果。当然，电流元、磁流元、小电流环以及缝隙元涉及的结果还挺多，有点乱，因此，为了不让大家感到混乱，最好的办法就是先把它们混在一起，这叫先下手为强，我混了，大家就不混了，直接看表 6-1。

其中电流元、磁流元、小电流环以及缝隙元的远区场形式都是很清爽的 TEM 球面波的形式，电场与磁场之比都等于波阻抗 η_0，场强随着距离的变化规律都是 $1/R$，相位随着距离的变化趋势都是 e^{-jkR}，场强也都与微元的电尺寸成正比。不同之处在于电流元的远区电场方向沿着 θ，磁场沿着 φ，而其他三种微元正好相反，此外造成远区场辐射场的振荡源头也不太一样：电流元是由一群电子在坐标原点附近沿着 z 轴上下振荡；磁流元是由一群磁单极子在坐标原点附近沿着 z 轴上下振荡；小电流环是由一群电子在坐标原点附近的 xoy 平面上环形振荡，一会儿顺时针转，一会儿逆时针转；缝隙元则是一群电子在缝隙的两边时变电压的驱动下沿着 y 轴来回振荡，在缝隙中形成沿着 y 轴的时变电场。

表 6-1　构成天线的微元

序号	微元	示意图	远区场	方向图
1	电流元	z, Il, y, x	$E_\theta = \mathrm{j}\dfrac{\eta_0 Il}{2\lambda R}\sin\theta e^{-\mathrm{j}kR}$ $H_\varphi = \mathrm{j}\dfrac{Il}{2\lambda R}\sin\theta e^{-\mathrm{j}kR}$	$\lvert f(\theta)\rvert = \lvert\sin\theta\rvert$
2	磁流元	z, $I_M l$, y, x	$H_\theta = \mathrm{j}\dfrac{I_M l}{2\eta_0\lambda R}\sin\theta e^{-\mathrm{j}kR}$ $E_\varphi = -\mathrm{j}\dfrac{I_M l}{2\lambda R}\sin\theta e^{-\mathrm{j}kR}$	
3	小电流环	z, IS, y, x	$H_\theta = -\dfrac{I}{2\lambda R}\left(\dfrac{2\pi S}{\lambda}\right)\sin\theta e^{-\mathrm{j}kR}$ $E_\varphi = \dfrac{I}{2\lambda R}\left(\dfrac{2\pi S}{\lambda}\right)\eta_0\sin\theta e^{-\mathrm{j}kR}$	
4	缝隙元	z, $U_0 l$, y, x	$H_\theta = \mathrm{j}\dfrac{U_0 l}{\eta_0\lambda R}\sin\theta e^{-\mathrm{j}kR}$ $E_\varphi = -\mathrm{j}\dfrac{U_0 l}{\lambda R}\sin\theta e^{-\mathrm{j}kR}$	

续表

序号	微元	示意图	远区场	方向图
5	面元		$\boldsymbol{E}_S=\frac{\mathrm{j}E_y\,\mathrm{d}S\,\mathrm{e}^{-\mathrm{j}kR}}{2\lambda R}\times$ $[\sin\varphi(1+\cos\theta)\boldsymbol{a}_\theta+$ $\cos\varphi(1+\cos\theta)\boldsymbol{a}_\varphi]$	$\lvert f(\theta)\rvert=\frac{1}{2}\lvert(1+\cos\theta)\rvert$

4. 面元的分析

说起面元,还真是跟前几种微元有点不太一样,需要花点心思去细细品味一番。前面的几种结构都是有粒子在振荡,就连磁流元也是想象中的磁单极子在振荡,而到了面元这种微元,上面没有任何粒子,就是一个空空的方形平面,有的只是变化的电磁场,这样的配置也能作为微元来辐射电磁场吗?答案显然是肯定的。惠更斯老爷子说过:别老是纠结于面元上时变的电场和磁场究竟是由哪些粒子振荡产生的,如果真正的源头太复杂就直接把这些面元上时变的电磁场当成源头就好啦,做人嘛,最重要的是开心,对自己好点,世上无难事,只要肯逃避。这样一来,只要一个面天线的电磁波都从口径面上往外出,那么直接把这个口径面上的面元给分析明白了就行。怎么去建模分析这个面元呢?根据等效原理,面元上的电场 $\boldsymbol{E}_S$ 和磁场 $\boldsymbol{H}_S$ 可等效为面磁流 $\boldsymbol{J}_{M_S}$ 和面电流 $\boldsymbol{J}_S$,且二者交叉放置,也就是说,面元可等效为交叉放置的电流元和磁流元。

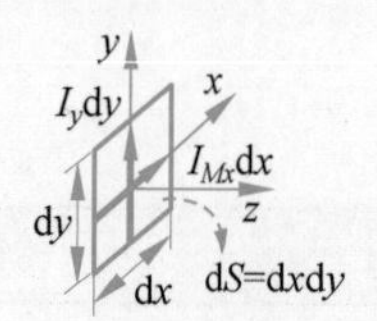

图 6-30　电流元与磁流元交叉放置形成面元

知道了面元是怎么回事儿之后,接下来就可以去推导一下它的远区场表达式以及方向图了,既然是电流元和磁流元交叉放置形成面元,那么这哥俩就不能都沿着 z 轴摆放了,为了公平起见,假设面元上时变的磁场是沿着 x 轴的,时变的电场是沿着 y 轴的,那么等效的电流元就沿着 y 轴摆放,等效磁流元沿着 x 轴摆放,z 轴就留给传播方向好了,如图 6-30 所示。

电流元和磁流元分别为

$$I_y l=(H_x\,\mathrm{d}x)\,\mathrm{d}y=H_x\,\mathrm{d}S \tag{6.47}$$

$$I_{Mx} l=(E_y\,\mathrm{d}y)\,\mathrm{d}x=E_y\,\mathrm{d}S \tag{6.48}$$

式(6.47)和式(6.48)表明,沿着 x 轴变化的磁场 H_x 乘以面元宽度 $\mathrm{d}x$ 后可以看成沿着 y 轴放置的电流元 I_y,而沿着 y 轴变化的电场 E_y 乘以面元高度 $\mathrm{d}y$ 后,则可以看成沿着 x 轴放置的磁流元 I_{Mx}。

根据表 6-1,电流元和磁流元的远区场表达式都是现成的,只不过如今摆放姿势发生了变化,之前提到过的式(6.45)和式(6.46)就派上了用场。

沿着 y 轴摆放的电流元,远区的电场和磁场的表达式为

$$\boldsymbol{E}_e=\frac{\mathrm{j}I_y l\eta_0\mathrm{e}^{-\mathrm{j}kR}}{2\lambda R}(\boldsymbol{a}_y\times\boldsymbol{a}_R)\times a_R=-\frac{\mathrm{j}I_y l\eta_0\mathrm{e}^{-\mathrm{j}kR}}{2\lambda R}(\cos\theta\sin\varphi\,\boldsymbol{a}_\theta+\cos\varphi\,\boldsymbol{a}_\varphi) \tag{6.49}$$

$$\boldsymbol{H}_e=\frac{\mathrm{j}I_y l\mathrm{e}^{-\mathrm{j}kR}}{2\lambda R}(\boldsymbol{a}_y\times\boldsymbol{a}_R)=-\frac{\mathrm{j}I_y l\mathrm{e}^{-\mathrm{j}kR}}{2\lambda R}(\cos\theta\sin\varphi\,\boldsymbol{a}_\varphi-\cos\varphi\,\boldsymbol{a}_\theta) \tag{6.50}$$

其中，

$$\boldsymbol{a}_y=\sin\theta\sin\varphi\boldsymbol{a}_R+\cos\theta\sin\varphi\boldsymbol{a}_\theta+\cos\varphi\boldsymbol{a}_\varphi \tag{6.51}$$

类似地，沿着 x 轴摆放的磁流元，远区的电场和磁场的表达式为

$$\boldsymbol{E}_M=-\frac{\mathrm{j}I_{Mx}l\mathrm{e}^{-\mathrm{j}kR}}{2\lambda R}(\boldsymbol{a}_x\times\boldsymbol{a}_R)\times\boldsymbol{a}_R=\frac{\mathrm{j}I_{Mx}l\mathrm{e}^{-\mathrm{j}kR}}{2\lambda R}(\cos\theta\cos\varphi\boldsymbol{a}_\varphi+\sin\varphi\boldsymbol{a}_\theta) \tag{6.52}$$

$$\boldsymbol{H}_M=\frac{\mathrm{j}I_{Mx}l\mathrm{e}^{-\mathrm{j}kR}}{2\eta_0\lambda R}(\boldsymbol{a}_x\times\boldsymbol{a}_R)\times\boldsymbol{a}_R=-\frac{\mathrm{j}I_{Mx}l\mathrm{e}^{-\mathrm{j}kR}}{2\eta_0\lambda R}(\cos\theta\cos\varphi\boldsymbol{a}_\theta-\sin\varphi\boldsymbol{a}_\varphi) \tag{6.53}$$

其中，

$$\boldsymbol{a}_x=\sin\theta\cos\varphi\boldsymbol{a}_R+\cos\theta\cos\varphi\boldsymbol{a}_\theta-\sin\varphi\boldsymbol{a}_\varphi \tag{6.54}$$

将电流元和磁流元的远区辐射场进行叠加，就可以得到面元在球坐标系下远区辐射电场的一般表达式：

$$\boldsymbol{E}_S=\frac{\mathrm{j}E_y\mathrm{d}S\mathrm{e}^{-\mathrm{j}kR}}{2\lambda R}[\sin\varphi(1+\cos\theta)\boldsymbol{a}_\theta+\cos\varphi(1+\cos\theta)\boldsymbol{a}_\varphi] \tag{6.55}$$

相应的归一化方向图函数则可以通过对其电场表达式中只跟方向有关的项进行求模并归一化得到

$$|f(\theta)|=\frac{1}{2}|(1+\cos\theta)| \tag{6.56}$$

方向图如图 6-31 所示。

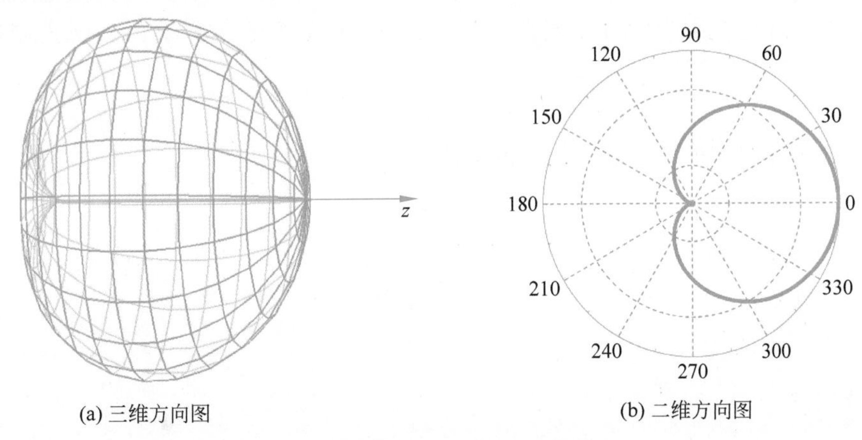

(a) 三维方向图　　(b) 二维方向图

图 6-31　面元的三维和二维方向图

可见面元的方向图像一个桃子，最大辐射方向为 $\theta=0°$ 的方向，也就是 $+z$ 轴方向，而 $\theta=180°$ 的方向则没有辐射，整体具有单向辐射的特性。

至此，天线的几种基本的微元就介绍完了，有了这些微元在手，再遇到宏观的天线就不会那么紧张了，直接积分走起，就好像拥有了砖头，不论是建办公楼还是盖养猪场，都只是宏观的结构不同而已。

6.3.3　从电流元到对称振子天线

用微元“盖”天线和用砖头盖楼房没有什么本质区别，有了微元，就可以积分出各种

各样的天线了，天线的种类可以说是浩如烟海，但其实大多数看着奇奇怪怪的天线都只是用在很特殊的场合，出镜率并不高，有的甚至纯粹只是为了引领一下学术时尚，并不太常用。实际中最常用的天线就那几种。为了大家入门方便，我们只选取两种最为典型的天线进行分析，一种是线天线的代表——对称振子天线，另一种则是面天线的代表——喇叭天线。

先说对称振子天线，大家其实对这个已经不算陌生了，在前面已经介绍过，它是由平行双导线终端开路并劈叉成一字马而形成的，根据对称振子天线的双臂长度，半个波长的叫半波对称振子天线，一个波长的叫全波对称振子天线。由于对称振子的长度已经可与波长相比拟，再天真的同学也知道其上电流的幅度和相位不能视为处处相等了，这很像前面传输线中长线的概念，就连处理方法也很像，可以把对称振子的双臂分成无数的小段，每一小段都可以看成一个电流元，整个对称振子的辐射场就等于电流元的辐射场沿整个双臂长度的积分。这里，我们已经知道了电流元的辐射场，只要再知道对称振子上的电流分布就可以进行积分了[21]。

既然对称振子是由平行双导线终端开路并劈叉成一字马演化而来的，那么其双臂上的电流分布可以近似采用传输线理论进行分析[22]，也就是说，可以把对称振子看作一段长度为 h，终端开路的均匀平行双导线分别向上、向下展开 180°成一条直线，如图 6-32 所示，因此对称振子上的电流分布与终端开路传输线上的是一致的。在坐标系中，一般习惯于将对称振子的双臂沿着 z 轴摆放，其中心与坐标原点重合，根据之前学过的终端开路的传输线沿线电流振幅的分布规律，对称振子的两端电流振幅为零，双臂上则近似于正弦分布，其数学表达式为

$$I(z)=I_{\mathrm{m}}\sin[k(h-|z|)] \tag{6.57}$$

式中，I_{m} 为电流驻波的波腹点处的电流幅值。

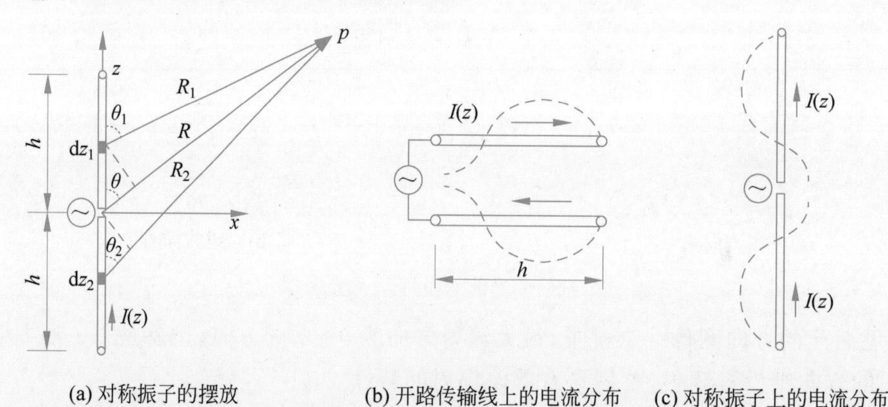

(a) 对称振子的摆放　(b) 开路传输线上的电流分布　(c) 对称振子上的电流分布

图 6-32　对称振子的坐标位置及电流振幅的分布

首先，找一个平平无奇的电流元 $\mathrm{d}z_1$，如图 6-32(a)中上臂的那个小黑块儿所示，对称振子正是由无数个这样平凡的微元所组成的，只不过各自所处的位置不太一样。电流元 $\mathrm{d}z_1$ 虽然很简单，但是它的位置相较于之前学过的微元有点变化，不再是位于坐标原点上了，因此与远区场点 p 的距离也不再是 R，而是变成了 R_1，到场点 p 的连线与 $+z$ 轴的

夹角也不再是θ,而是θ_1;类似的情况也发生在与dz_1关于坐标原点对称的另一个电流元dz_2上,只不过距离和夹角分别成了R_2和θ_2。注意,这里远区场点p也是平平无奇的,可以代表任何一个远区场的场点,而远区场也正是由无数个这样平凡的场点所组成的。

鉴于微元dz_1和dz_2的位置关系对称,且二者电流的大小和相位是相同的,因此我们将其强行撮合成一对儿,同时进行分析,这样的好处在于,后续的线积分范围可以缩小一半,只积分$0\sim h$的范围即可。

根据之前和电流元打交道的经验,需要先写出电流元dz_1和dz_2的电流大小和长度的乘积,$Iz_1dz_1=Iz_2dz_2=I(z)dz$,由此可以进一步把两个电流元在远区场点p产生的辐射电场写出来:

$$d\boldsymbol{E}_1=(d\boldsymbol{E}_{\theta_1})\boldsymbol{a}_{\theta_1}=j\frac{\eta_0 I(z)dz}{2\lambda R_1}\sin\theta_1 e^{-jkR_1}\boldsymbol{a}_{\theta_1} \tag{6.58}$$

$$d\boldsymbol{E}_2=(d\boldsymbol{E}_{\theta_2})\boldsymbol{a}_{\theta_2}=j\frac{\eta_0 I(z)dz}{2\lambda R_2}\sin\theta_2 e^{-jkR_2}\boldsymbol{a}_{\theta_2} \tag{6.59}$$

既然已经决定要把dz_1和dz_2两个电流元撮合在一起,那么式(6.58)和式(6.59)至少在形式上也应该保持一致,因此就需要进行一系列的近似工作。不要小看近似,这是从理论走向工程的重要一步,绝非简单地凑合,说得文艺点,人生处处皆近似,就连你自己都是近似的你自己,你信不。

受限于纸张的大小,图6-32(a)容易给人的一种错觉就是R和R_1以及R_2差很多,θ和θ_1以及θ_2也差很多,但实际的情况是,因为p点是远区场点,因此实际上R和R_1、R_2要远大于对称振子的长度$2h$,这个“远大于”有多“大于”呢?还是给点实际的量化感受,假设这是一个半波对称振子,那么$2h=0.5\lambda$,在远区场,R的大小至少也是几百上千倍的波长,假设$R=1000\lambda$,而只要电流元dz_1和dz_2在对称振子的双臂上,R_1和R_2与R的差别最多也不会超过$2h$,即R_1和R_2的长度范围应该是$[999.75\lambda,1000.25\lambda]$。这时就可以对式(6.58)和式(6.59)通过近似进行统一了。首先是距离R_1和R_2,在式(6.58)和式(6.59)中主要扮演两个角色:一是场强随着距离的增加呈反比变化的趋势,即$1/R_1$和$1/R_2$,这两项我们就按照最极端的情况来看,也只是$1/(999.75\lambda)$和$1/(1000.25\lambda)$的差别,完全可以都近似成$1/R=1/(1000\lambda)$,而且这种近似会随着场点距离的增加越来越准确。R_1和R_2的另一个角色则是影响相位的变化,即e^{-jkR_1}和e^{-jkR_2},这就不能简单粗暴地直接近似成e^{-jkR}了,因为即使二者的差别再小,也是可以跟波长相互比拟的,前面跟着波数$k=2\pi/\lambda$,R、R_1和R_2三者一点点的差距乘上k之后,都会演变成相位上几十度甚至几百度的差别,这样的差别不但不能忽略,还需要尽可能准确地反映出来,怎么反映呢?前面我们说过,既然R、R_1和R_2远大于$2h$,那么这三者就可以近似看成平行的,这时可以近似认为$\theta=\theta_1=\theta_2$,R、R_1和R_2三者之间的差别就可以近似为

$$R=R_1+|z|\cos\theta=R_2-|z|\cos\theta \tag{6.60}$$

这样一来,不仅把R_1和R_2在相位上的影响都统一到R上去了,而且还把θ_1和θ_2也都统一到θ上去了,因此就可以直接把式(6.58)和式(6.59)加到一起去了,即

$$
\begin{aligned}
\mathrm{d}E_\theta &= \mathrm{d}E_{\theta 1} + \mathrm{d}E_{\theta 2} = \mathrm{j}\frac{\eta_0 I(z)\mathrm{d}z}{2\lambda R}\sin\theta \mathrm{e}^{-\mathrm{j}kR}\left(\mathrm{e}^{\mathrm{j}k|z|\cos\theta} + \mathrm{e}^{-\mathrm{j}k|z|\cos\theta}\right) \\
&= \frac{\mathrm{j}\eta_0 I_\mathrm{m}}{\lambda}\frac{\mathrm{e}^{-\mathrm{j}kR}}{R}\sin\theta\sin\left[k(h-|z|)\right]\mathrm{d}z\cos(k|z|\cos\theta)
\end{aligned}
\tag{6.61}
$$

式(6.61)给出了两个关于原点对称的电流元在远区场的电场表达式，这个表达式还是很值得玩味一下的，为此专门给出一幅公式的图解，如图 6-33 所示。

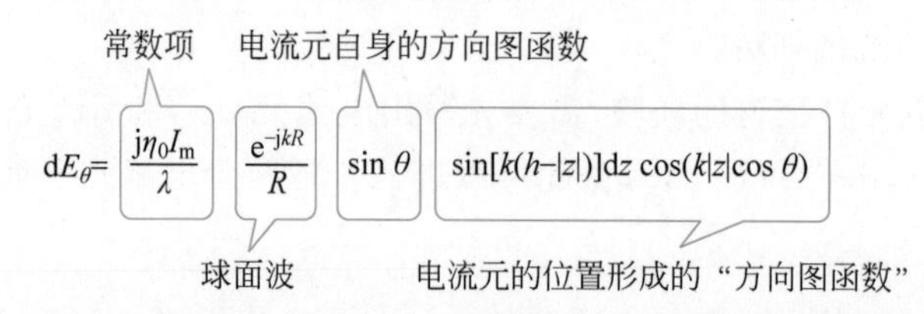

图 6-33　对称振子双臂上两个电流元的远区场表达式图解

图 6-33 展示了这个公式的几个重要组成部分，第一项是常数项，这项有点打酱油的意思，因为每个符号都比较容易理解；第二项表明天线辐射出来的是球面波，这项在天线的远区场表达式中出镜率很高，只要看到这个，脑子里就应该马上蹦出来“球面波”三个字；第三项是电流元自身的方向图函数，这项比较容易理解，毕竟是两个电流元加在一起形成的电磁场，电流元原本的方向图函数 $\sin\theta$ 还是应该有很高话语权的；第四项就很值得玩味了，从形式上来看，也有点像方向图函数的形式，但是这个方向图并不是哪个具体的辐射体所形成的，而是电流元摆放的位置对远区场的场强值造成了幅度和相位的影响，从而也形成了一定方向性，这一项对于最终远区场分布、方向图函数的影响和第三项是同等重要的。因此，结合第三项和第四项，我们可以得到一个重要的结论：当多个电流元组合在一起时，其位置摆放方式和其自身的方向图对于最终整体方向图的影响同样重要。由此我们甚至都能感觉出一点人生哲理的味道：一个人这辈子的高度不但取决于他自身的实力，同样取决于把他放在什么样的位置上。同样的道理也可以推广到一个团队，团队的整体实力不仅取决于每个人的个人能力，也同样取决于如何分配好每个人的位置和激励。其实吧，工程师普遍读书少，很多人生哲理都是这么悟出来的。上述的结论和道理可以仔细品味一下，因为相同的结论在后面讲到面元积分成面天线时还是会遇到，再往后讲到阵列天线时甚至会作为重点，这里提前剧透一下，希望可以引起重视。

视频

根据这一对电流元的表达式，开展 $0\sim h$ 的积分，结果如下：

$$
E_\theta = \int_0^h \mathrm{d}E_\theta = \mathrm{j}\frac{60I_\mathrm{m}}{R}\mathrm{e}^{-\mathrm{j}kR}\frac{\cos(kh\cos\theta)-\cos(kh)}{\sin\theta} \tag{6.62}
$$

式中，真空波阻抗 $\eta_0 = 120\pi$。同时可以看出，对于电流元进行线积分得到的式(6.62)并不是一个特别简单的式子，余弦中还包着余弦，学工科的同学也没必要与之硬刚，这些复杂的数学问题有数学系的同学帮我们解决就行了。

有了电场的表达式，磁场表达式也就很容易知道了，

$$
H_\varphi = \frac{E_\theta}{\eta_0} \tag{6.63}
$$

至此，对称振子天线在远区场的场表达式就得到了，与电流元类似，对称振子的远区辐射场也只有 E_θ 和 H_φ 两个分量，因此辐射的远区场是沿着 $\boldsymbol{a}_R$ 方向传播的 TEM 波，且电场与磁场是同相的，因此劲儿可以使到一处去，辐射的是实功率；由于相位变化规律依旧是 e^{-jkR}，因此辐射的也是球面波，辐射中心就是对称振子的中心，场强与距离 R 成反比，与 θ 有关系，因此也具有方向性，其归一化方向图函数可以直接通过远区场表达式(6.62)得出。

$$|f(\theta)|=\left|\frac{1}{1-\cos(kh)}\frac{\cos(kh\cos\theta)-\cos(kh)}{\sin\theta}\right| \tag{6.64}$$

根据归一化方向图函数表达式(6.64)可以进一步画出不同长度对称振子的二维方向图(图 6-34)，这里都是沿着 z 轴的切面，也就是 E 面。

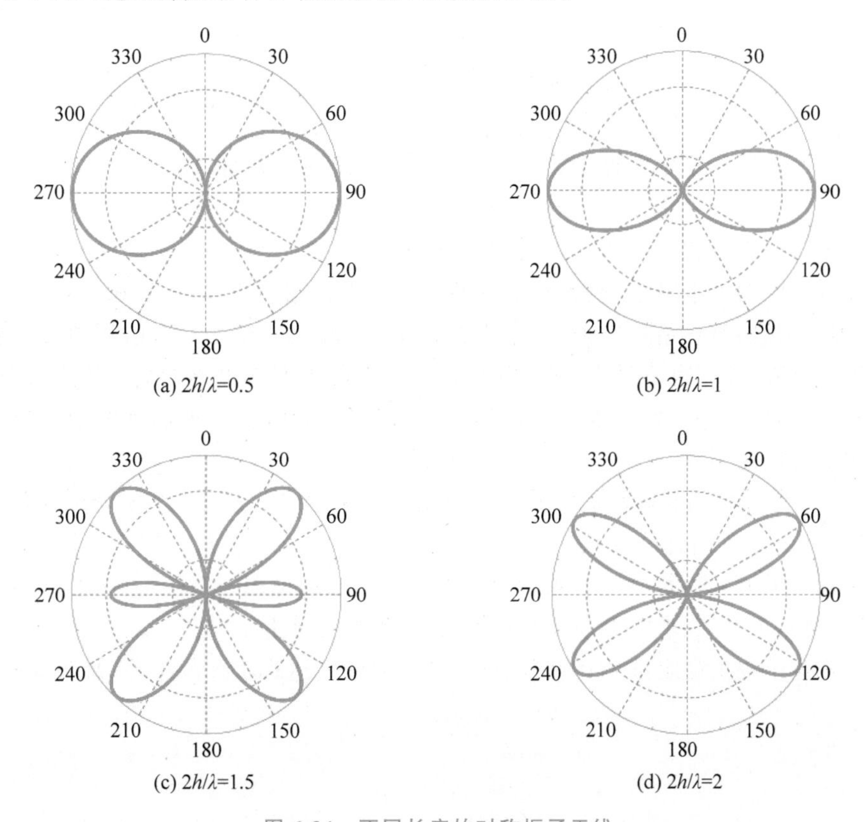

图 6-34　不同长度的对称振子天线

由图 6-34(a)和(b)可以看出，半波对称振子和全波振子都是一个躺平的“8”字形状，有 2 个主瓣，只不过全波振子的形状更扁，波束更窄，这表明全波振子的方向性系数更高一些，主瓣宽度也更窄一些，可以通过数学推导得知，半波对称振子和全波振子的 E 面宽度分别为 78°和 47.8°。当对称振子的双臂继续变长时，有意思的事情就发生了，主波束不再位于 xoy 平面内，而是像花瓣一样四处散开，比如长度为 1.5 个波长的对称振子，出现了 4 个主瓣，2 个旁瓣，主瓣和旁瓣之间出现了 6 个零点，如图 6-34(c)所示，而长度为 2

个波长的对称振子则出现了4个主瓣，没有旁瓣，不同主瓣之间也出现了4个零点，这是因为随着对称振子双臂电长度的增加，不只在双臂两端，就连双臂上也出现了电流振幅的零点，导致了更多主瓣或者旁瓣的产生。一般的工程实际中，我们所用到的对称振子长度一般都在半个波长到一个波长之间。

由式(6.62)和式(6.64)可以看出，无论是远区场表达式还是方向图函数，都只与θ有关，而与φ无关，这是因为天线轴向也就是双臂的方向本身是沿着z轴放置，同时天线的结构也是关于z轴对称的。实际上，还真不能保证每次对称振子天线的双臂都乖乖沿着z轴，这时式(6.62)要经过坐标变换处理，在形式上肯定就不一样了。以对称振子双臂沿着x轴的情况为例，式(6.62)变为

$$\begin{aligned} E &= \mathrm{j}\frac{60I_{\mathrm{m}}}{R}\mathrm{e}^{-\mathrm{j}kR}\frac{\cos(kh\cos\theta_x)-\cos(kh)}{\sin\theta_x}\frac{(\boldsymbol{a}_x\times\boldsymbol{a}_R)\times\boldsymbol{a}_R}{|\boldsymbol{a}_x\times\boldsymbol{a}_R|} \\ &= \mathrm{j}\frac{60I_{\mathrm{m}}}{R}\mathrm{e}^{-\mathrm{j}kR}\frac{\cos(kh\cos\theta_x)-\cos(kh)}{\sin^2\theta_x}(\boldsymbol{a}_x\times\boldsymbol{a}_R)\times\boldsymbol{a}_R \end{aligned} \tag{6.65}$$

式中，θ_x为对称振子天线的轴向与远区场点矢径$\boldsymbol{R}$之间的夹角，且有

$$\cos\theta_x=\boldsymbol{a}_x\cdot\boldsymbol{a}_R=\sin\theta\cos\varphi \tag{6.66}$$

有了远区场表达式和电流分布的表达式，根据电流元的经验，按理说我们该进一步计算对称振子的辐射电阻了，但是鉴于该推导过程思路相当简单，运算相当烦琐，结果相当骇人，因此，我们将思路写出来，然后直接把结果写出来，让大家自己评估要不要去硬刚这个积分过程，放弃也不丢人，毕竟就算是高数老师大概率也不能徒手搞定，所以我们直奔结果的同时，内心也要感激一下理学院学数学的那帮同学，他们默默地解决了很多我们不太搞得定的问题。

思路：①通过电场和磁场的叉乘可求出功率流密度S；②用一个闭合球面包住对称振子，然后对S沿着闭合曲面积分，求出总的辐射功率P_r；③P_r又应该等于对称振子上电流振幅的平方和辐射电阻的乘积；④顺势求出辐射电阻。（注：上述思路为了描述的简洁性，忽略了系数、求实部以及共轭等细节，请自行补上）

求对称振子辐射电阻的思路有多简单，其最终的表达式就有多吓人，如下所示：

$$\begin{aligned} R_r &= \frac{P_r}{I_{\mathrm{m}}^2/2}=60\int_0^{\pi}\frac{[\cos(kh\cos\theta)-\cos(kh)]^2}{\sin\theta}\mathrm{d}\theta \\ &= 60\Big\{\gamma+\ln(2kh)-\mathrm{Ci}(2kh)+\frac{1}{2}\sin(2kh)[\mathrm{Si}(4kh)-2\mathrm{Si}(2kh)]+ \\ &\qquad \frac{1}{2}\cos(2kh)[\gamma+\ln(kh)+\mathrm{Ci}(4kh)-\mathrm{Ci}(2kh)]\Big\} \end{aligned} \tag{6.67}$$

式中，$\gamma\approx0.5772$，为欧拉常数，且有

$$\int_0^x\frac{1-\cos t}{t}\mathrm{d}t=\gamma+\ln x-\mathrm{Ci}(x) \tag{6.68}$$

$$\left.\begin{aligned}\mathrm{Si}(x)&=\int_0^x \frac{\sin t}{t}\mathrm{d}t\\ \mathrm{Ci}(x)&-\int_0^\infty \frac{\cos t}{t}\mathrm{d}t\end{aligned}\right\}\tag{6.69}$$

式(6.69)中的积分可以通过查正弦积分表和余弦积分表得到，或者直接用 MATLAB 计算也行。

为了平复心情，可以将式(6.67)通过曲线的形式画出，如图 6-35 所示。

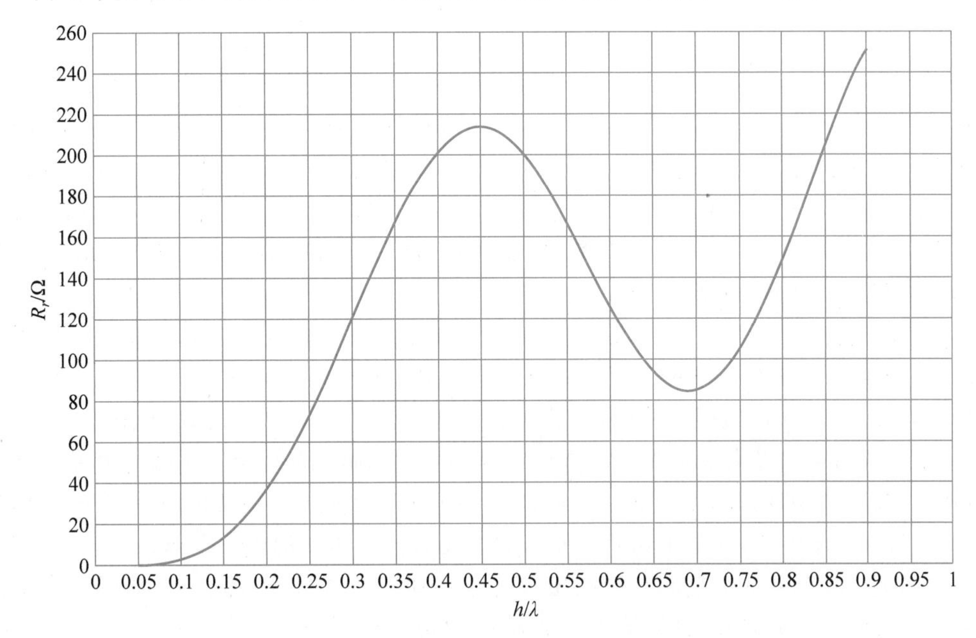

图 6-35　对称振子的辐射电阻随双臂电长度的变化曲线

可以看出，半波和全波对称振子的辐射电阻分别为 73.1Ω 和 200Ω。当对称振子的尺寸小于 0.1 个波长时，其辐射电阻就会急剧减小，从而使得天线的辐射效率大大降低，这也正是电小天线设计困难的主要原因。

不单单是辐射电阻，其实对称振子的损耗电阻以及天线的电抗都可以通过数学推导得出，该过程主要是根据传输线(平行双导线)的理论方法，思路还算简单，但运算非常复杂，这里就不再给出具体过程，直接给出一个常识性的结论，即忽略了损耗电阻的半波对称振子的输入阻抗可以近似表示为

$$Z_{\mathrm{in}}=R_{\mathrm{in}}+\mathrm{j}X_{\mathrm{in}}=R_r+\mathrm{j}X_{\mathrm{in}}\approx 73.1+\mathrm{j}42.5(\Omega)\tag{6.70}$$

可以看出，实际上的半波对称振子的输入阻抗稍微呈感性，在工程应用中只需要将其双臂长度略微缩短一些，就可以在谐振时使得输入电抗为 0，此时的输入电阻约为 70Ω。

如果再多考虑一个实际的情况，那就是关于对称振子的馈电问题了。无论是作为发射还是作为接收天线，对称振子的后面总是要接传输线的，与对称振子在形式上最般配的传输线肯定是平行双导线，毕竟对称振子就是由它终端开路然后劈叉演变过来的。然

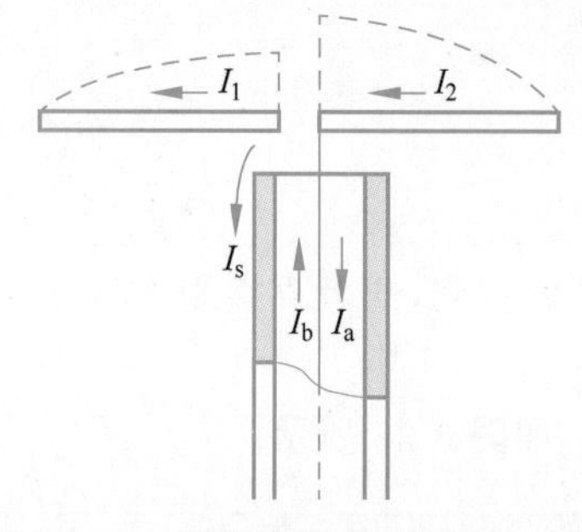

图 6-36　同轴线馈电中的不平衡性

而，我们前面说过，平行双导线在实际工程应用中问题还是比较多的，更加流行的是同轴线。用同轴线去给对称振子馈电，直觉会告诉我们：它俩并不登对，因为结构差异实在太大，虽然都是双导体结构，但是一个是对称的，一个是不对称的，如果我们硬生生地把同轴线的外导体接在对称振子的左臂，内导体接在对称振子的右臂，不出意外的话，怕是就要出意外了，如图 6-36 所示。

问题产生的原因也不难理解，同轴线外导体有内侧和外侧两个金属面，内侧面的电流 I_b 和同轴线内导体的电流 I_a 大小相等，方向相反，I_b 在流向对称振子左臂的过程中，有一部分电流 I_s 会沿着同轴线外导体的外侧面流出去，导致对称振子左臂上的电流 $I_1 \neq I_b$，而同轴线内导体上的电流 I_a 则全部流向对称振子的右臂，即 $I_a = I_2$，由此产生一个现象，$I_1 \neq I_2$，这就是馈电结构上的不平衡所导致的对称振子双臂上的不平衡现象。

怎么解决这个"平衡天线结构与不平衡馈电结构"的问题呢？用到的装置称为巴伦(balun)，这个听起来很洋气的名字其实是一个新造英文单词的音译，意思就是平衡-不平衡(balance-unbalance)转换器，这么一看也就没那么洋气了。要实现从同轴线到对称振子的馈电，最简单的巴伦结构叫 $\lambda/4$ 扼流套，就是在同轴线的外导体外部再围上一圈圆柱形中空金属套，如图 6-37(a)所示。该金属套的长度为四分之一波长，底部与外导体相连，上部与外导体不连，这个金属套和原来同轴线的外导体会构成一个新的同轴线结构，且终端短路。按照此前学过的传输线阻抗变换规律，如果终端短路，向源的方向移动四分之一波长后会变成开路，这样就会使电流 I_s 不能再流到原来同轴线外导体的外侧面，而是流入对称振子的左臂，实现了双臂电流的平衡，如图 6-37(b)所示。当然，既然叫 $\lambda/4$ 扼流套，那么肯定也是在某个频点附近可以较好地实现扼流功能，因此其工作带宽也局限在该频点附近。

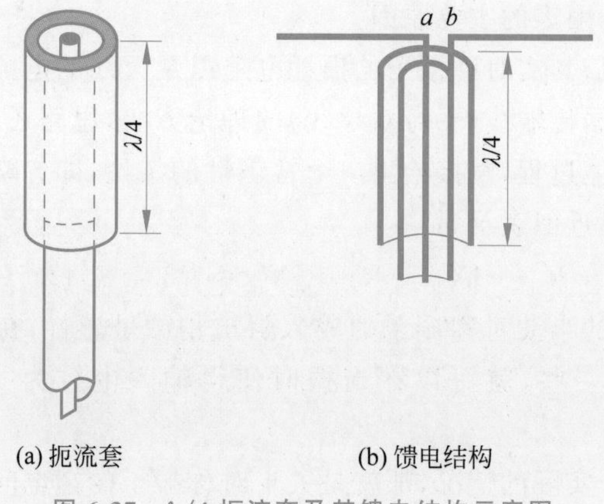

图 6-37　$\lambda/4$ 扼流套及其馈电结构示意图

当然，这只是最简单的巴伦结构，复杂一点的还有马倩德巴伦及其变形、$\lambda/2$ U形管巴伦、同轴开槽式以及渐变式巴伦等，有兴趣的同学可以自行查阅相关资料，以后科研工作中保不齐就用到了。

至此，典型的线天线——对称振子天线就介绍完毕了。

6.3.4 从面元到面天线

对电流元进行线积分，可以得到线天线；对面元进行面积分则可以得到面天线，又叫口径天线。面天线的种类算起来也不少，主要有喇叭天线、反射面天线以及透镜天线等。再细分下去，喇叭的种类也是相当繁多，有E面扇形喇叭、H面扇形喇叭、角锥喇叭以及圆锥喇叭等；反射面天线的种类也是不少，有抛物面天线、卡塞格伦天线以及格雷戈里天线等；透镜天线则可分成介质透镜天线、金属透镜天线以及变折射率透镜天线等。需要指出的是，这三者并不是完全独立无关的，喇叭天线经常作为反射面天线和透镜天线的馈源，因此可以说成是后两种天线的一部分，而后两种天线则可以看作在喇叭天线辐射场的基础上通过反射面或透镜改变电磁波的传播路径形成了新的口径场[23]。

客观地说，一个初学者如果想在一个学期内将上面这么多种类的面天线完全搞清楚，那他要么就是自大狂，要么就是自虐狂，正常的我们要做的只是在其中找一个最为典型且简单的代表，先明白怎么用面元积分出一个面天线就可以知足了。最典型且最简单的面天线就是喇叭，如图6-22所示，其口径面用网格状图案标注，就是一个矩形平面，可以微分成无数个面元。一般的喇叭是由波导终端开路且逐渐张开而形成的，这点和对称振子很像，也和声学喇叭的原理相似，可以提高天线辐射效率以及方向性。如图6-38所示，以工作在主模TE_{10}模的矩形波导来说，如果宽边张开而窄边不变，称为H面扇形喇叭；如果其窄边张开而宽边不变，称为E面扇形喇叭；如果宽边窄边都张开，称为角锥喇叭；如果窄边和宽边都不张开，称为“假装是”喇叭。没错，就算是一个波导直接开路，也可以当成一个喇叭，咕嘟嘟地往外冒电磁波，而且开路的口径上的电磁场分布大家还很

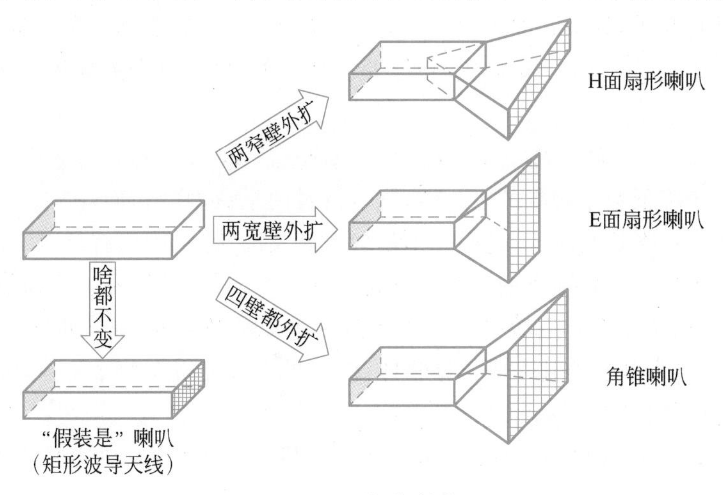

图6-38 各种喇叭

熟悉，就是我们之前学过的 TE_{10} 模的横截面上的电磁场分布。既然熟悉，那就不用太客气了，按照我们的一贯风格，捏软柿子肯定是上了瘾了，接下来要分析的就是这个最简单的喇叭："假装是"喇叭。当然，"假装是"喇叭除了长得不太像喇叭，其辐射特性以及分析方法和一般的喇叭天线没有本质区别，完全可以放心去捏，如果实在心里别扭，我们可以给它换个名字，称为矩形波导天线，反正就是个代号。

矩形波导天线的口径是矩形的，上面有时变的电场和磁场，可看作是由无数个面元铺就的。根据我们之前了解的 TE_{10} 模式的知识，这些面元上的时变电磁场是同相的，但幅度在不同的位置处是不同的，为此，我们专门给矩形波导天线的口径建立一个坐标系，用于建模分析面元上不同的场点在远区场点 p 处的辐射场，如图 6-39 所示。

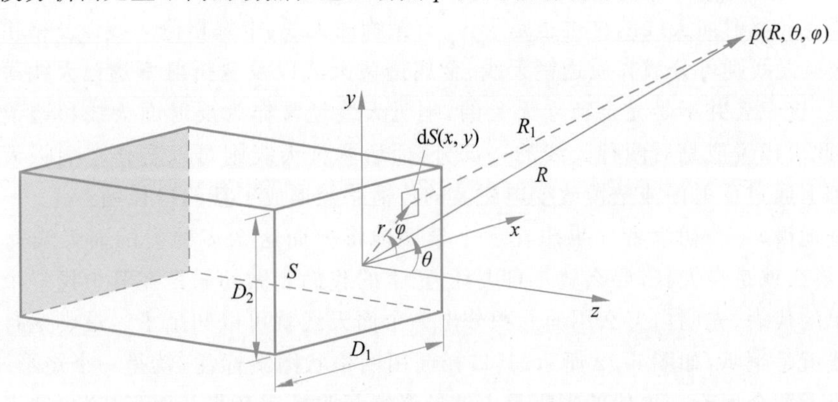

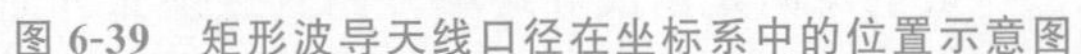
图 6-39 矩形波导天线口径在坐标系中的位置示意图

可以看出，口径的中心和坐标原点重合，长边 D_1 沿着 x 轴方向，短边 D_2 沿着 y 轴方向，整个口径的面积为 $S=D_1\times D_2$。同样地，在口径上取一个平平无奇的面元 $dS(x,y)$，这个面元和其他的"芸芸众元"都在对远区场点 p 处的电磁场做贡献，和之前处理过的由电流元积分成的线天线相类似，由于面元到 p 点的距离特别远，所有面元对于 p 点场振幅的贡献是几乎相同的，即 $1/R\approx 1/R_1$，但是由于在口径上所处的不同位置 (x,y)，不同的面元对于 p 点处场的相位的贡献还是有明显差异的，这个差异体现在 R 和 R_1 的不同上，即

$$R-R_1=\boldsymbol{r}\cdot\boldsymbol{a}_R=x\sin\theta\cos\varphi+y\sin\theta\sin\varphi \tag{6.71}$$

为了进一步降低数学推导的复杂性，这里只对两个典型的切面（$\varphi=0°$，$\varphi=90°$）的远区场表达式和方向图进行考虑，这样并不是彻底意义的认怂，因为就算在实际工程中，只要知道了这两个典型的切面上的远场表达式及方向图，对于天线的整体辐射特性也就了解得差不多了，这很像实际生活中我们经常会说西瓜是椭圆的，或者说金字塔是三角形的，虽然是用二维形状在描述一个三维物体，但是也没人觉得有什么不妥，因为大家会默认说的就是这些物体的典型切面。

对于切面 $\varphi=90°$，即 yoz 面（E 面），面上的电场 E_θ 幅度在 y 轴上是均匀不变的，即

$$E_y(x,y)=E_0 \tag{6.72}$$

根据式(6.55)和式(6.71)，面元 $dS(x,y)$ 在 E 面上的辐射场为

$$\begin{aligned} \mathrm{d}E_\theta &= \frac{\mathrm{j}E_y(x,y)\,\mathrm{d}S\,\mathrm{e}^{-\mathrm{j}kR_1}}{2\lambda R_1}\sin\varphi(1+\cos\theta) \\ &\approx \frac{\mathrm{j}}{2\lambda R}(1+\cos\theta)\,\mathrm{e}^{-\mathrm{j}kR}E_0\,\mathrm{d}x\,\mathrm{e}^{-\mathrm{j}ky\sin\theta}\,\mathrm{d}y \end{aligned} \tag{6.73}$$

相应地，对于切面 $\varphi=0°$，即 xoz 面（H 面），面上的电场 E_φ 在 x 轴上呈余弦分布，即

$$E_y(x,y)=E_0\cos\frac{\pi x}{D_1} \tag{6.74}$$

同样根据式(6.55)和式(6.71)，面元 $\mathrm{d}S(x,y)$ 在 H 面上的辐射场为

$$\begin{aligned} \mathrm{d}E_\varphi &= \frac{\mathrm{j}E_y(x,y)\,\mathrm{d}S\,\mathrm{e}^{-\mathrm{j}kR_1}}{2\lambda R_1}\cos\varphi(1+\cos\theta) \\ &\approx \frac{\mathrm{j}}{2\lambda R}(1+\cos\theta)\,\mathrm{e}^{-\mathrm{j}kR}E_0\cos\frac{\pi x}{D_1}\mathrm{e}^{-\mathrm{j}kx\sin\theta}\,\mathrm{d}x\,\mathrm{d}y \end{aligned} \tag{6.75}$$

将式(6.73)和式(6.75)在口径范围内进行面积分，即可得到波导天线在 E 面和 H 面的电场表达式。

$$\begin{aligned} E_\mathrm{E} &= \oint_S \mathrm{d}E_\theta\,\mathrm{d}S = \frac{\mathrm{j}E_0}{2\lambda R}(1+\cos\theta)\,\mathrm{e}^{-\mathrm{j}kR}\int_{-D_1/2}^{D_1/2}\mathrm{d}x\int_{-D_2/2}^{D_2/2}\mathrm{e}^{-\mathrm{j}ky\sin\theta}\,\mathrm{d}y \\ &= \frac{\mathrm{j}\mathrm{e}^{-\mathrm{j}kR}}{2\lambda R}(1+\cos\theta)E_0D_1D_2\,\frac{\sin\psi_2}{\psi_2} \end{aligned} \tag{6.76}$$

$$\begin{aligned} E_\mathrm{H} &= \oint_S \mathrm{d}E_\varphi\,\mathrm{d}S = \frac{\mathrm{j}E_0}{2\lambda R}(1+\cos\theta)\,\mathrm{e}^{-\mathrm{j}kR}\int_{-D_2/2}^{D_2/2}\mathrm{d}y\int_{-D_1/2}^{D_1/2}\cos\frac{\pi x}{D_1}\mathrm{e}^{-\mathrm{j}kx\sin\theta}\,\mathrm{d}x \\ &= \frac{\mathrm{j}\mathrm{e}^{-\mathrm{j}kR}}{2\lambda R}(1+\cos\theta)E_0D_1D_2\,\frac{2}{\pi}\,\frac{\cos\psi_1}{1-(2\psi_1/\pi)^2} \end{aligned} \tag{6.77}$$

其中，

$$\psi_1=(kD_1\sin\theta)/2,\quad \psi_2=(kD_2\sin\theta)/2 \tag{6.78}$$

不要问式(6.76)和式(6.77)是怎么积分出来的，问多了都是心病，默默地在内心深处感谢一下数学系的同学即可。这里，通过公式图解的方式，把式(6.76)再仔细品味一下，也算是重新领悟一下之前用电流元积分对称振子天线时悟到的那个道理，如图 6-40 所示。

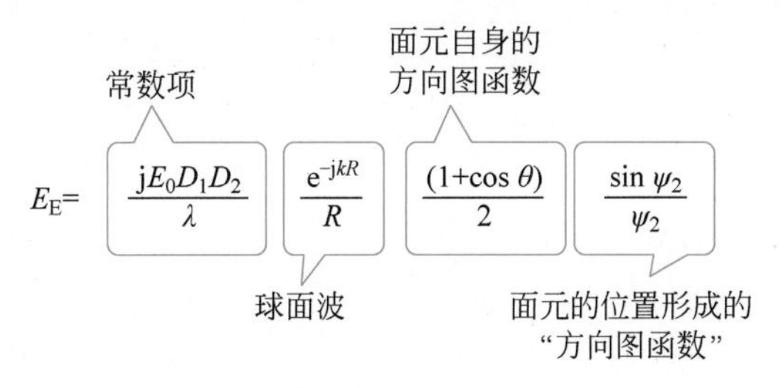

图 6-40　口径上的面元积分形成的远区场表达式图解

相较于图 6-33 中只有两个电流元叠加而成的场表达式，图 6-40 中的表达式是由更多的面元积分而成的，但组成形式依旧是相同的，第一项是常数项，意义很明确；第二项

是球面波，也算是老面孔了；第三项就是面元自身的方向图函数；第四项，同样是反映了不同面元因所处位置不同而对整体方向图所造成的影响。

由此可进一步得出 E 面和 H 面上的归一化方向图函数分别为

$$f_{\mathrm{E}}(\theta)=\left|\frac{1+\cos\theta}{2}\,\frac{\sin\psi_2}{\psi_2}\right| \tag{6.79}$$

$$f_{\mathrm{H}}(\theta)=\left|\frac{1+\cos\theta}{2}\,\frac{\cos\psi_1}{1-(2\psi_1/\pi)^2}\right| \tag{6.80}$$

根据式(6.79)和式(6.80)可以进一步地画出 E 面和 H 面的方向图，如图 6-41(a)所示，该方向图的形状代表了典型的喇叭天线的方向图形状，口径往外的法线方向就是主瓣的方向，然后在主瓣的旁边，可能会有对称的多个旁瓣，口径越大，旁瓣越多，口径很小时也可能没有旁瓣。不同喇叭天线方向图的区别只体现在主瓣宽度和旁瓣电平等方面，大概的形状都是类似的。注意，图 6-41 中右边的 H 面方向图也是有旁瓣的，只不过相比于主瓣，旁瓣的值太小，接近于 0，因此缩成黑黑一小坨了，想要看清楚旁瓣的细节，可以将其整成分贝(dB)的形式重新画出来，如图 6-41(b)所示，再一次体现出分贝数在面对数值变化范围较大时的妙处。

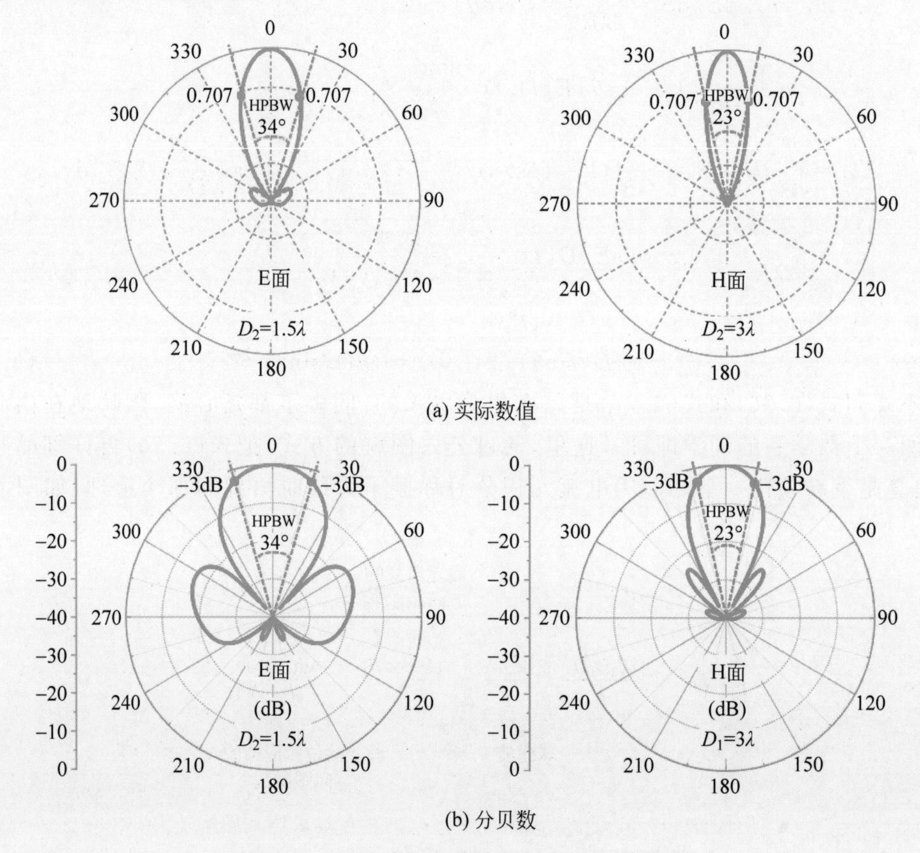

图 6-41　矩形波导天线的 E 面和 H 面方向图

这里还是要再次着重强调一下，式(6.79)和式(6.80)给出的表达式只有在矩形波导天线如图6-39中那样放置时才成立，即口径面在xoy平面上，中心与坐标原点重合，且传播方向沿着$+z$轴。如果摆放姿势发生变化，需要经过坐标变换，可参考对称振子天线的式(6.65)进行。

对于矩形口径的波导天线，根据其归一化方向图函数以及主瓣宽度的定义，可以得到下面的式子，用于估算E面和H面的主瓣宽度。

$$2\theta_{0.5\mathrm{E}}=51^{\circ}\frac{\lambda}{D_2},\quad 2\theta_{0.5\mathrm{H}}=68^{\circ}\frac{\lambda}{D_1} \tag{6.81}$$

式(6.81)形式比较简单，但揭示了两个重要的信息：①对于E面和H面，都是口径的尺寸(D_1或D_2)越大，主瓣宽度越窄，对应的方向性系数以及增益等参数就越高，这是面天线的常识，也是贵州的“天眼”造那么大的原因；②在电尺寸相同的情况下，E面的主瓣宽度要比H面的主瓣宽度窄一些，毕竟一个系数是51°，另一个系数是68°，这是因为在E面上，电磁场分布沿着y轴是均匀的，电场振幅都是E_0，而在H面上，电磁场沿着y轴方向呈余弦分布，电场振幅最大才到E_0，导致主瓣会更发散一些。上述两个信息说明，口径尺寸越大，口径场分布越均匀，主瓣宽度就越窄。工程实际中波导天线的H面主瓣宽度通常更窄一些，这是因为实际的标准波导在尺寸选择上都默认$D_1>2D_2$。

至此，典型的面天线——“假装是”喇叭(矩形波导天线)就介绍完毕了。

6.4 天线阵列：从散兵游勇到威武之师

6.4.1 为什么要组阵？从“力量叠加”到“指哪打哪”

通过前面的学习，我们现在手头上至少已经有两个较为熟悉的天线了，一个是对称振子天线，一个是矩形波导天线，就天线性能来说，对称振子天线辐射范围比较广，相应的增益也就不会很高，而矩形波导天线有一个明显的主瓣，增益也更高一些。对于其他类型的天线也大概是这样，各有各的特点，只要天线形式一确定，各方面性能的天花板也就定下了。这就很像单个的人，不可能各方面的能力都很强，而且就算是做最擅长的事情，其能力也不可能是无限的。就像老话所说的：单丝不成线，孤木不成林，浑身是铁也打不了几根钉子。就算是地球上最强壮的男人，也举不起300公斤的重量，但是找10个训练有素的精神小伙儿，举起同样的重量时还能哼着歌儿，这就是组团的力量，全真七子也正是明白了这个道理之后，毅然决然地选择了成团出道。同样的情况还发生在军事战争中，无论是古代还是现代，虽然对于单兵作战能力也很重视，但更重视的还有对于大量战士的排兵布阵，只有让所有人都各司其职、高效协作，才能将一支队伍从吊儿郎当的散兵游勇转化为能打胜仗的威武之师。扯这么多，明眼人应该已经猜出来了，接下来要开始让天线“组团”发挥战斗力了，一般的套路是把同一种天线作为一个阵元，由若干阵元组成各种形式的天线阵列，因此这一节的研究重点将从单个天线的性能转移到如何更好地给天线“排兵布阵”。提前剧透一下，天线组阵绝不是简单的$1+1=2$的问题，而是很典型的$1+1>2$的问题，也就是说把N个天线有组织地聚在一起，不仅可以实现“力量叠加”的效果，甚至还能获得“指哪打哪”的能力，简直不要太嚣张，说得再装一点就是“量变”到“质变”的飞跃，个中妙处，接下来可以细细品味。

组阵这事儿，其实是人类特别熟悉的一种操作，甚至在自己的脑袋上都有现成的例子，比如重要的光波接收装置眼睛，以及声波接收装置耳朵，都是两只。不要小看两只，比起一只来简直不要好太多。测过视力的都知道，两只眼睛同时看就是比只有一只眼睛看得清楚，因为有了两只眼睛，人类对于三维空间中物体的感知明显强很多；耳朵也同样如此，两只耳朵可以更加清楚地分辨出声波的方位和大小，有兴趣的同学可以堵住自己的一只耳朵试一试。为啥只是增加了一只，客户体验就瞬间提高了这么多呢？这是因为两只就可以实现相互的协作了，而单只只能协作个寂寞。以眼睛为例，大脑可以对两只眼睛接收到的光波信号进行比较，从而对于视野范围内的物体聚焦更准，看得更清楚。理论上，如果可以像二郎神杨戬那样，再多一只眼睛，就算不是轮回天眼，只是普通的肉眼，那么视力也会再提升很多。这也是为什么现代手机上的摄像头越来越多，没有三个摄像头都不好意思叫专业版(pro)。再扯远一点，单就眼睛这器官来说，人类还真的不如苍蝇，有兴趣的同学可以去搜一下苍蝇的眼睛结构，简直了。

上面扯了这么多，其实还是想传达一个信息：组阵真的是妙处很多，也很有搞头，这是目前天线领域的一个现状：单个天线的潜力已经被挖掘得差不多了，很多的场景都必须用天线阵列来满足需求。身边的，比如说无线路由器，现在不背上好几根天线都不好意思说自己是穿墙王；高大上点的，比如大家耳熟能详的相控阵雷达，其中的相控阵就是指阵元相位可控的天线阵列(phased array)，不夸张地说，相控阵技术的高低直接决定一个国家在战争中电子对抗的水平，是现代化国防实力的重要体现[24]。

当然，作为工科学生，都有朴素的辩证思想，组阵既然能有这么多好处，肯定也会有很多问题需要克服，因此，通过天线阵列有关内容的学习，我们不仅要知道如何通过组阵进一步提升天线的综合性能，也应该了解如何克服天线组阵过程中出现的问题，将来通过深入的钻研，这些知识和技能还真有可能成为养活一家老小的看家本领，如果再牛一些，能够用于国防科技领域，那才叫真正的科技报国，也不枉来中华大地走一遭了。

视频

6.4.2 最简单的天线阵列：均匀直线阵

还是延续此前的一贯风格，坚决端正初学者的菜鸟心态，要分析就从最简单的开始。天线阵列一般都是由若干相同的天线组合而成，这里习惯于把组成阵列的单个天线称为阵元。组阵方式也是多种多样，可以组成一条线，也可以组成一个面，还可以组成一个体。虽然人类生活在三维空间，但是有时候甚至处理二维的东西都略感吃力，更别提三维的了，因此，可以先拿一维的线阵进行分析，更高维度的组阵只是数学推导上稍显复杂，其思想上的光辉并没有比一维阵列更加闪耀。就算是线阵，也有其最简单的形式，我们能想到的就是直线，阵元的间隔是均匀的，此外，还涉及一个很重要的问题，天线阵列发射信号时，这些天线是要往里灌微波信号的，这个操作的学名称为激励。在频率固定的情况下，激励的信号主要有幅度和相位两个参数，还是为了简单，这里只分析激励幅度相同，激励相位是一个等差数列的情况。

由此，我们得到了最简单的天线阵列形式：均匀直线阵。这个阵列中，所有的天线等间距排成一条线，激励的幅度相同，相位依次呈一个等差数列。

有了最简单的阵列形式，再来考虑一下组成阵列的单元，说出来有点辛酸，我们手里现在熟悉的天线也就对称振子天线和矩形波导天线两种，其中虽然对称振子天线相对简单一些，但是矩形波导天线的单主瓣型方向图在组阵中更受欢迎。因此，这里还是硬着头皮将其作为阵元。注意，这里纯粹是为了演示阵列天线的基本原理，用什么阵元其实都是一样的，只要后续搞清楚天线组阵的那些事儿，可以随意替换成任何天线形式的阵元。

上述一番考虑之后，对于天线阵列分析的起点也就确定了，那就是：最简单的阵列形式(均匀直线阵)加最招人待见的单主瓣型阵元(矩形波导天线)，如图 6-42 所示，该天线阵列一共有 N 个阵元，每个阵元的口径长边为 D_1，短边为 D_2，0 号阵元轴向沿着 y 轴，长边 D_1 沿着 x 轴，短边 D_2 沿着 z 轴，口径中心与坐标原点重合，其他阵元摆放姿势类似，位置不同，沿着 $+z$ 轴依次排开，相邻阵元之间的间隔为 d，不同阵元中心连线是沿着 z 轴方向的一条直线。所有阵元的激励电场幅度为 E_0，激励的相位依次相差 ξ。这里同样要搞一系列的近似操作。p 点为远区场平平无奇的一个场点，实际上到坐标原点的距离要远大于整个阵列的长度 $(N-1)d$，只不过因为纸张太小画不下，因此就只能画出一个相对比例失调的示意图凑合着看。在 $R \gg (N-1)d$ 的条件下，计算 p 点处叠加场强时，场强随距离反比变化的那一项就可以都近似成 $1/R$ 了，即

$$\frac{1}{R} \approx \frac{1}{R_1} \approx \frac{1}{R_2} \approx \cdots \approx \frac{1}{R_{N-1}}, \quad \theta \approx \theta_1 \approx \theta_2 \approx \cdots \approx \theta_{N-1} \tag{6.82}$$

也就是说，不同单元在远区场 p 点处所产生的场，幅度上的差别可以忽略。但相位上的差别则不能忽略，必须考虑进去。以 $N-1$ 号阵元为例，与 0 号阵元相比，二者相位上的差别有两个来源：第一个是因为激励信号的相位差了 $(N-1)\xi$，第二个则是因为位置的不同导致传播到 p 点时的相位差别，这个倒也不难计算，就是 $(N-1)kd\cos\theta$。

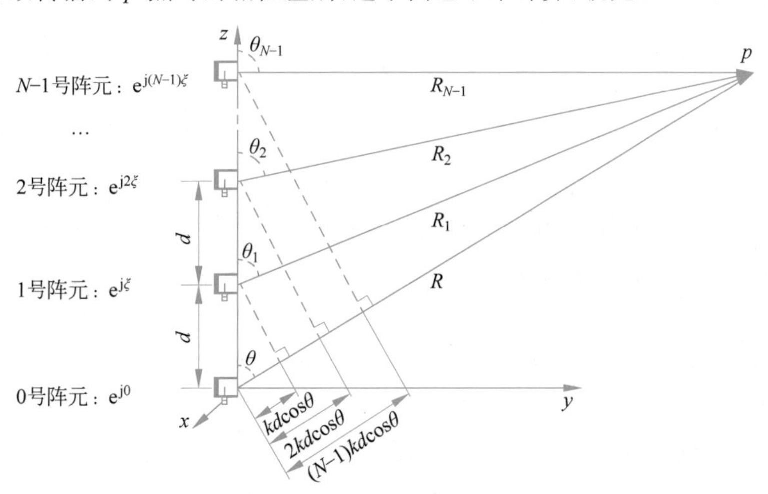

图 6-42　由矩形波导天线作为阵元组成的 N 元均匀直线阵模型

均匀直线阵的形式还是非常简单的，图 6-42 唯一可能麻烦一点的就是作为阵元的矩形波导天线，其轴向发生了变化，此前是沿着 $+z$ 轴方向的，如图 6-39 所示，而这里为了

后续的演示方便，将其沿着 x 轴旋转了 90°，轴向沿着 $+y$ 轴方向。这样一个小小的变化带来的就是其远区场表达式以及归一化方向图函数形式变化，如图 6-43 所示。

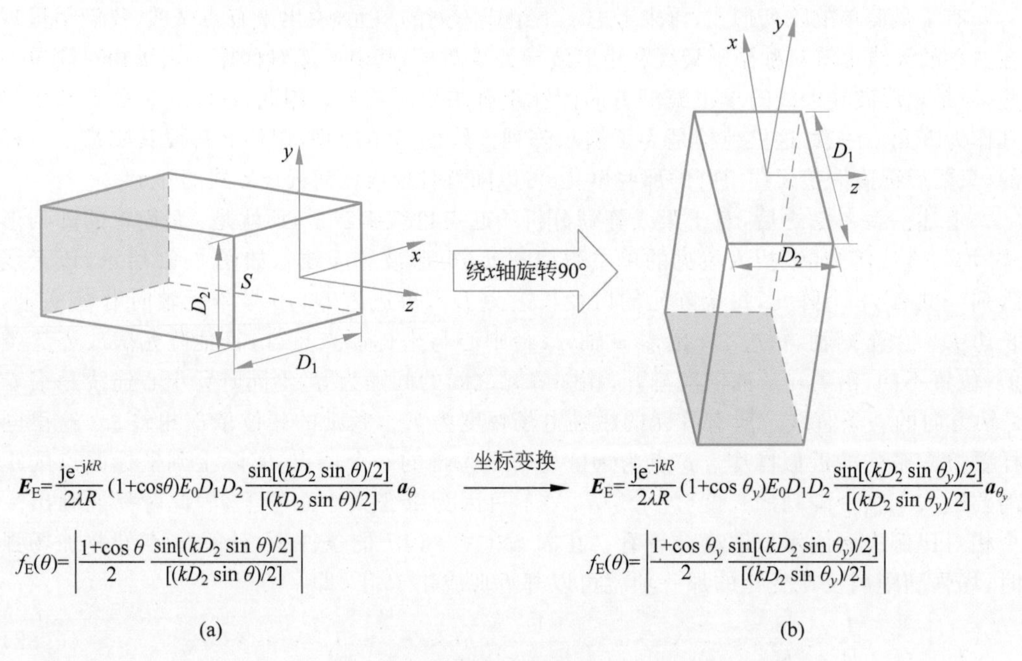

图 6-43　阵元姿势的变化与场表达式坐标变换示意图

对于这种轴向从沿着 z 轴转换到沿着 y 轴或者 x 轴的坐标变换，只要记着下面一组公式(6.83)就 OK 了，具体怎么来的不归这门课管，如果当时高数学得够好，自然是轻车熟路，而且其实从这组公式里也可以明白为啥此前无论是分析电流元还是对称振子天线，都更倾向于将天线的轴向沿着 z 轴方向摆放。同样，这组公式也适用于此前的电流元、对称振子天线以及面元的分析中涉及的坐标变换。

$$\left.\begin{aligned}
&\boldsymbol{a}_{\theta_x}=\boldsymbol{a}_\varphi\times\boldsymbol{a}_R=\frac{(\boldsymbol{a}_x\times\boldsymbol{a}_R)\times\boldsymbol{a}_R}{|\boldsymbol{a}_x\times\boldsymbol{a}_R|}\\
&\boldsymbol{a}_{\theta_y}=\boldsymbol{a}_\varphi\times\boldsymbol{a}_R=\frac{(\boldsymbol{a}_y\times\boldsymbol{a}_R)\times\boldsymbol{a}_R}{|\boldsymbol{a}_y\times\boldsymbol{a}_R|}\\
&\boldsymbol{a}_{\theta_z}=\boldsymbol{a}_\varphi\times\boldsymbol{a}_R=\frac{(\boldsymbol{a}_z\times\boldsymbol{a}_R)\times\boldsymbol{a}_R}{|\boldsymbol{a}_z\times\boldsymbol{a}_R|}=\boldsymbol{a}_\theta\\
&\boldsymbol{a}_{\varphi_x}=\frac{\boldsymbol{a}_y\times\boldsymbol{a}_R}{|\boldsymbol{a}_y\times\boldsymbol{a}_R|},\boldsymbol{a}_{\varphi_y}=\frac{\boldsymbol{a}_y\times\boldsymbol{a}_R}{|\boldsymbol{a}_y\times\boldsymbol{a}_R|},\boldsymbol{a}_{\varphi_z}=\frac{\boldsymbol{a}_z\times\boldsymbol{a}_R}{|\boldsymbol{a}_z\times\boldsymbol{a}_R|}=\boldsymbol{a}_\varphi\\
&\boldsymbol{a}_x=\sin\theta\cos\varphi\boldsymbol{a}_R+\cos\theta\cos\varphi\boldsymbol{a}_\theta-\sin\varphi\boldsymbol{a}_\varphi\\
&\boldsymbol{a}_y=\sin\theta\sin\varphi\boldsymbol{a}_R+\cos\theta\sin\varphi\boldsymbol{a}_\theta-\cos\varphi\boldsymbol{a}_\varphi\\
&\boldsymbol{a}_z=\cos\theta\boldsymbol{a}_R-\sin\theta\boldsymbol{a}_\theta\\
&\cos\theta_x=\boldsymbol{a}_x\cdot\boldsymbol{a}_R=\sin\theta\cos\varphi,\cos\theta_y=\boldsymbol{a}_y\cdot\boldsymbol{a}_R=\sin\theta\sin\varphi,\cos\theta_z=\boldsymbol{a}_z\cdot\boldsymbol{a}_R=\cos\theta
\end{aligned}\right\}\tag{6.83}$$

由此可见，只要推导某个天线的远区场表达式以及归一化方向图函数时其轴向是沿着 z 轴的，那么当这个天线的摆放姿势变成 x 轴或 y 轴时，都可以将其中的 θ 先写成 θ_x 或 θ_y，然后根据公式组(6.63)中的相应式子进行代入即可。

有了上述准备，就可以开展阵列分析了。

6.4.3 组阵妙处之一：方向图乘积原理与"力量叠加"

所谓的天线阵列分析，也可以称为阵列综合，主要是研究这么多天线一起辐射时，在远区场的辐射场分布是怎样的，说白了就是把一群天线的远区辐射场叠加起来的过程，这里的叠加既要考虑幅度，也要考虑相位。继续观察图6-42，其中0号阵元是一个沿着 y 轴放在坐标原点的矩形波导天线，它在 yoz 切面上的方向图函数需要在式(6.79)的基础上，经过坐标变换得到。

$$\boldsymbol{E}_{u0}=\frac{\mathrm{j}\mathrm{e}^{-\mathrm{j}kR}}{2\lambda R}(1+\cos\theta_y)E_0D_1D_2\frac{\sin[(kD_2\sin\theta_y)/2]}{(kD_2\sin\theta_y)/2}\frac{(\boldsymbol{a}_y\times\boldsymbol{a}_R)\times\boldsymbol{a}_R}{|\boldsymbol{a}_y\times\boldsymbol{a}_R|}\tag{6.84}$$

其中，

$$\cos\theta_y=\boldsymbol{a}_y\cdot\boldsymbol{a}_R=\sin\theta\sin\varphi\tag{6.85}$$

根据前面的分析，任意一个阵元，比如$(N-1)$号阵元的远区电场表达式和0号单元应该只差两个相位，一个是激励信号的相位差$(N-1)\xi$，另一个就是由于摆放位置偏离坐标原点所导致的相位差$(N-1)kd\cos\theta$，这样一来，p 点处总的电场就很容易被叠加起来了，

$$\begin{aligned}\boldsymbol{E}_{\text{array}}&=\boldsymbol{E}_{u0}+\boldsymbol{E}_{u1}+\cdots+\boldsymbol{E}_{u(N-1)}\\&=\boldsymbol{E}_{u0}[1+\mathrm{e}^{\mathrm{j}\xi}\mathrm{e}^{\mathrm{j}kd\cos\theta}+\mathrm{e}^{\mathrm{j}2\xi}\mathrm{e}^{\mathrm{j}2kd\cos\theta}+\cdots+\mathrm{e}^{\mathrm{j}(N-1)\xi}\mathrm{e}^{\mathrm{j}(N-1)kd\cos\theta}]\\&=\boldsymbol{E}_{u0}[1+\mathrm{e}^{\mathrm{j}\psi}+\mathrm{e}^{\mathrm{j}2\psi}+\cdots+\mathrm{e}^{\mathrm{j}(N-1)\psi}]=\boldsymbol{E}_{u0}\frac{(\mathrm{e}^{\mathrm{j}\psi})^N-1}{\mathrm{e}^{\mathrm{j}\psi}-1}\end{aligned}\tag{6.86}$$

其中，

$$\psi=kd\cos\theta+\xi\tag{6.87}$$

式(6.86)最终的形式很简洁，但是信息量却一点儿也不少，它表明对于均匀直线阵，不论阵元的形式是什么，天线阵列综合之后整个阵列远区场的表达式都是由两部分相乘得到的，第一部分是0号阵元自身在远区场的表达式，第二部分则是由于不同阵元激励相位不同以及摆放位置不同所造成的相位差相加而成的[25]。

进一步观察式(6.86)可知，当 $\psi=0°$ 时，各个阵元在远区场点 p 处的辐射场可以同相叠加，也就是步调一致，劲儿可以使到一处去，此时天线阵列在该方向的辐射可达到最大值，而且阵元个数 N 越大，阵列综合后的场强也就越强，这正是前面说到的"力量叠加"效果。

由式(6.86)也可得到归一化天线阵列方向图函数，

$$|f_{\text{array}}(\theta,\varphi=90°)|=\left|\frac{1+\cos\theta_y}{2}\frac{\sin[(kD_2\sin\theta_y)/2]}{(kD_2\sin\theta_y)/2}\frac{1}{N}\frac{(\mathrm{e}^{\mathrm{j}\psi})^N-1}{\mathrm{e}^{\mathrm{j}\psi}-1}\right|$$

$$= \left| \frac{1+\cos\theta_y}{2} \frac{\sin[(kD_2\sin\theta_y)/2]}{(kD_2\sin\theta_y)/2} \frac{1}{N} \frac{\sin(N\psi/2)}{\sin(\psi/2)} \right| \tag{6.88}$$

式(6.88)就是 N 个矩形波导天线组成的均匀直线阵的归一化方向图函数，这个式子包含着一个重要的原理，为此画出下面的表达式图解，如图 6-44 所示。

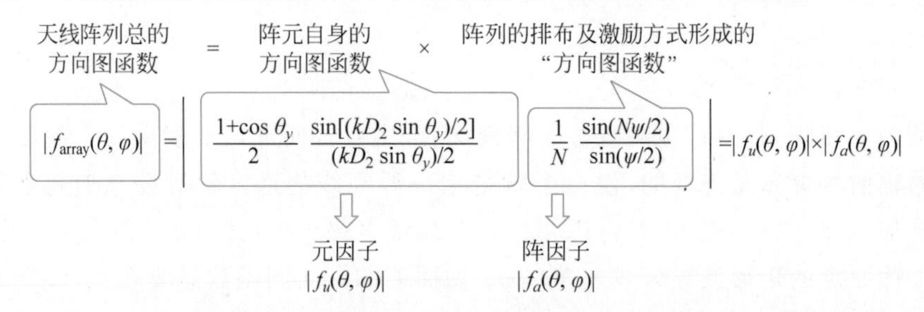

图 6-44　天线阵列方向图的乘积原理图解

式(6.86)和图 6-44 揭示了关于天线阵列方向图综合中最重要的一个事实：天线阵列总的方向图函数 $f_{\text{array}}(\theta,\varphi)$ 是由两项相乘得到的，第一项是阵元自身的方向图函数 $|f_u(\theta,\varphi)|$，第二项是阵列具体的排布及激励方式所形成的“方向图函数” $|f_a(\theta,\varphi)|$ 这也正是大名鼎鼎的阵列方向图乘积原理的内涵，数学表达式为

$$|f_{\text{array}}(\theta,\varphi)| = |f_u(\theta,\varphi)| \times |f_a(\theta,\varphi)| \tag{6.89}$$

该原理说得通俗点，就是要想阵列总的方向图更好，阵元的自身能力和所处的位置同样重要，只是强调“有能力的人到哪都一样发光”或者“只要遇到风口猪都能飞起来”是不行的，个人能力和平台高度是相辅相成的关系。

式(6.89)中，阵元本身的方向图 $|f_u(\theta,\varphi)|$ 称为元因子，由阵列的排布及激励方式所形成的“方向图函数” $|f_a(\theta,\varphi)|$ 则称为阵因子，这是理解方向图乘积原理的关键。按照之前学过的知识，元因子是由阵元天线的形式所决定的，比如这里用的矩形波导天线，就是一个单主瓣形状的元因子；而阵因子的形成源于对阵元摆放和激励的方式不同，和元因子相乘，对阵列的总方向图起到同等分量的影响。方向图乘积原理中的两个因子(元因子和阵因子)看着好像不是一回事儿，但是如果深入思考，其实还真是一回事儿。在矩形波导天线的分析过程其实已经运用过类似于方向图乘积原理的思想了，只不过那时“微元”是面元，矩形波导天线是面元积分的结果，不信可以仔细看一下图 6-44 中的元因子，还可以再分成两项，第一项是面元自身的方向图，第二项是面元的排布方式造成的方向图。因此，当我们在用矩形波导天线作为阵元进行阵列综合时，相当于面元积分成的口径天线，又成了阵列的“微元”，再次“积分”成了阵列，只不过此时“微元”的个数有限，不是无穷多个，因此把“微元”叫成了阵元，把“积分”说成相加或者综合，本质上并没有变。也就是说，从面元到矩形波导天线，再到天线阵列，我们运用了两次方向图乘积原理，也玩了两次微积分的操作，果然是百试不爽微积分，牛顿和莱布尼茨赢麻了，听懂掌声。

方向图乘积原理可以通过绘图的方式更直观地展示出来，假设阵元间隔 $d=0.5\lambda$，阵元个数 $N=10$，阵元间馈电的相位差 $\xi=0°$，则根据式(6.88)，由矩形波导天线组成的十元均匀直线阵的方向图乘积过程如图 6-45 所示，阵列总的方向图主瓣更窄，副瓣更低，能量更集中于主瓣的方向，达到了“力量叠加”的效果，因此对应的方向性系数和增益也就更高了。

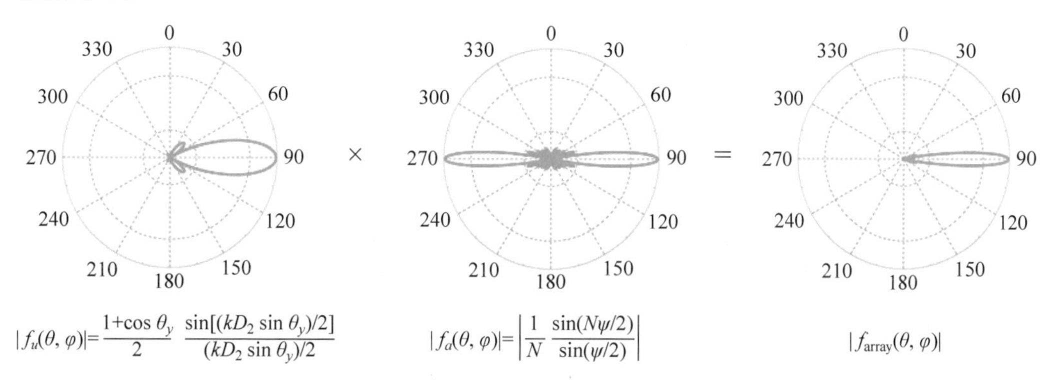

图 6-45 矩形波导天线组成的十元均匀直线阵的方向图乘积过程示意图

需要指出的是，虽然这里阵列方向图乘积原理是由矩形波导天线组成的均匀直线阵所展示的，但是这个原理适用于所有形式的天线阵列方向图综合，不管阵元采用什么天线以及阵列如何排布，只要想得到天线阵列总的方向图函数，就可以用该原理进行阵列综合。

此外，还有一点需要特别留意：在上述分析过程中，由于阵元中心的连线是沿着 z 轴的，如图 6-42 所示，因此阵因子中的 ψ 所包含的 θ 就是球坐标系下的 θ，无须进行坐标变换，如果实际中阵元实在没办法沿着 z 轴进行排布，而要沿着 x 轴或者 y 轴排布，也不要懵圈，直接对阵因子进行坐标变换，其手法和上一节中介绍的坐标变换手法完全相同，将其中的 θ 先写成 θ_x 或 θ_y，然后根据公式组(6.83)中的相应式子进行代入即可。

6.4.4 组阵妙处之二：相控阵原理与“指哪打哪”

说到这里，感觉组阵好像也就是靠着“码天线”提高点增益、降低点旁瓣，实现“力量叠加”的效果，也没有很神奇嘛。与此同时，还会不可避免地有一点疑惑，因为对于式(6.88)中的 ψ，有一个参数总是显得有点奇怪，那就是相邻单元之间的激励相位差 ξ，我们知道，不同天线单元在远区场点 p 处的相位不同主要来自两个原因：摆放的位置不同以及激励信号的相位不同。前者是天然形成的，不可能消除，毕竟两个天线单元不可能摆放在同一个位置上；后者是人为故意的，这就有点意思了，为啥非要对每个天线单元都硬给一个不同的初始相位呢？而且还呈等差数列。这里就涉及天线阵列最大的妙处了，也正是相控阵的精髓所在。

相控，顾名思义就是要人为地去控制每个阵元激励信号的相位，得益于成熟的微波移相技术，现在已经可以通过数字移相器非常快速且精准地随意改变所有阵元激励信号的相位，这样的能力会带来什么样的好处呢？可以说带来的是阵列天线最大的妙处。

回头看一下式(6.88)和图 6-45，如果单看阵因子 $|f_a(\theta,\varphi)|$，可知当 $\psi=0$ 时，$|f_a(\theta,\varphi)|$ 有最大值，此时有

$$\theta_{\max}=\arccos\left(\frac{\xi}{-kd}\right) \tag{6.90}$$

式(6.90)表明：在阵元数目 N 以及间距 d 确定的情况下，阵因子 $|f_a(\theta,\varphi)|$ 的主瓣的指向居然可以由均匀直线阵中各阵元激励信号的相位公差 ξ 来决定。比如，在图 6-45 中，$N=10$，$d=0.5\lambda$，$\xi=0°$，那么相应的 $\theta_{\max}=90°$；而当 $\xi=45°$时，$\theta_{\max}=104.5°$；当 $\xi=-45°$时，$\theta_{\max}=75.5°$；相较于 $\xi=0°$的情况下，主瓣方向分别偏转了±14.5°。注意式(6.90)中要用弧度(rad)进行计算，这里写成角度(degree)主要是为了符合阅读习惯。

人类可以通过数字移相器快速控制 ξ，而 ξ 又可以控制阵因子主瓣指向 $\theta_{\max}$，进而控制阵列总的方向图主瓣指向，这可就太美妙了。为了验证是不是真的，赶紧把 ξ 换成不同的值试一下，图 6-46 画出了不同的 ξ 所对应的阵因子与阵列总方向图，果然，随着 ξ 的改变，主瓣的指向在 yoz 面上也随之变化，至此，一个主瓣指向可以人为控制的相控阵就达成了。

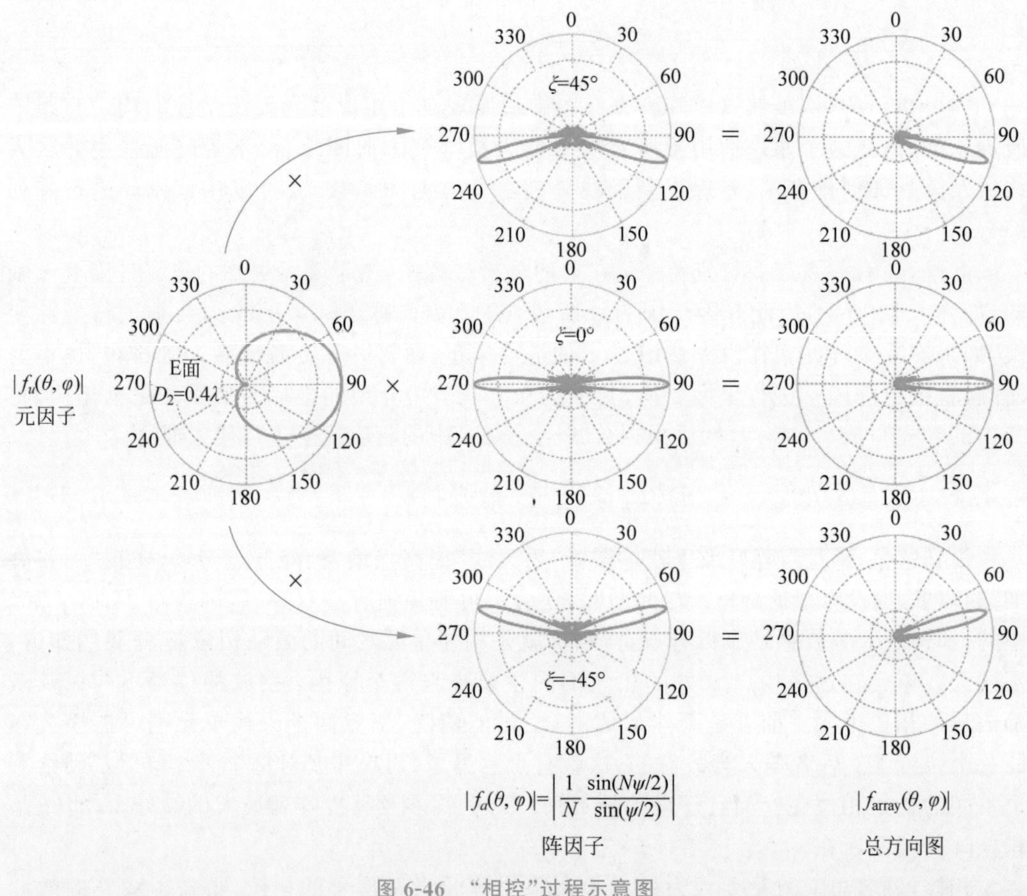

图 6-46 “相控”过程示意图

这件事儿妙在哪呢？举一个雷达的例子，假如要在战机的头部安装雷达的天线，如果不是相控阵，那么要想扫描到更宽视野范围内的目标，就需要天线本身进行转动从而带动方向图主瓣的扫描，就好像我们眼珠的转动为了看到侧边的东西那样，这样的扫描方式称为机械扫描。机械扫描最主要的槽点就是扫得太慢，毕竟要用步进马达带动着，1s 也不一定能扫完一次，此外，既然要转动，就要预留转动的空间，这又无形中对安装空间提出了更高的要求，特别是战机的设计过程中，宁可加钱都别加空间，太稀缺了。而这些问题到了相控阵这儿简直可以原地解决。相控阵主瓣的扫描过程中，整个天线阵列完全不用动，只要快速改变阵元的相位公差 ξ 就可以实现主瓣指向的变化，有多快呢？不夸张地说，1s 扫描个上百次压力不大，这就是电子扫描的力量，毕竟给数字移相器写入一次命令所用的时间也就是 ms 级。这么看来，在空战中，安装机械扫描雷达的老式战机如果遇上了装备相控阵雷达的现代化战机，当前者还在"摇头晃脑"地搜寻目标时，可能已经被后者锁定 100 次了，幸存的概率基本上低于中彩票的概率，毕竟二者不是一个时代的产物。

感受过相控的妙处之后，关于图 6-46 还有几点需要补充一下：①在主瓣波束扫描过程中，天线阵列总方向图主瓣最终指向可能与阵因子的主瓣方向有细微的差别，比如前面说到 $\xi=45°$ 时，$\theta_{max}=104.5°$ 是指阵因子的方向图，如果元因子本身方向图主瓣特别窄，有可能会出现阵列总方向图的主瓣指向稍微偏离 104.5°的情况，产生这种细小差别是因为对于元因子来说，越是靠近 $\theta=90°$ 的方向，数值越大，因此和阵因子相乘之后，阵列总方向图的主瓣会略微朝向元因子的主瓣方向偏移一点点，好在这种差别较小而且可以提前预知，因此使用过程中，只要知道 ξ 和最终主瓣指向的对应关系即可，也就是所谓的配相表。②总方向图的主瓣扫描时，主瓣处对应的最大值小于 1，感觉功率好像有点弱，其实这只是方向图被归一化后带来的错觉，原因也在于元因子的单主瓣特性，元因子的取值在阵因子的主瓣方向附近并不是最大值，因此相乘之后得到的最大值自然会小于 1。而实际上相比于单个阵元，阵列总方向图主瓣上的增益肯定要大很多倍，且提升的倍数与阵元个数是正相关的，这也就是前面说到的"力量叠加"的效果。③图 6-46 是从发射天线的角度来阐述相控的妙处的，当天线阵列用于接收时，也具有相同的妙处，一定要切记天线的发射和接收方向图是同一个。那接收时如何操作呢？其实也是给不同的阵元接收到的信号再人为附加一个不同的相位就行了，同样可以实现接收方向图主瓣的控制，对哪个方向来波感兴趣，就通过相控把主瓣指向哪个方向，颇有点"侧耳倾听"的感觉。

至此，我们可以总结出，天线组阵的妙处主要有两个：第一个是"力量叠加"，即可以通过"码天线"来增加最终的方向性系数以及增益；第二个则是"指哪打哪"，可以通过控制每个阵元的相位来快速改变阵列总方向图主瓣的指向，即相控阵。

需要指出的是，上面相控阵的例子是为了照顾初学者的菜鸟身份而选择的最简单的情形，实际中，线阵可以升级为面阵，这样主瓣的指向就可以在三维空间内进行改变，而不是局限在一个平面内；不同阵元的激励相位也不用拘泥于等差数列的形式，甚至激励的幅度也可以不同，这样一来，不但主瓣的形状可以随意定制，其数量甚至也可以不止一个，多整几个主瓣同时追踪好几个目标的场景简直不要太炫酷。总之，相控思想开了窍，啥样主瓣都能要，天线阵列是个筐，啥都可以往里装。

6.4.5 组阵中的栅瓣问题

上面说到的组阵的妙处只是阵列综合中的基操，本节要说的问题不算大也不算小，但是组阵过程中肯定要知道。

有了合适的阵元要去组阵时，首先要考虑的就是相邻两个阵元之间的间隔定成多少，照理说，近点有好处，可以节省整个阵列所占用的空间，然而离得太近，相邻阵元之间的相互耦合又会变高，也就是说一个阵元还没来得及把信号发射到远方，先被旁边的阵元给接收了，这种情况我们肯定不喜欢，因此用一个叫隔离度的参数来衡量这种互耦，显然隔离度不能太差。照这么说，是不是离得越远越好呢？当然也不是，要不然这小节就没法往下讲了，毕竟都铺垫了这么多了。阵元间隔得太远，除了会让整个阵列占用的空间更多之外，还有一个更严重的后果，那就是栅瓣问题。之前只是知道主瓣、旁瓣之类的，栅瓣是个新词儿，听着名字还挺好听，但其实并不受人待见。栅瓣是针对方向图乘积原理中的阵因子 $|f_a(\theta,\varphi)|$ 而言的，因此这里先抛开阵元天线的具体形式，只研究它们的排布方式所形成的阵因子，可暂时令元因子 $|f_a(\theta,\varphi)|=1$（全向天线）。此时，可以把阵元抽象成点，如图 6-47 所示。

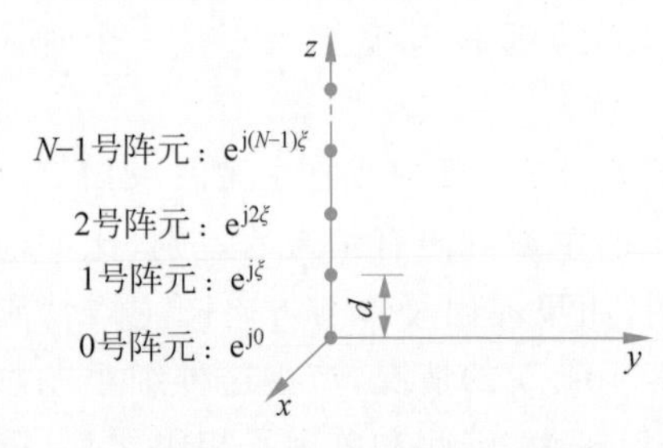

图 6-47　N 元均匀直线阵示意图

对于阵元中心连线沿着 z 轴的均匀直线阵来说，

$$|f_a(\theta,\varphi)|=\left|\frac{1}{N}\frac{\sin(N\psi/2)}{\sin(\psi/2)}\right|=\left|\frac{1}{N}\frac{\sin[N(kd\cos\theta+\xi)/2]}{\sin[(kd\cos\theta+\xi)/2]}\right| \tag{6.91}$$

单看这个阵因子方向图也是有主瓣的，主瓣指向哪里取决于阵元的激励相位公差 ξ。如果主瓣方向沿着 $\theta=\pm90°$ 的方向，则称为侧射阵，此时有

$$\psi|_{\theta=\pm90°}=kd\cos(\pm90°)+\xi=0 \tag{6.92}$$

其中对应的 $\xi=0°$；

如果主瓣沿着 $\theta=0°$ 或 180°的方向，则称为端射阵，此时有

$$\psi|_{\theta=0°,180°}=kd\cos(0°,180°)+\xi=0 \tag{6.93}$$

此时对应的 ξ 有

$$\xi=\mp kd=\mp 2\pi(d/\lambda) \tag{6.94}$$

首先以主瓣沿着 $\theta=0°$ 方向的端射阵为例进行分析，影响阵因子方向图形状的变量有两个，一个是阵元个数 N，另一个是阵元间隔对应的电长度 d/λ。为了分析方便，直接整个 9 宫格，感性认知一下，如图 6-48 所示。

面对式(6.91)这样一个比较复杂的函数，工科学生一般会寻求画图软件的帮助，图 6-48 就可以很直观地看到不同的阵元个数 N 以及不同的阵元间隔 d/λ 对于阵因子方向图形状的影响，这里给出的是沿着 z 轴的切面，将其相对于 z 轴旋转一圈就可以得到三维方向图了，自行想象。如果竖着看，随着阵元个数 N 的增加，其实方向图大体形式并没有太大变化，只是更窄了，副瓣的个数也更多了而已，对应的增益也更高了，这个符合我们的预期；然而，当横着看的时候，情况就有点诡异了，$d/\lambda=0.25$ 时，情况还很正常，主瓣朝着 $\theta=0°$ 的方向；然而到了 $d/\lambda=0.5$ 时，情况开始起变化，除了 $\theta=0°$ 的方向之外，在 $\theta=180°$ 的方向上居然也出现了一个增益相同的新主瓣。如果阵元间距继续增加到 $d/\lambda=0.75$，情况就更诡异了，除了 $\theta=0°$ 的方向之外，在 $\theta=110°$ 和 250°的方向上，

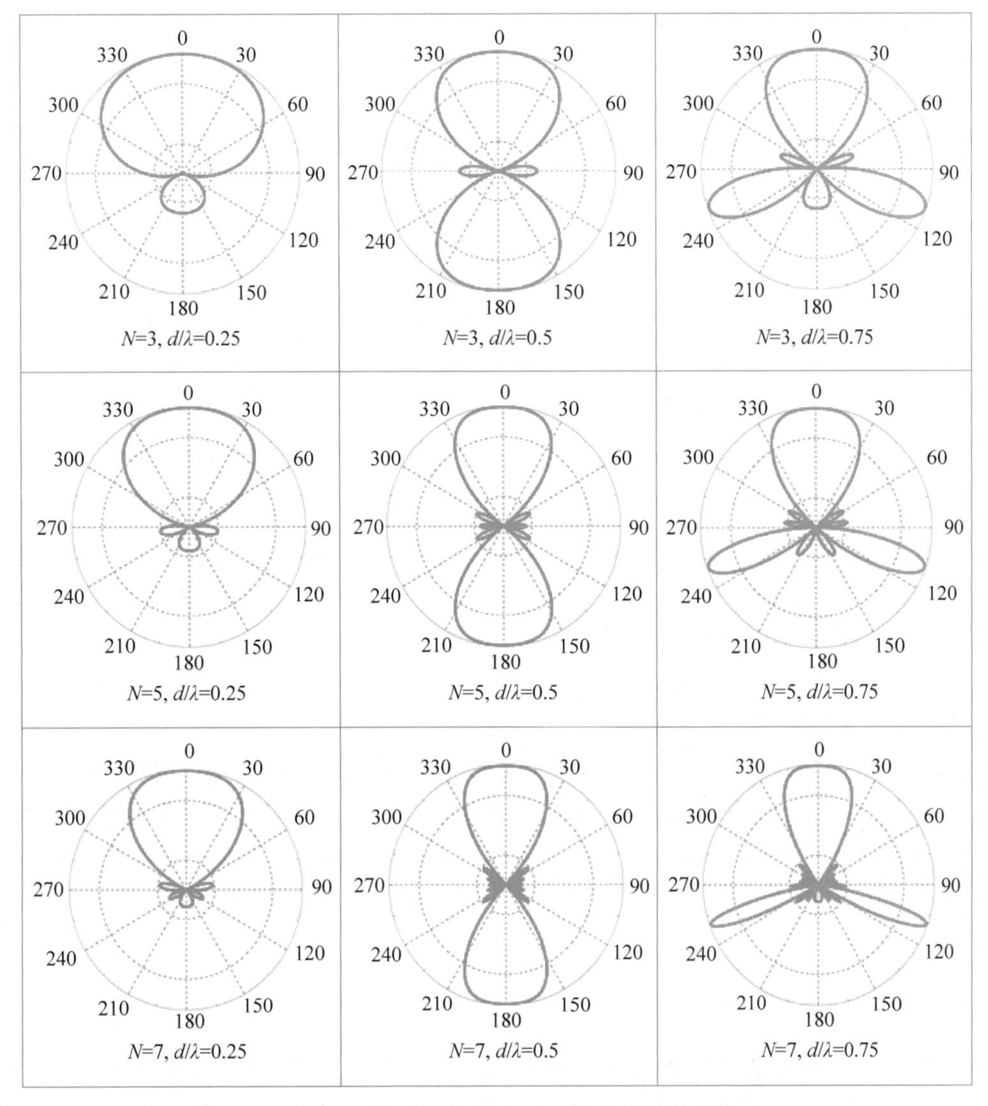

图 6-48　不同阵元数目、不同阵元间隔的阵因子

居然出现了两个新的主瓣。至此，我们需要先冷静一下，首先声明，新出现的主瓣肯定是不受欢迎的，为了表明这个态度，新出现的这个瓣我们甚至拒绝叫主瓣，而把它称为栅瓣。绝大多数情况下组阵就是为了提高原有主瓣的增益并降低旁瓣，如果因为组阵突然又生出一些和主瓣一样大的栅瓣，肯定属于是玩砸了。表明完态度之后，再来说原因，为什么会出现栅瓣呢？显然问题不在阵元个数 N 身上，而是在阵元间距 d/λ 上，通过图 6-48 也可以看出，阵元间距较小（0.25λ）时，并没有栅瓣，随着阵元间距的增大（0.5λ，0.75λ），栅瓣不但开始出现，甚至个数也会变多。这个规律也没什么神奇的，就是式(6.91)的函数形成所决定的，为此可以将 ψ 作为横轴变量，画出阵因子函数 $|f_a(\psi)|$ 的形状，如图 6-49 所示。

虽然变量换成了 ψ，但是函数的变化规律没有改变，从图 6-49 可以看出，不仅在 $\psi=0$

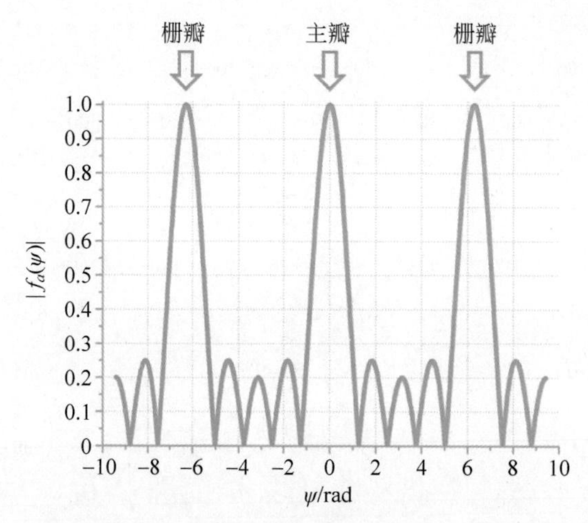

图 6-49 ψ 作为变量的阵因子函数曲线($N=5$)

处有一个最大值,在$\pm 2m\pi(m=1,2,\cdots)$处也都有最大值,分别对应图 6-48 中的主瓣和栅瓣,因此如果要避免栅瓣的出现,必须限定 ψ 在$(-2\pi,2\pi)$的范围内,根据这个条件,可以求出 d/λ 的取值范围,对于端射阵来说,要求 $d<0.5\lambda$,对于侧射阵来说,则要求 $d<\lambda$。可见,因为栅瓣的原因,阵元的间隔不能太大。

注意,不同类型的阵列其阵因子原本的主瓣个数可能不止一个,比如均匀直线阵中的侧射阵,无论阵列间距多小,其阵因子的主瓣本来就会有 2 个,如果阵列间距过大,会在这个基础上产生更多的栅瓣,因此也不要看到一个阵因子方向图中出现了两个主瓣就下意识认为产生了栅瓣,要结合具体的阵列排布方式以及阵元间距去判断。比较直观的方式就是列公式,画图,类似于图 6-48 的那种,甚至都不用 MATLAB 软件,直接用 Excel 表格就能搞定。

6.4.6 从均匀直线阵到任意阵

现实中的天线阵列肯定还是要比均匀直线阵复杂一些的,阵元可能分布在一个面上,也可能分布在三维空间某个范围内,但是阵列综合的思想是一脉相承的,实质上就是一堆相同的天线作为阵元聚在一起,共同向远区场发射电磁波信号,或者共同接收从远区场传来的信号,在这个过程中要通过阵元的排布以及激励来实现相互协作,形成的阵列就像一个新的天线,其总的方向图由每个阵元自身的方向图、摆放的位置以及激励共同决定。阵元形式以及阵列排布方式一旦选定,阵列工作的过程中就不能再改了,可以随时更改的就是激励的幅度或相位,特别是相位,可以通过控制阵元激励信号的相位快速切换,实现空间中一定角度范围内主瓣方向的扫描,这就是相控阵的工作原理。

为了以后遇到任何排布方式的阵列都不露怯,这里把均匀直线阵推广到任意阵,通过对一般的阵列形式远场表达式以及方向图函数的推导过程,再次感悟一下阵列综合的真谛。

一般的阵列结构及其坐标系如图 6-50 所示,与分析阵因子的栅瓣时一样,所有阵元还是抽象为一个个点,以 0 号阵元的位置为坐标原点,其余每个点的位置是任意的,但也必须都在坐标原点附近,与坐标原点的距离要远小于到远区场的距离。

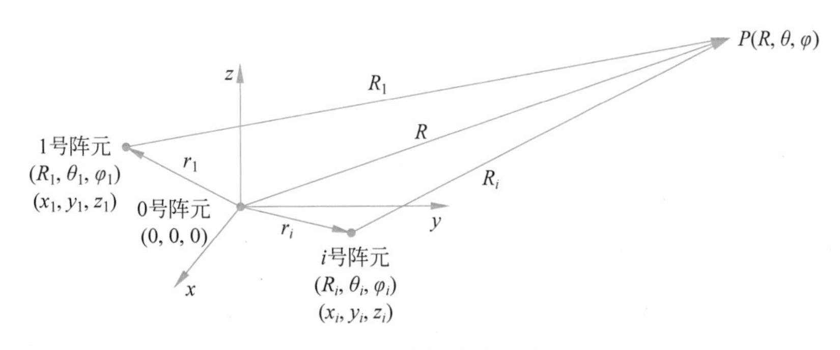

图 6-50 一般阵列结构及其坐标

图 6-50 中整个阵列包含 N 个阵元,选一个平平无奇的 i 号阵元进行分析,i 的取值范围为 $1\sim N-1$。i 号阵元的位置用球坐标表示为(R_i,θ_i,φ_i),用直角坐标表示为(x_i,y_i,z_i),其激励信号的幅度表示为 A_i,相位为 ξ_i,阵元的方向图函数为$|f_i(\theta,\varphi)|$,由此可以得到,i 号阵元在远区场的场点 p 处所辐射的电场为

$$E_i=K_iA_i\,|f_i(\theta,\varphi)|\,\frac{\mathrm{e}^{-\mathrm{j}kR_i}}{R_i}\mathrm{e}^{\mathrm{j}k\xi_i} \tag{6.95}$$

为了更直观,对式(6.95)进行图解,如图 6-51 所示。

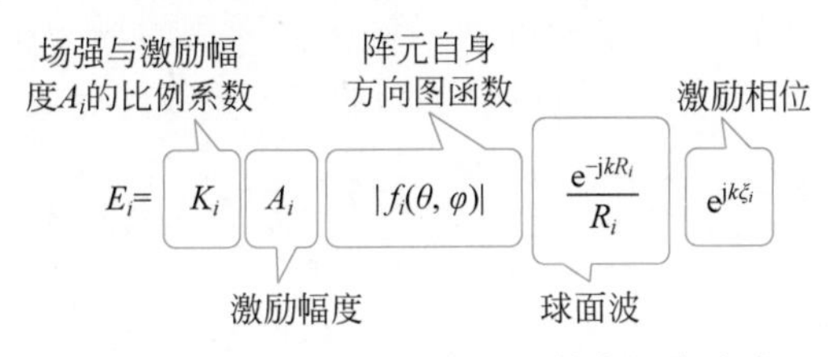

图 6-51 第 i 号阵元在远区场的电场表达式

图 6-51 无论从组成方式还是每一项的意义其实都挺容易理解的,接下来要做的就是怎样把其中的 R_i 都近似成 R,为之后的阵元叠加做好准备。这种近似的工作之前也做过好多次了,因为 R_i 远大于阵元之间的距离,因此表示球面波的那一项分母中的 R_i 可以直接近似成 R,分子中指数部分的那个 R_i 也还是要近似,但是不能这么简单粗暴地近似,需要把 R_i 和 R 的差近似一下,即

$$R_i=|\boldsymbol{R}-\boldsymbol{r}_i|\approx R-\boldsymbol{a}_R\cdot\boldsymbol{r}_i=R-(x_i\sin\theta\cos\varphi+y_i\sin\theta\sin\varphi+z_i\cos\theta) \tag{6.96}$$

式(6.96)与前面的式(6.71)以及式(6.60)本质上是一样的,只不过这里考虑的是最一般的情况,因此其坐标变换的过程会让整个式子显得有些臃肿。由此可将 i 号阵元的远区电场的表达式近似为

$$E_i=K_iA_i\,|f_i(\theta,\varphi)|\,\frac{\mathrm{e}^{-\mathrm{j}kR}}{R}\mathrm{e}^{\mathrm{j}\,[k(x_i\sin\theta\cos\varphi+y_i\sin\theta\sin\varphi+z_i\cos\theta)+\xi_i]} \tag{6.97}$$

这样,图 6-50 中的 N 元阵列在远区场的电场可以通过 N 个阵元在远区场辐射的电场代

数和求得。

$$E=\sum_{i=0}^{N-1}E_i \tag{6.98}$$

按道理来说，最一般的阵列形式应该是每个阵元爱长啥样长啥样，爱怎么摆就怎么摆，这样的话，式(6.98)也就没有了进一步化简的必要。然而在现实中，绝大多数天线阵列的阵元形式都是一样的，而且每个阵元的姿态也是一样的，我们称其为相似元，此时元因子是确定且唯一的，即

$$|f_i(\theta,\varphi)|=|f_u(\theta,\varphi)|,\quad K_i=K \tag{6.99}$$

由此式(6.98)可进一步提取同类项为

$$\begin{aligned}E=\sum_{i=0}^{N-1}E_i&=K\frac{\mathrm{e}^{-\mathrm{j}kR}}{R}|f_u(\theta,\varphi)|\sum_{i=0}^{N-1}A_i\mathrm{e}^{\mathrm{j}[k(x_i\sin\theta\cos\varphi+y_i\sin\theta\sin\varphi+z_i\cos\theta)+\xi_i]}\\&=K\frac{\mathrm{e}^{-\mathrm{j}kR}}{R}|f_u(\theta,\varphi)||f_a(\theta,\varphi)|=K\frac{\mathrm{e}^{-\mathrm{j}kR}}{R}|f_{\mathrm{array}}(\theta,\varphi)|\end{aligned} \tag{6.100}$$

式中，$|f_{\mathrm{array}}(\theta,\varphi)|$为阵列总的方向图函数，$|f_u(\theta,\varphi)|$为元因子，$|f_a(\theta,\varphi)|$为阵因子，且有

$$|f_a(\theta,\varphi)|=\sum_{i=0}^{N-1}A_i\mathrm{e}^{\mathrm{j}[k(x_i\sin\theta\cos\varphi+y_i\sin\theta\sin\varphi+z_i\cos\theta)+\xi_i]} \tag{6.101}$$

有了式(6.100)，就可以对一般的阵列天线在远区场的场分布以及方向图函数进行随意拿捏了，至此，一只初学小菜鸟所应该了解的有关天线阵列的知识就介绍完毕了。

6.5 当代天线工程师的日常

通过上面的学习，我们对于单个天线以及天线阵列的分析方法都有了初步的认识，此时如果让大家想象一下天线工程师的日常工作，大家估计会觉得应该是整天把各种天线剖分成微元再积分起来，然后根据指标要求，手推各种公式，确定出结构尺寸，最后形成图纸交给工厂去加工，交付产品。这种想象倒不能说是离谱，但是和现实也的确有点不一样，本节就对如今的天线工程师的日常进行一个简单的介绍，也算是对于将来有志于从事这个方向的少年进行一点科普。

既然是天线工程师，那么大概率就是乙方，此时甲方就会提出各种指标需求，比如尺寸不大于多少，工作带宽不低于多少，增益要高于多少，等等，根据这些要求，乙方就需要给出大体方案，即要用什么样的天线形式来满足甲方的要求，方案确定了之后，后续的工作大体上就可以分为两个阶段，即仿真和测试。

6.5.1 仿真

仿真，意思就是模仿真实的情况，这个技术真的可以说是计算机的算力强大了之后带给工业界的特别美好的礼物。天线的形状各种各样，单靠数学的公式不可能对每种天线都进行精准分析，就算是前面提到过的最简单的对称振子天线的公式，那也是一个非

常理想的数学模型而已，只能揭示一些规律性的结果，因为这个式子既没有考虑双臂之间的距离，也没有考虑臂的截面形状以及粗细等，事实上，这些参数都会对天线各种性能有一定的影响。然而，要得到一个可以囊括所有这些因素的公式，基本上是不可能的。一个最简单的线天线尚且如此，再复杂点的天线就更不用说了。在这种情况下，天线的仿真技术就应运而生了。通过仿真软件，可以把天线的三维模型建立出来，然后通过计算机对其进行网格剖分，每个网格都相当于一个微元，然后在每个网格中根据边界条件去解麦克斯韦方程，最终将所有结果综合起来，就可以得到天线整体的各种性能参数。实物还没做出来，基本性能就已经知道了，在这个过程中，可以随意变动天线的结构和尺寸，直到最终的结果符合我们的需求为止，也就是设计优化的过程。这样大大节省了时间和金钱成本，毕竟动动鼠标和键盘在电脑里改改尺寸，可比加工出来测试然后再调整参数重新加工高效多了。不只是电磁领域，其他领域也是如此，比如造飞机，在相关仿真软件中建立起模型就可以仿真出气流在整个机身上的流动情况，相当于模拟了实际的风洞试验，节省的时间和金钱更是无法想象。经常用的电磁仿真软件主要有 ANSYS、CST 等[26]，都是国外的，因此，目前这种工业仿真软件也是我们被“卡脖子”的领域之一，说得不好听一点，这种软件的编写难度，应该要比微信、抖音之类的高出几个数量级，因为其中涉及太多复杂的算法，需要大量既懂电磁又懂计算机的科研人员花费较长时间才能做出来。得益于算法的迭代优化和计算机算力的飞速提升，现如今的电磁仿真软件已经可以做到“仿真即所得”的水平，只要保证加工精度和材料的电磁参数准确，仿真结果和最终的测试结果基本上相差无几。需要知道的是，上述的电磁仿真软件不仅可以用来设计天线，设计其他的微波器件也是完全可以的。

6.5.2 测试

通过仿真软件，可以得到天线的各种尺寸参数，相当于图纸有了，这时我们可以暂时化身小甲方，去找熟悉的机械加工厂家把天线按照图纸给加工出来。当然，天线拿回来之后，光靠眼睛看是看不出好坏的，虽然“仿真即所得”，但为了让甲方放心，还要进行实际的测量。工作带宽方面的测量一般利用矢网测 S 参数就可以了，如图 6-9 所示。方向图方面的测试则需要通过暗室来进行了，这里的暗室听着好像光线不太好，但其实“暗”不是针对可见光，而是针对“微波”，说白了就是在房间的墙上都贴上吸波材料，防止测试方向图时微波来回反射影响测试结果。方向图的测试原理示意图如图 6-52(a)所示，图 6-52(b)的实物图则是来自深圳星航物连科学技术有限公司的国产微波暗室设备，现阶段，我国微波暗室的国产化做得还是不错的。

图 6-52 是一种比较先进的天线三维测试系统，待测天线(antenna under test，AUT)放在一个大圆环中心，圆环上分布着一圈标准天线，待测天线接矢网的端口 1，标准天线则通过切换开关接矢网的另一个端口，待测天线发，标准天线们依次接收，一个切面的二维方向图就测好了。而待测天线可以 360°旋转，每转一个角度就测一次，这样三维的方向图也就出来了。

测试之后，假如天线的各个指标都满足要求，就可以开开心心交付给甲方然后下班

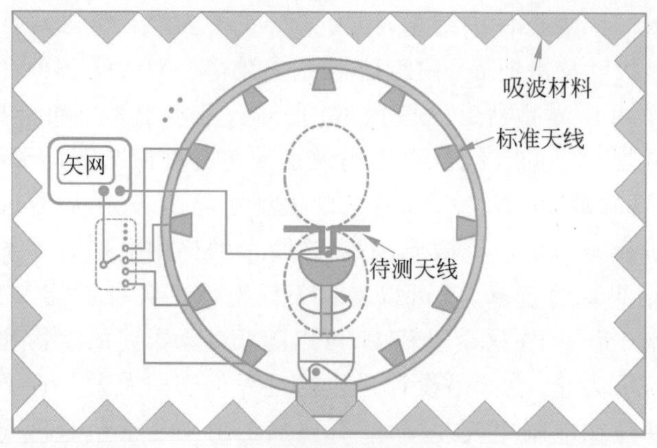

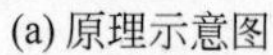
(a) 原理示意图

(b) 实物图

图 6-52　天线测试设备

回家了。其实回想一下，甲方的钱都挣到手了，好像也没用到什么公式的推导之类的，所以说天线工程师也不要求个个都是数学家。当然，这并不是说前面学的天线的各种推导都没有用，相反，用处可大了去了。因为只有理解了天线分析中涉及的数学原理，才能对天线有更加深入的认知，也才能为设计性能更加优秀的天线提供智力支撑，毕竟只会设计谁都能设计出来的天线肯定是混不到饭吃的。所以，说句稍微有点装的话，真正顶级的天线工程师，不一定是仿真软件和测试设备用得最溜的，但一定是对天线的木质理解得最深入的。

参考文献

[1] 梁昌洪，谢拥军，官伯然. 简明微波[M]. 北京：高等教育出版社，2006.

[2] 丁君，郭陈江. 工程电磁场与电磁波[M]. 2 版. 北京：高等教育出版社，2019.

[3] 梁昌洪. 微波五讲[M]. 北京：高等教育出版社，2014.

[4] 赵春晖，张朝柱，廖艳苹，等. 微波技术[M]. 2 版. 北京：高等教育出版社，2020.

[5] 黄振兴. 微波传输线及其电路[M]. 成都：电子科技大学出版社，2013.

[6] 周希朗. 微波技术与天线[M]. 3 版. 南京：东南大学出版社，2015.

[7] 闫润卿. 微波技术基础[M]. 5 版. 北京：北京理工大学出版社，2020.

[8] 龚书喜，刘英，傅光，等. 微波技术与天线[M]. 北京：高等教育出版社，2014.

[9] 周巍，段哲民. 电路分析基础[M]. 西安：西安电子科技大学出版社，2019.

[10] 徐锐敏，王锡良，方宙奇，等. 微波网络及其应用[M]. 北京：科学出版社，2010.

[11] 赵春晖，杨莘元. 微波测量与实验教程[M]. 哈尔滨：哈尔滨工程大学出版社，2000.

[12] 严利华，姬宪法，王江燕. 微波技术、测量与实验[M]. 北京：航空工业出版社，2019.

[13] 杨雪霞，扆梓轩. 微波技术基础[M]. 3 版. 北京：清华大学出版社，2021.

[14] POZAR D M. 微波工程[M]. 3 版. 张肇仪，周乐柱，吴德明，等译. 北京：电子工业出版社，2018.

[15] 栾秀珍，王钟葆，傅世强，等. 微波技术与微波器件[M]. 2 版. 北京：清华大学出版社，2022.

[16] 钟顺时. 天线理论与技术[M]. 2 版. 北京：电子工业出版社，2015.

[17] CARR J J，HIPPISLEY G W. 实用天线手册[M]. 5 版. 刘佳琪，张生俊，王明亮，等译. 北京：电子工业出版社，2016.

[18] 任朗. 天线理论基础[M]. 北京：人民邮电出版社，1980.

[19] STUTZMAN W L，THIELE G A. 天线理论与设计[M]. 朱守正，安同一，译. 北京：人民邮电出版社，2006.

[20] KRAUS J D，MARHEFKA R J. 天线[M]. 章文勋，译. 北京：电子工业出版社，2018.

[21] 周朝栋，王元坤，周良明. 线天线理论与工程[M]. 西安：西安电子科技大学出版社，1988.

[22] LANDSTORFER F M，SACHER R R. 线天线优化[M]. 王均宏，陈忠飞，译. 成都：西南交通大学出版社，1992.

[23] 杨可忠，杨智友，章日荣. 现代面天线新技术[M]. 北京：人民邮电出版社，1993.

[24] 薛正辉，李伟明，任武. 阵列天线分析与综合[M]. 北京：北京航空航天大学出版社，2011.

[25] 吕善伟. 天线阵综合[M]. 北京：北京航空航天大学出版社，1988.

[26] 赵玲玲，杨亮，张玉玲，等. 电磁场与微波仿真实验教程[M]. 北京：清华大学出版社，2017.